21 世纪高等理工科重点课程辅导教材

本书荣获中国石油和化学工业优秀出版物奖(教材奖)一等奖

概率论与数理统计学习指导

第三版

陈晓龙　施庆生　邓晓卫　编

化学工业出版社

·北京·

本书是根据《高等学校工科本科概率论与数理统计课程教学基本要求》及硕士研究生入学考试大纲编写的教学辅导教材，内容以相关配套教材章节为基础，各章包括基本要求、内容提要、典型例题分析、练习与测试及参考答案。其中基本要求和内容提要有助于读者明确学习目的、理清基本概念；书中例题选材针对性强，既有基础题又有综合题，并有分析、多种解答法及注意点。全书能帮助读者理解概率论与数理统计课程的基本概念，提高分析问题和解决问题的能力。

　　本书可作为工科类、经济管理类及非数学类的理科的学生学习辅导教材，也可作为考研的强化训练指导书。

图书在版编目（CIP）数据

概率论与数理统计学习指导/陈晓龙，施庆生，邓晓卫编．—3 版．—北京：化学工业出版社，2017.3（2025.1重印）
ISBN 978-7-122-29033-5

Ⅰ.①概… Ⅱ.①陈… ②施… ③邓… Ⅲ.①概率论-高等学校-教学参考资料 ②数理统计-高等学校-教学参考资料 Ⅳ.O21

中国版本图书馆 CIP 数据核字（2017）第 027008 号

责任编辑：唐旭华　　　　　　　　　　装帧设计：张　辉
责任校对：宋　玮

出版发行：化学工业出版社（北京市东城区青年湖南街 13 号　邮政编码 100011）
印　　装：大厂回族自治县聚鑫印刷有限责任公司
710mm×1000mm　1/16　印张 13½　字数 278 千字　2025 年 1 月北京第 3 版第 9 次印刷

购书咨询：010-64518888　　　　　　售后服务：010-64518899
网　　址：http://www.cip.com.cn
凡购买本书，如有缺损质量问题，本社销售中心负责调换。

定　　价：29.80 元

前　言

概率论与数理统计是大部分理工科专业本科生的必修课程，同时也是工学和经济学硕士研究生入学考试数学科目的考试内容。

概率论与数理统计是近代数学的分支，在科学研究、工程技术、国民经济等领域都有广泛的应用。由于概率论与数理统计的方法有其独到之处，初学者往往感到它的基本概念难懂，习题难做，因而便产生"难学"的想法。实际上，正确掌握解题的方法和技巧对学习该门课程是非常重要的。本书将就这些难点，由浅入深，有针对性地给予辅导。为便于读者学习，我们逐章按四个部分编写。其中基本要求和内容提要部分对一些重要概念、定理和公式，作了必要的解释，主要是帮助读者明确学习要求，理清概念。典型例题分析部分既有基本题，也有综合题，题型丰富。通过对典型例题的分析和解法评注，说明解题技巧，以帮助读者在解题过程中正确理解基本概念，掌握解题的方法与技巧，达到举一反三的目的。练习与测试部分为精选习题，供读者自我检查，以帮助读者复习巩固所学内容，培养分析问题和解决问题的能力。

本书在编写过程中，力求做到通俗易懂，简详得当，取材广泛。在选材和叙述上尽量做到突出基本内容的掌握和基本方法的训练。在例题和练习的选择上，既有一般教科书和习题集中的典型题目，也有一部分取材于历届硕士研究生入学考试统考试题，这样的例题和练习都加注了星号"＊"。因此本书既可以作为工科类、经济管理类及非数学类的理科的学生学习概率论与数理统计课程的辅导教材，也可以作为考研的强化训练指导书，同时也适于自学者阅读。

本书自 2008 年出版以来，各方反应良好，并于 2012 年初推出第二版。这次修订是在第二版的基础上，根据我们多年的教学改革实践进行全面修订而成的。本次修订保留了第二版的系统和风格及其结构严谨、逻辑清晰、概念准确、语言通俗易懂、叙述详细、例题较多、便于自学等优点，同时注意吸收当前教材改革中一些成功的改革举措，使得新版更能适合当前教学要求。

参加本书第一版编写的有施庆生（第一、二、三、五章），陈晓龙（第四、八、九章），邓晓卫（第六、七章），由陈晓龙负责统稿和定稿，金炳陶教授审阅全书，提出了许多宝贵的意见。本书第一版编写得到南京工业大学精品课程建设基金的资助和理学院的大力支持，特别是应用数学系教师的积极参与，在此一并致谢。

这两次修订，我系广大教师提出了许多宝贵意见和建议，在此表示诚挚的谢意。

本次修订工作，由陈晓龙、施庆生、邓晓卫完成。

由于编者的水平有限，书中难免存在疏漏，敬请读者批评指正。

编　者

2017 年 1 月

目　　录

第一章 事件与概率

第一节 基本要求

（1）理解随机试验的特征．对于一个具体的试验要弄清试验方式，即什么是一次试验？一个试验结果指的是什么？

（2）了解样本空间的概念，理解随机事件（简称事件）的概念．对此，要了解它的基本特征．对一个具体的事件要弄清它是由哪些试验结果构成？什么叫做它发生了？掌握事件之间的基本关系和运算法则．

（3）理解概率和条件概率的概念，掌握概率的基本性质．古典概型下概率计算的若干常见类型，既是重点又是难点，务必掌握其要点，并能熟练完成计算．

（4）掌握概率的运算法则．包括加法公式、乘法公式、全概率公式、逆概公式以及与此有关的超几何公式、泊松公式等都是计算和运用的重点．对于这些公式不仅要知道各自的背景、条件、结论，而且要能熟练地应用它们计算事件的概率．

（5）理解事件独立性的概念，掌握用事件独立性进行概率计算的方法．

第二节 内 容 提 要

一、随机试验与随机事件

（1）**随机试验**　若试验满足条件

① 试验在相同的条件下可重复进行；

② 每次试验的可能结果不止一个，但每次试验的所有可能结果是已知的；

③ 完成一次试验之前不能确知哪个结果会发生．

则该试验称为**随机试验**．

（2）**基本事件**　试验的直接结果（不可再分解的结果）称为试验的**基本事件**（样本点），用记号 ω 表示．

（3）**样本空间**　给定试验下所有基本事件（样本点）的集合称为**样本空间**，用记号 Ω 表示．

（4）**随机事件**　样本空间 Ω 的一个子集称为**随机事件**，用记号 A，B，C 等表示．在试验中一定发生的事件称为必然事件，仍用字母 Ω 表示．而把在试验中一定不发生的事件称为不可能事件，用符号 Φ 表示．从集合论的观点看，必然事件相当于全集，不可能事件相当于空集，它们可视为随机事件的两种极端情形．在试验中，称一随机事件发生了，是指当且仅当它所包含的一个基本事件（样本点）出现了．

二、随机事件的概率

（1）**概率**　用以度量在试验中事件发生可能性大小的数，称为事件的**概率**．

（2）**概率的统计定义**　假设试验在相同条件下可以重复进行，当试验次数 n 充分大时，事件 A 发生的次数（频数）m 与 n 的比 m/n（频率），始终围绕某个常数 p 作稳定而微小的摆动（统计概型），则称事件 A 有概率．常数 p 就是它的概率，记为 $P(A)=p$．

（3）**概率的古典定义与计算**　假设随机试验 E 的样本空间 Ω 只有 n 个等可能的基本事件（古典概型），而事件 A 包括其中的 m 个基本事件，则事件 A 的概率为

$$P(A)=\frac{m(A\text{ 包括的基本事件数})}{n(\text{样本空间所含基本事件总数})}.$$

（4）**概率的统计定义**　设 Ω 是一个有度量的几何区域，$g\subset\Omega$ 是一个有度量的小几何区域，记它们的度量（长度、面积、体积等）分别为 $\mu(\Omega)$，$\mu(g)$．若随机点落在 Ω 内任一位置是等可能的，则事件 $A=\{$向 Ω 内投掷的随机点落入区域 $g\}$ 的概率为

$$P(A)=\frac{\mu(g)}{\mu(\Omega)}$$

（5）**概率的公理化定义**　设样本空间 Ω 的某些子集组成的集合 F 是事件的全体，A 是属于 F 的任一事件，P 是定义在 F 上的一个集合函数，则称满足下述公理的实数 $P(A)$ 为事件 A 的概率．

公理 1　对任意事件 $A\in F$，有 $P(A)\geqslant0$　（非负性）；

公理 2　对于必然事件 Ω，有 $P(\Omega)=1$（规范性）；

公理 3　对任意的 $A_i\in F(i=1,2,\cdots)$，$A_1,A_2,\cdots,A_n,\cdots$ 两两互斥，即

$$A_iA_j=\Phi\quad(i\neq j),$$

有　　　　　　$$P\left(\bigcup_{i=1}^{\infty}A_i\right)=\sum_{i=1}^{\infty}P(A_i)\quad\text{（可列可加性）}.$$

三、随机事件关系与相应的概率运算

为清楚起见，这里的讨论用列表方式进行（见表 1-1）．

四、概率的运算法则

1. 概率的加法公式

$$P(A\cup B)=\begin{cases}P(A)+P(B), & A,B \text{ 为互斥事件,}\\ P(A)+P(B)-P(AB), & A,B \text{ 为相容事件,}\\ P(A)+P(B)-P(A)P(B), & A,B \text{ 为独立事件,}\\ 1-[1-P(A)][1-P(B)], & A,B \text{ 为独立事件.}\end{cases}$$

表 1-1 事件关系与相应的概率关系表

事件关系与运算		相应的概率运算
包含	$B \supset A$；A 发生必将导致 B 发生 （事件 B 包含事件 A）	$P(B) \geqslant P(A)$
	对任一事件 A：$\Phi \subset A \subset \Omega$	$0 \leqslant P(A) \leqslant 1$
等价	$B = A$；$B \supset A$ 同时 $A \supset B$ （A, B 为等价事件）	$P(B) = P(A)$
互斥 （不相容）	$AB = \Phi$；A, B 不能同时发生 （A, B 为互斥事件）	$P(AB) = 0$
对立 （互逆）	$AB = \Phi$；A, B 不能同时发生， 且 $A \cup B = \Omega$；A, B 恰有一个发生 （A, B 互为对立事件）	$P(AB) = 0$ $P(A) + P(B) = 1$
	记 $B = \overline{A}$；B（即 $\overline{A}$）为 A 对立事件， $A\overline{A} = \Phi$，$A \cup \overline{A} = \Omega$	$P(A) = 1 - P(\overline{A})$
互斥 完备 事件组	n 个事件 $A_1, A_2, \cdots, A_n$ 满足： （1）$A_i A_j = \Phi (i \neq j; i, j = 1, \cdots, n)$ （$A_1, A_2, \cdots, A_n$ 两两互斥）； （2）$A_1 \cup A_2 \cup \cdots \cup A_n = \Omega$ （$A_1, A_2, \cdots, A_n$ 为完备事件组）	$\displaystyle\sum_{i=1}^{n} P(A_i) = 1$
独立	$A、B$ 的概率满足：$P(B \mid A) = P(B)$， A 发生与否不影响 B 发生的概率； 或 $A、B$ 的概率满足：$P(A \mid B) = P(A)$， B 发生与否不影响 A 发生的概率 （A, B 互为独立事件）	$P(AB) = P(A)P(B)$
和（并）	$A \cup B (A + B)$： A, B 至少一发生 ［A 与 B 的和（A 或 B）］	概率加法公式： $P(A \cup B) = P(A) + P(B) - P(AB)$； 若 A, B 为互斥事件： $P(A \cup B) = P(A) + P(B)$
积（交）	$AB (A \cap B)$： A, B 同时发生 ［A 与 B 的积（A 且 B）］	概率乘法公式： $P(AB) = P(A)P(B \mid A) = P(B)P(A \mid B)$； 若 A, B 为独立事件： $P(AB) = P(A)P(B)$
差	$A - B = A\overline{B}$： A 发生而 B 不发生 ［A 与 B 的差（A 且 $\overline{B}$）］	$P(A - B) = P(A) - P(AB)$
和积差的特例	$AB \subset A \subset A \cup B (AB \subset B \subset A \cup B)$： 事件求积越求越"小" 事件求和求越"大"	$P(AB) \leqslant P(A) \leqslant P(A \cup B)$， $P(AB) \leqslant P(B) \leqslant P(A \cup B)$ （概率的单调性）
	在 $A \supset B$ 的约定下： $AB = B$，$A \cup B = A$； （求积取"小"的，求和取"大"的） 特殊情况下：$A\Omega = A$，$A \cup \Omega = \Omega$， $A\Phi = \Phi$，$A \cup \Phi = A$	$P(A - B) = P(A) - P(B)$， $P(AB) = P(B)$， $P(A \cup B) = P(A)$
对偶法则	$\overline{A \cup B} = \overline{A}\,\overline{B}$， $\overline{AB} = \overline{A} \cup \overline{B}$	$P(\overline{A \cup B}) = P(\overline{A}\,\overline{B})$， $P(\overline{AB}) = P(\overline{A} \cup \overline{B})$
互斥分解	$A = AB \cup A\overline{B}$， $A \cup B = A \cup \overline{A}B$	$P(A) = P(AB) + P(A\overline{B})$， $P(A \cup B) = P(A) + P(\overline{A}B)$

推广

设事件 $A_1, A_2, \cdots, A_n$ 两两互斥，则

$$P\left(\bigcup_{i=1}^{n} A_i\right) = \sum_{i=1}^{n} P(A_i).$$

一般地，对任意的 n 个事件，有

$$P(A_1 \bigcup A_2 \bigcup \cdots \bigcup A_n) = \sum_{i=1}^{n} P(A_i) - \sum_{1 \leqslant i < j \leqslant n} P(A_i A_j) +$$
$$\sum_{1 \leqslant i < j < k \leqslant n} P(A_i A_j A_k) - \cdots + (-1)^{n-1} P(A_1 A_2 \cdots A_n).$$

特别地，当 $A_1, A_2, \cdots, A_n$ 为独立事件时，公式

$$P(A_1 \bigcup A_2 \bigcup \cdots \bigcup A_n) = 1 - P(\overline{A_1 \bigcup A_2 \bigcup \cdots \bigcup A_n}) = 1 - P(\overline{A_1} \, \overline{A_2} \cdots \overline{A_n})$$
$$= 1 - [1 - P(A_1)][1 - P(A_2)] \cdots [1 - P(A_n)]$$

在解决某些实际问题时非常有用，应给予足够的重视.

2. 条件概率与乘法公式

条件概率　设 A, B 是同一试验的两个事件，且 $P(B) > 0$，称

$$P(A|B) = \frac{P(AB)}{P(B)}$$

为事件 B 已发生条件下事件 A 发生的**条件概率**.

乘法公式　若 $P(A) > 0$，则　$P(AB) = P(A)P(B|A)$，

或若 $P(B) > 0$，则　　　　$P(AB) = P(B)P(A|B)$.

推广　若 $P(A_1 A_2 \cdots A_{n-1}) > 0$，那么

$$P(A_1 A_2 \cdots A_n) = P(A_1)P(A_2|A_1)P(A_3|A_1 A_2) \cdots P(A_n|A_1 A_2 \cdots A_{n-1}).$$

特别地，当 $A_1, A_2, \cdots, A_n$ 为独立事件时，对任何正整数 k 有

$$P(A_{i_1} A_{i_2} \cdots A_{i_k}) = P(A_{i_1})P(A_{i_2}) \cdots P(A_{i_k}) \quad (2 \leqslant k \leqslant n).$$

3. 全概率公式和贝叶斯公式（逆概率公式）

全概率公式　假设 $A_1, A_2, \cdots, A_n$ 为互斥完备事件组，$P(A_i) > 0 (i = 1, 2, \cdots, n)$，$B$ 为 Ω 中任一事件，则全概率公式为

$$P(B) = \sum_{i=1}^{n} P(A_i)P(B|A_i).$$

保持全概率公式的题设，增设 $P(B) > 0$，则有

贝叶斯公式（逆概率公式）

$$P(A_j/B) = \frac{P(A_j)P(B|A_j)}{\sum\limits_{i=1}^{n} P(A_i)P(B|A_i)} \quad (j = 1, 2, \cdots, n).$$

五、排列组合基本公式

1. 排列公式

全排列　将 N 个元素按一定顺序排列，共有 $N!$ 种不同的排法.

选排列 从 N 个元素中任选 n 个元素进行排列，共有

$$A_N^n = N(N-1)\cdots(N-n+1)$$

种不同的排法.

可重复排列 从 N 个元素中任选 n 个元素进行可重复（即 N 中的每一个元素允许重复选用）的排列，共有 N^n 种不同的排法.

2. 组合公式

从 N 个元素中任选 n 个元素构成一组（不计序），其所有不同组合的个数有

$$C_N^n = \frac{N!}{n!\,(N-n)!} = \frac{N(N-1)\cdots(N-n+1)}{n!}.$$

排列组合是计算古典概率的重要工具，应熟练掌握.

第三节　典型例题分析

【例 1】 某库房存放有 3 个供备用的同类零件，其中 2 个是编号为 1、2 的一等品，另一个是编号为 3 的二等品. 今从中任意抽取 2 个，用数对 (i,j) 表示随机抽取下的基本事件，其中 i 代表第一次抽得的零件编号，j 为第二次抽得的零件编号. 试就抽取的放回与不放回两种方式，写出试验的样本空间 Ω 以及下列事件包括的基本事件：

$A=$"第一次抽得一等品"；$B=$"第二次抽得一等品"；

$C=$"第二次才抽得一等品"；$D=$"至少一次抽得一等品".

解 放回抽样：

$\Omega = \{(1,1),(1,2),(1,3),(2,1),(2,2),(2,3),(3,1),(3,2),(3,3)\}$；

$A = \{(1,1),(1,2),(1,3),(2,1),(2,2),(2,3)\}$；

$B = \{(1,1),(1,2),(2,1),(2,2),(3,1),(3,2)\}$；

$C = \{(3,1),(3,2)\}$；

$D = \{(1,1),(1,2),(1,3),(2,1),(2,2),(2,3),(3,1),(3,2)\}$.

不放回抽样：

$\Omega = \{(1,2),(1,3),(2,1),(2,3),(3,1),(3,2)\}$；

$A = \{(1,2),(1,3),(2,1),(2,3)\}$；

$B = \{(1,2),(2,1),(3,1),(3,2)\}$；

$C = \{(3,1),(3,2)\}$；

$D = \Omega$.

注 列举样本空间首先要弄清试验的结果如何表达，而列举有关事件中包含的基本事件必须认真识别事件的构成. 例如，事件 B 的本意是，第一次可以取一等品也可以取二等品，但第二次只能取一等品. 而事件 C 则不同，它指的是，第一次取二等品，同时第二次取一等品. 类似于例 1 的问题可帮助弄清试验方式，这对于以后计算事件的概率是必要的.

【例 2】 设 A,B,C 为三事件，用 A,B,C 的运算关系表示下列各事件.

（1）A 发生，B 与 C 不发生；　　（2）A 与 B 都发生，而 C 不发生；

（3）A,B,C 中至少有一个发生；　　（4）A,B,C 都发生；

（5）A,B,C 都不发生；　　　　　　（6）A,B,C 中不多于一个发生；

（7）A,B,C 至少有一个不发生；　　（8）A,B,C 中至少有两个发生．

分析　简单的事件可以由事件运算的定义直接写出．而复杂的事件可借助①利用维恩图进行分析；②对所述事件换个角度重新描述，比如用逆事件．如（7）可翻译成"A,B,C 不可能同时发生"或"$\overline{A},\overline{B},\overline{C}$ 至少有一个发生"等．

解　（1）$A\overline{B}\overline{C}$；　　（2）$AB\overline{C}$；　　（3）$A\cup B\cup C$；

（4）ABC；　　　　　（5）$\overline{A}\,\overline{B}\,\overline{C}$；

（6）$\overline{A}\,\overline{B}\cup\overline{A}\,\overline{C}\cup\overline{B}\,\overline{C}$ 或 $A\overline{B}\,\overline{C}\cup\overline{A}B\,\overline{C}\cup\overline{A}\,\overline{B}C\cup\overline{A}\,\overline{B}\,\overline{C}$；

（7）$\overline{A}\cup\overline{B}\cup\overline{C}$ 或 $\overline{ABC}$；

（8）$AB\cup AC\cup BC$ 或 $AB\overline{C}\cup A\overline{B}C\cup\overline{A}BC\cup ABC$．

【例3】　对飞机进行两次射击，每次射一弹，设事件 $A=\{$第一次击中飞机$\}$，$B=\{$第二次击中飞机$\}$，$C=\{$恰有一弹击中飞机$\}$，$D=\{$至少有一弹击中飞机$\}$，$E=\{$两弹都击中飞机$\}$．

（1）试用事件 A,B 表示事件 C,D,E．

（2）C 与 E 是互逆事件吗？为什么？

解　（1）$C=A\overline{B}\cup\overline{A}B$，$D=A\cup B=AB\cup A\overline{B}\cup\overline{A}B$，$E=AB$；

（2）C 与 E 不是互逆事件，C 与 E 互不相容，但 $C\cup E\neq\Omega$．

【例4】　从 $1,2,3,4,5$ 这 5 个数中，任取其三，构成一个三位数．试求下列事件的概率：

（1）三位数是奇数；　　　　（2）三位数为 5 的倍数；

（3）三位数为 3 的倍数；　　（4）三位数小于 350．

分析　本题关心的是三位数的构成，由于是从 $1,2,3,4,5$ 这 5 个数中，任取其三，构成一个三位数．显然取出的三个数是不同的，故基本事件是 3 个不同数的一个排列．

解　设 $A=\{$三位数是奇数$\}$，$B=\{$三位数为 5 的倍数$\}$，

$\qquad$ $C=\{$三位数为 3 的倍数$\}$，$D=\{$三位数小于 350$\}$．

基本事件总数为　$A_5^3=60$，

（1）有利于 A 的基本事件数为　$A_4^2\times3$，$P(A)=\dfrac{A_4^2\times3}{A_5^3}=\dfrac{36}{60}=0.6$；

（2）有利于 B 的基本事件数为　$A_4^2\times1$，$P(B)=\dfrac{A_4^2\times1}{A_5^3}=\dfrac{12}{60}=0.2$；

（3）有利于 C 的基本事件数为　$4\times3!$，$P(C)=\dfrac{4\times3!}{A_5^3}=\dfrac{24}{60}=0.4$；

注　三位数为 3 的倍数事实上就是三位数的位数和是 3 的倍数．

（4）有利于 D 的基本事件数为　$A_4^2\times2+A_3^1\cdot A_3^1$，

$$P(D) = \frac{A_4^2 \times 2 + A_3^1 \cdot A_3^1}{A_5^3} = \frac{33}{60} = 0.55.$$

注 若将 1,2,3,4,5 这 5 个数改为 0,1,2,3,4,5 等 6 个数，又将如何求解？请读者思考.

【例 5】 某停车场有 12 个位置排成一列，求有 8 个位置停了车而空着的 4 个位置连在一起的概率.

分析 12 个位置占去 8 个共有 C_{12}^8 种占位法，故样本空间基本事件总数为 C_{12}^8. 设所求的事件为 A，则有利于 A 的情形可看成空着的 4 个位置整个作为一个位置而插入 8 个停车位置的中间或两端，为此，事件 A 包含的基本事件数为 9.

解 设 $A = \{$有 8 个位置停了车而空着的 4 个位置连在一起$\}$.

基本事件总数为 $\qquad C_{12}^8 = 495.$

而事件 A 包含的基本事件数为 9，于是

$$P(A) = \frac{9}{C_{12}^8} = \frac{9}{495} \approx 0.0182.$$

【例 6】 从 5 双不同的鞋子中任取 4 只，这 4 只鞋子中至少有两只鞋子配成一双的概率是多少？

解 方法一 设 $A = \{4$ 只鞋中至少有 2 只配成一双$\}$，则 $\overline{A} = \{4$ 只鞋中没有 2 只能配成一双$\}$. 先求出 $P(\overline{A})$，再求 $P(A).5$ 双不同的鞋子共有 10 只，任取 4 只，则基本事件总数为

$$C_{10}^4 = 210.$$

有利于 $\overline{A}$ 的情形共有 $\dfrac{10 \times 8 \times 6 \times 4}{4!}$ 种（先在 10 只中取 1 只，去掉能与其配对的 1 只，再在剩下的 8 只中取 1 只，如此等. 因为不考虑取 4 只鞋的次序，所以被 4! 除），所以

$$P(\overline{A}) \frac{\dfrac{10 \times 8 \times 6 \times 4}{4!}}{C_{10}^4} = \frac{8}{21} \approx 0.381.$$

故 $\qquad P(A) = 1 - P(\overline{A}) = 1 - \dfrac{8}{21} = \dfrac{13}{21} \approx 0.619.$

方法二 有利于事件 A 的总数为 $C_5^1 C_8^2 - C_5^2$（C_5^2 是重复的数目，因为 4 只恰能配成两双被重复计数），所以

$$P(A) = \frac{C_5^1 C_8^2 - C_5^2}{C_{10}^4} = \frac{13}{21} \approx 0.619.$$

方法三 "恰有 2 只配成一双"，共有 $C_5^1 C_4^2 \cdot 2^2$（由于配成对的一双有 C_5^1 种取法，剩下的 2 只可在其余 4 双中任取两双各取一只有 $C_4^2 \cdot 2^2$ 种取法，以上搭配共有 $C_5^1 C_4^2 \cdot 2^2$ 种取法）.4 只配成两双共有 C_5^2 种取法. 于是

$$P(A) = \frac{C_5^1 C_4^2 \cdot 2^2 + C_5^2}{C_{10}^4} = \frac{13}{21} \approx 0.619.$$

【例7】 将 3 个球随机地放入 4 个杯子中去，求杯子中球的最大个数分别为 1，2，3 的概率.

分析 将 3 个球随机地放入 4 个杯子中的任一个，故要用重复排列的方法计算.

解 依题意知基本事件总数为 4^3 个.

以 $A_i(i=1,2,3)$ 表示事件"杯子中球的最大个数为 i"，则 A_1 表示每杯最多放一只球，共有 P_4^3 种放法，故

$$P(A_1) = \frac{A_4^3}{4^3} = \frac{6}{16}.$$

A_2 表示由 3 个球中任取 2 个放入 4 个杯中的任一个中，其余一个球放入其余 3 个杯子中，放法总数为 $C_3^2 C_4^1 C_3^1$ 种

$$P(A_2) = \frac{C_3^2 C_4^1 C_3^1}{4^3} = \frac{9}{16}.$$

A_3 表示 3 个球放入同一个杯中，共有 C_4^1 种放法，故

$$P(A_3) = \frac{4}{4^3} = \frac{1}{16}.$$

注 例 4 至例 7 均属于古典概型的概率计算，其基本方法是，利用排列组合方法来计算基本事件总数和有利基本事件数. 具体计算时要注意区分事件的构成，以便考虑使用排列（与次序有关）或组合（与次序无关）来计算，若在排列中元素可重复，则要用可重复排列进行计算. 此外，用排列组合方法在考虑一切可能出现的结果时，既不要遗漏，也不要重复. 对有附加条件的排列组合问题（如例 6），通常有两种方法，一条是直接法，即对有附加条件的特殊元素或排列中特殊位置先处理，直接求出满足条件的种数. 另一条是间接法（求差），先撇开附加条件求出一个总数，再扣除不合要求的种数.

【例8】 甲乙两艘轮船驶向一个不能同时停泊两艘轮船的码头，它们在一昼夜内到达的时间是等可能的. 如果甲船的停泊时间是一小时，乙船的停泊时间是两小时，求它们中任何一艘都不需要等候码头空出的概率是多少？

分析 设自当天 0 时算起，甲乙两船到达码头的时刻分别为 x 及 y，这是涉及两个连续量 x,y 的概率问题，所以该问题为平面几何概率问题.

解 设自当天 0 时算起，甲乙两船到达码头的时刻分别为 x 及 y，则 Ω 为：$0 \leqslant x \leqslant 24$，$0 \leqslant y \leqslant 24$，所以 $L(\Omega) = 24^2$，

设 $A = \{$它们中任何一艘都不需要等候码头空出$\}$，则有利于 A 的情形分别为：

(1) 当甲船先到时，乙船应迟来一小时以上，

即 $y - x \geqslant 1$ 或 $y \geqslant 1 + x$；

(2) 当乙船先到时，甲船应迟来两小时以上，

即 $x - y \geqslant 2$ 或 $y \leqslant x - 2$；

所以事件 A 应满足关系：$y \geqslant 1 + x$，$y \leqslant x - 2$，

$$L(A) = \frac{1}{2}(24-1)^2 + \frac{1}{2}(24-2)^2.$$

所以
$$P(A) = \frac{L(A)}{L(\Omega)} = \frac{\frac{1}{2}(23^2 + 22^2)}{24^2} \approx 0.879.$$

【*例9】 设事件 A, B 的概率分别为 $\frac{1}{3}$ 和 $\frac{1}{2}$，试求下列三种情况下 $P(\overline{A}B)$ 的值.

(1) A 与 B 互斥； (2) $A \subset B$； (3) $P(AB) = \frac{1}{8}$.

解 (1) 由于 A 与 B 互斥，故 $B \subset \overline{A}$，于是 $B = \overline{A}B$，从而有
$$P(\overline{A}B) = P(B) = \frac{1}{2};$$

(2) 由于 $A \subset B$ 且 $\overline{A}B = B\overline{A} = B - A$，所以
$$P(\overline{A}B) = P(B - A) = P(B) - P(A) = \frac{1}{2} - \frac{1}{3} = \frac{1}{6};$$

(3) 因为 $B = AB \cup \overline{A}B$，所以
$$P(\overline{A}B) = P(B) - P(AB) = \frac{1}{2} - \frac{1}{8} = \frac{3}{8}.$$

【例10】 已知 $P(A) = \frac{1}{4}$，$P(B|A) = \frac{1}{3}$，$P(A|B) = \frac{1}{2}$，求 $P(B), P(A \cup B)$ 和 $P(A\overline{B})$.

分析 要求 $P(A \cup B)$ 首先要知道 $P(B)$ 及 $P(AB)$，利用已知条件及概率的乘法公式可求得 $P(B)$ 及 $P(AB)$.

解 由乘法公式知
$$P(AB) = P(B|A)P(A) = \frac{1}{3} \times \frac{1}{4} = \frac{1}{12},$$
$$P(AB) = P(A|B)P(B),$$
所以
$$P(B) = \frac{P(AB)}{P(A|B)} = \frac{1/12}{1/2} = \frac{1}{6},$$
所以
$$P(A \cup B) = P(A) + P(B) - P(AB) = \frac{1}{4} + \frac{1}{6} - \frac{1}{12} = \frac{1}{3},$$
而
$$P(\overline{B}|A) = 1 - P(B|A) = 1 - \frac{1}{3} = \frac{2}{3},$$
故
$$P(A\overline{B}) = P(A)P(\overline{B}|A) = \frac{1}{4} \cdot \frac{2}{3} = \frac{1}{6}.$$

【例11】 已知在 10 只晶体管中有 2 只次品，在其中取两次，每次任取一只，作不放回抽样. 求下列事件的概率.

(1) 两只都是正品； (2) 两只都是次品；
(3) 一只是正品，一只是次品； (4) 第二次取出的是次品.

解 设 $A = \{$两只都是正品$\}$，$B = \{$两只都是次品$\}$，$C = \{$一只是正品，一只是

次品}. 以 $A_i(i=1,2)$ 表示事件"第 i 次取出的是正品",则有 $A=A_1A_2$,$B=$
$\overline{A_1}\,\overline{A_2}$,$C=A_1\overline{A_2}\bigcup\overline{A_1}A_2$.

因为不放回抽样,故

(1) $P(A)=P(A_1A_2)=P(A_1)P(A_2\,|\,A_1)=\dfrac{8}{10}\cdot\dfrac{7}{9}=\dfrac{28}{45}$;

(2) $P(B)=P(\overline{A_1}\,\overline{A_2})=P(\overline{A_1})P(\overline{A_2}\,|\,\overline{A_1})=\dfrac{2}{10}\cdot\dfrac{1}{9}=\dfrac{1}{45}$;

(3) $P(C)=P(A_1\overline{A_2}\bigcup\overline{A_1}A_2)=P(A_1\overline{A_2})+P(\overline{A_1}A_2)$

$\qquad\quad=P(A_1)P(\overline{A_2}\,|\,A_1)+P(\overline{A_1})P(A_2\,|\,\overline{A_1})$

$\qquad\quad=\dfrac{8}{10}\cdot\dfrac{2}{9}+\dfrac{2}{10}\cdot\dfrac{8}{9}=\dfrac{16}{45}$;

(4) $P(\overline{A_2})=P(A_1\overline{A_2}\bigcup\overline{A_1}\,\overline{A_2})=P(A_1\overline{A_2})+P(\overline{A_1}\,\overline{A_2})$

$\qquad\quad=\dfrac{8}{10}\cdot\dfrac{2}{9}+\dfrac{2}{10}\cdot\dfrac{1}{9}=\dfrac{9}{45}$.

【* 例 12】 设 10 件产品中有 4 件不合格品,从中任取两件,已知两件中有一件是不合格品,问另一件也是不合格品的概率是多少?

解 设 A,B 分别表示取出的第一件和第二件为正品,则所求概率为

$$P(\overline{A}\,\overline{B}\,|\,\overline{A}\bigcup\overline{B})=\frac{P(\overline{A}\,\overline{B})}{P(\overline{A}\bigcup\overline{B})}=\frac{P(\overline{A}\,\overline{B})}{1-P(AB)}.$$

因为 $\qquad P(\overline{A}\,\overline{B})=\dfrac{A_4^2}{A_{10}^2}=\dfrac{2}{15}$ 及 $1-P(AB)=1-\dfrac{A_6^2}{A_{10}^2}=\dfrac{2}{3}$,

所以 $\qquad P(\overline{A}\,\overline{B}\,|\,\overline{A}\bigcup\overline{B})=\dfrac{1}{5}$.

【例 13】 某光学仪器厂制造的透镜,第一次落下时打破的概率为 0.5,若第一次落下未打破,第二次再落下打破的概率为 0.7,若前两次落下未打破,第三次落下打破的概率为 0.9. 试求透镜落下三次而未打破的概率.

解 设 $A=$\{透镜落下三次而未打破\},$B_i=$\{第 i 次落下打破\},$i=1,2,3$.

则 $A=\overline{B_1}\,\overline{B_2}\,\overline{B_3}$,故有

$$P(A)=P(\overline{B_1}\,\overline{B_2}\,\overline{B_3})=P(\overline{B_1})P(\overline{B_2}\,|\,\overline{B_1})P(\overline{B_3}\,|\,\overline{B_1}\,\overline{B_2})$$
$$=(1-0.5)(1-0.7)(1-0.9)=0.015.$$

另解 依题意 $\overline{A}=B_1\bigcup\overline{B_1}B_2\bigcup\overline{B_1}\,\overline{B_2}B_3$,而 B_1,$\overline{B_1}B_2$,$\overline{B_1}\,\overline{B_2}B_3$ 是两两互不相容事件,故有

$$P(\overline{A})=P(B_1)+P(\overline{B_1}B_2)+P(\overline{B_1}\,\overline{B_2}B_3),$$

又已知 $P(B_1)=0.5$,$P(B_2\,|\,\overline{B_1})=0.7$,$P(B_3\,|\,\overline{B_1}\,\overline{B_2})=0.9$,故

$$P(\overline{A})=P(B_1)+P(\overline{B_1}B_2)+P(\overline{B_1}\,\overline{B_2}B_3)$$
$$=P(B_1)+P(\overline{B_1})P(B_2\,|\,\overline{B_1})+P(\overline{B_1})P(\overline{B_2}\,|\,\overline{B_1})P(B_3\,|\,\overline{B_1}\,\overline{B_2})$$

$$=0.5+(1-0.5)\times 0.7+(1-0.5)(1-0.7)\times 0.9=0.985.$$

所以　　　　　　　　　$P(A)=1-P(\overline{A})=1-0.985=0.015.$

注　例 9 至例 13 都是应用概率运算法则计算概率的类型，在计算中应注意弄清事件与事件之间的关系，用简单事件表示复杂事件．若能巧妙地运用对立事件的概率和为 1 这一性质，常可使计算量大为减少．对于条件概率计算有两种方法，一种是应用条件概率计算公式，另一种是根据实际问题由试验方式直接计算．

【* 例 14】　有两箱同种类的零件．第一箱装 50 只，其中 10 只一等品；第二箱装 30 只，其中 18 只一等品．今从两箱中任挑出一箱，然后从该箱中取零件两次，每次任取一只，作不放回抽样．试求：（1）第一次取到的零件是一等品的概率；（2）第一次取到的零件是一等品的条件下，第二次取到的也是一等品的概率．

解　设事件 A 表示"取到第一箱"，则 $\overline{A}$ 表示"取到第二箱"，B_1，B_2 分别表示第一、二次取到一等品．

（1）依题意有

$$P(A)=P(\overline{A})=\frac{1}{2}, \ P(B_1|A)=\frac{10}{50}=\frac{1}{5}, \ P(B_1|\overline{A})=\frac{18}{30}=\frac{3}{5}.$$

由全概率公式有

$$P(B_1)=P(B_1|A)P(A)+P(B|\overline{A})P(\overline{A})=\frac{1}{5}\times\frac{1}{2}+\frac{3}{5}\times\frac{1}{2}=\frac{2}{5}.$$

（2）$P(B_1B_2|A)=\dfrac{10\times 9}{50\times 49}, \qquad P(B_1B_2|\overline{A})=\dfrac{18\times 17}{30\times 29}.$

由全概率公式有

$$P(B_1B_2)=P(B_1B_2|A)P(A)+P(B_1B_2|\overline{A})P(\overline{A})$$
$$=\frac{9}{5\times 49}\times\frac{1}{2}+\frac{3\times 17}{5\times 29}\times\frac{1}{2}.$$

所以　　　　$P(B_2|B_1)=\dfrac{P(B_1B_2)}{P(B_1)}=\left(\dfrac{9}{5\times 49}+\dfrac{3\times 17}{5\times 29}\right)\times\dfrac{1}{2}\bigg/\dfrac{2}{5}=0.4856.$

【* 例 15】　甲、乙、丙三组工人加工同样的零件，它们出现废品的概率：甲组是 0.01，乙组是 0.02，丙组是 0.03，它们加工完的零件放在同一个盒子里，其中甲组加工的零件是乙组加工的 2 倍，丙组加工的是乙组加工的一半，从盒中任取一个零件是废品，求它不是乙组加工的概率．

解　设 A_1,A_2,A_3 分别表示事件"零件是甲、乙、丙加工的"，B 表示事件"加工的零件是废品"．

则　　　　　　$P(B|A_1)=0.01, \quad P(B|A_2)=0.02, \quad P(B|A_3)=0.03.$

$$P(A_1)=\frac{4}{7}, \quad P(A_2)=\frac{2}{7}, \quad P(A_3)=\frac{1}{7}.$$

由贝叶斯公式，有

$$P(A_2|B)=\frac{P(A_2)P(B|A_2)}{P(B)}=\frac{2\times 0.02/7}{(4\times 0.01+2\times 0.02+1\times 0.03)/7}$$

$$= \frac{0.04}{0.04 + 0.04 + 0.03} = \frac{4}{11}.$$

所以
$$P(\overline{A}_2 \mid B) = 1 - P(A_2 \mid B) = 1 - \frac{4}{11} = \frac{7}{11}.$$

【例 16】 同时掷两个均匀的骰子．（1）若已知没有两个相同的点数，试求至少有一个 2 点的概率；（2）试求两个骰子点数之和为 5 的结果出现在点数之和为 7 的结果之前的概率．

解 （1）设 $A = \{$掷两个均匀的骰子没有两个相同的点数$\}$，
$B = \{$掷两个均匀的骰子至少有一个 2 点$\}$，则要求的概率为 $P(B \mid A)$．

设想两个骰子是可以区别为第一和第二颗的，那么其基本事件就可表示为两个数字的可重复排列，故样本空间基本事件数为 $6^2 = 36$．

为求 $P(B \mid A)$，通过求其对立事件的概率 $P(\overline{B} \mid A)$ 来求比直接求要简便．因为

$$P(A) = \frac{P_6^2}{6^2} = \frac{6 \times 5}{36} = \frac{30}{36}, \quad P(A\overline{B}) = \frac{P_5^2}{6^2} = \frac{20}{36}.$$

所以
$$P(B \mid A) = 1 - P(\overline{B} \mid A) = 1 - \frac{P(A\overline{B})}{P(A)} = 1 - \frac{20}{30} = \frac{1}{3}.$$

（2）**解法一** 因每次试验与第一次试验的情况没有差别，不失一般性，设 $D_1 = \{$第一次试验两个骰子点数之和为 5$\}$，$D_2 = \{$第一次试验两个骰子点数之和为 7$\}$，$D_3 = \{$第一次试验两个骰子点数之和不是 5 也不是 7$\}$，$E = \{$两个骰子点数之和为 5 的结果出现在点数之和为 7 的结果之前$\}$．

则由全概公式有
$$P(E) = P(D_1)P(E \mid D_1) + P(D_2)P(E \mid D_2) + P(D_3)P(E \mid D_3).$$

但
$$P(D_1) = \frac{4}{36}, \; P(E \mid D_1) = 1, \quad P(D_2) = \frac{6}{36}, \quad P(E \mid D_2) = 0,$$

$$P(D_3) = \frac{26}{36}, \quad P(E \mid D_3) = P(E).$$

于是
$$P(E) = \frac{1}{9} + P(E)\frac{13}{18}, \quad \text{即} \quad P(E) = \frac{2}{5}.$$

解法二 设 $F_n = \{$表示前 $n-1$ 次试验 5 点与 7 点都未出现，而第 n 次试验出现 5 点$\}$，则 $E = \bigcup\limits_{n=1}^{\infty} F_n$．

又每一次试验出现点数之和为 5 与 7 的概率分别为 $\frac{4}{36}$，$\frac{6}{36}$，于是由独立性有

$$P(F_n) = \left(1 - \frac{4}{36} - \frac{6}{36}\right)^{n-1} \cdot \frac{4}{36}.$$

从而
$$P(E) = P\left(\bigcup\limits_{n=1}^{\infty} F_n\right) = \sum\limits_{n=1}^{\infty} P(F_n) = \frac{1}{9} \sum\limits_{n=1}^{\infty} \left(\frac{13}{18}\right)^{n-1} = \frac{2}{5}.$$

【例 17】 某人连续 2 次参加某种资格证书考试，第 1 次及格的概率为 0.8，若

第 1 次及格，则第 2 次及格的概率也为 0.8；若第 1 次不及格，则第 2 次及格的概率为 0.4.

(1) 若他 2 次考试中至少有 1 次及格就能取得这种资格证书，求他能取得该种资格证书的概率；

(2) 若已知他第 2 次已经及格，求他第 1 次也是及格的概率.

解 设 $A=\{$取得该资格证书$\}$，$B_i=\{$第 i 次考试及格$\}$，$i=1,2$.

(1) $P(A)=P(B_1B_2\bigcup B_1\overline{B_2}\bigcup \overline{B_1}B_2)$

$\qquad =P(B_1)P(B_2|B_1)+P(B_1)P(\overline{B_2}|B_1)+P(\overline{B_1})P(B_2|\overline{B_1})$

$\qquad =0.8\cdot 0.8+0.8\cdot(1-0.8)+(1-0.8)\cdot 0.4=0.88.$

(2) 第 2 次及格的概率为

$\qquad P(B_2)=P(B_1)P(B_2|B_1)+P(\overline{B_1})P(B_2|\overline{B_1})=0.72.$

故 $\qquad P(B_1|B_2)=P(B_1)P(B_2|B_1)/P(B_2)=8/9=0.89.$

注 例 14 至例 17 都是利用全概公式和贝叶斯公式求解的问题. 计算这类问题的关键是寻找公式中的完备事件组，以及区分应当用全概公式还是用贝叶斯公式求解.

【例 18】 试证 $P(\overline{A}B\bigcup A\overline{B})=P(A)+P(B)-2P(AB).$

证 方法一 由 $A+B$ 的互斥分解及加法公式，可得

$$A\bigcup B=\overline{A}B\bigcup A\overline{B}\bigcup AB,$$

$$P(A\bigcup B)=P(\overline{A}B\bigcup A\overline{B})+P(AB).$$

从而有 $\qquad P(\overline{A}B\bigcup A\overline{B})=P(A\bigcup B)-P(AB)=P(A)+P(B)-2P(AB).$

方法二

$$P(\overline{A}B\bigcup A\overline{B})=P(\overline{A}B)+P(A\overline{B})$$

$$=P(A)-P(AB)+P(B)-P(AB)$$

$$=P(A)+P(B)-2P(AB).$$

此外，正确运用题设是至关重要的. 稍有疏忽，即会出错.

分析下面的证明，看问题出在哪？

$P(\overline{A}B\bigcup A\overline{B})=P(\overline{A}B)+P(A\overline{B})=P(\overline{A})P(B)+P(A)P(\overline{B})$

$\qquad =[1-P(A)]P(B)+P(A)[1-P(B)]=P(A)+P(B)-2P(A)P(B)$

$\qquad =P(A)+P(B)-2P(AB).$

事实上导致证明错误的原因是，两度使用了题设中根本不存在的独立性条件.

【例 19】 某零件用两种工艺加工，第一种工艺有三道工序，各道工序出现废品的概率分别为 0.1，0.2，0.3；第二种工艺有两道工序，各道工序出现废品的概率都是 0.3，设在合格品中得优等品的概率，第一、第二种工艺分别是 0.9 和 0.8，试比较用哪种工艺得到优等品的概率较大些？

分析 本题应注意优等品是在合格品中选出的，而每种工艺的各道工序应看作是独立的.

解 设 $A=\{$得到优等品$\}$，$B_i=\{$第 i 种工艺得到合格品$\}$ $(i=1,2)$，则由于各道工序应看作是独立的，所以

$$P(B_1)=0.9\times 0.8\times 0.7=0.504,\qquad P(B_2)=0.7\times 0.7=0.49.$$

又 $P(A|B_1)=0.9$， $P(A|B_2)=0.8$，

于是所求概率分别为

$$P(AB_1)=P(B_1) \cdot P(A|B_1)=0.504 \times 0.9=0.454;$$
$$P(AB_2)=P(B_2) \cdot P(A|B_2)=0.49 \times 0.8=0.392.$$

故知第一种工艺得到优等品的概率较大些.

注 根据题意本应比较 $P(B_1|A)$ 和 $P(B_2|A)$ 的大小，但由条件概率公式知，比较 $P(AB_1)$ 和 $P(AB_2)$ 的大小是等价的.

【例 20】 袋中装有 m 只正品硬币，n 只次品硬币（次品硬币的两面均印有国徽），在袋中任取一只，将它投掷 r 次，已知每次都得到国徽. 问这只硬币是正品的概率是多少？

解 设事件 $A=\{投掷 r 次都得到国徽\}$，$B=\{袋中任取一只硬币是正品\}$. 则

$$P(B)=\frac{m}{m+n}.$$

又由于 $P(A|B)=\left(\frac{1}{2}\right)^r$，$P(A|\overline{B})=1$，

故由贝叶斯公式，所求的概率为

$$P(B|A)=\frac{P(A|B)P(B)}{P(A)}=\frac{P(A|B)P(B)}{P(A|B)P(B)+P(A|\overline{B})P(\overline{B})}$$

$$=\frac{\left(\frac{1}{2}\right)^r \cdot \frac{m}{m+n}}{\left(\frac{1}{2}\right)^r \cdot \frac{m}{m+n}+1 \cdot \frac{n}{m+n}}=\frac{m}{m+n \cdot 2^r}.$$

【例 21】 有两名选手比赛射击，轮流对同一目标进行射击，甲命中目标的概率为 α，乙命中目标的概率为 β. 甲先射，谁先命中谁得胜. 问甲、乙两人获胜的概率各为多少？

解 记事件 A,B 分别表示"甲获胜"、"乙获胜"，A_i 表示"第 i 次射击命中目标"，$i=1,2,\cdots$. 因为甲先射，所以

$$A=A_1 \bigcup \overline{A_1}\overline{A_2}A_3 \bigcup \overline{A_1}\overline{A_2}\overline{A_3}\overline{A_4}A_5 \bigcup \cdots,$$

又因为各次射击是独立的，所以得

$$P(A)=P(A_1 \bigcup \overline{A_1}\ \overline{A_2}A_3 \bigcup \overline{A_1}\ \overline{A_2}\ \overline{A_3}\ \overline{A_4}A_5 \bigcup \cdots)$$

$$=P(A_1)+P(\overline{A_1}\ \overline{A_2}A_3)+P(\overline{A_1}\ \overline{A_2}\ \overline{A_3}\ \overline{A_4}A_5)+\cdots$$

$$=\alpha+(1-\alpha)(1-\beta)\alpha+(1-\alpha)^2(1-\beta)^2\alpha+\cdots$$

$$=\alpha \sum_{i=0}^{\infty}(1-\alpha)^i(1-\beta)^i$$

$$=\frac{\alpha}{1-(1-\alpha)(1-\beta)}.$$

同理可得

$$P(B)=P(\overline{A_1}A_2 \bigcup \overline{A_1}\ \overline{A_2}\ \overline{A_3}A_4 \bigcup \overline{A_1}\ \overline{A_2}\ \overline{A_3}\ \overline{A_4}\ \overline{A_5}A_5 \bigcup \cdots)$$

$$= P(\overline{A_1}A_2) + P(\overline{A_1}\,\overline{A_2}\,\overline{A_3}A_4) + P(\overline{A_1}\,\overline{A_2}\,\overline{A_3}\,\overline{A_4}\,\overline{A_5}A_5) + \cdots$$

$$= (1-\alpha)\beta + (1-\alpha)^2(1-\beta)\beta + (1-\alpha)^3(1-\beta)^2\beta + \cdots$$

$$= \beta(1-\alpha)\sum_{i=0}^{\infty}(1-\alpha)^i(1-\beta)^i$$

$$= \frac{\beta(1-\alpha)}{1-(1-\alpha)(1-\beta)}.$$

【*例22】 某养鸡场一天孵出 n 只小鸡的概率为

$$P_n = \begin{cases} ap^n, & n \geqslant 1, \\ 1 - \dfrac{ap}{1-p}, & n = 0. \end{cases}$$

其中 $0 < p < 1$, $0 < a < \dfrac{1-p}{p}$, 若认为孵出一只公鸡和一只母鸡是等可能的，求证: 一天孵出 k 只母鸡的概率为 $\dfrac{2ap^k}{(2-p)^{k+1}}$.

证 设 A_k 是表示事件"一天中孵出 k 只母鸡"，B_n 是表示事件"一天中孵出 n 只小鸡"，

则 B_n 是互不相容事件，且

$$P(B_n) = P_n,$$

$$P(A_k \mid B_n) = C_n^k \left(\frac{1}{2}\right)^k \left(\frac{1}{2}\right)^{n-k} = C_n^k \left(\frac{1}{2}\right)^n, \quad k \geqslant 1.$$

$$P(A_k) = \sum_{n=k}^{\infty} P(B_n) P(A_k \mid B_n) = \sum_{n=k}^{\infty} ap^n C_n^k \left(\frac{1}{2}\right)^n$$

$$= a\left(\frac{p}{2}\right)^k \frac{1}{k!} \sum_{n=k}^{\infty} \frac{n!}{(n-k)!} \left(\frac{p}{2}\right)^{n-k} = a\left(\frac{p}{2}\right)^k \frac{1}{k!} \left(\frac{1}{1-x}\right)^{(k)} \bigg|_{x=\frac{p}{2}}$$

$$= a\left(\frac{p}{2}\right)^k \frac{1}{k!} \frac{1}{(1-x)^{k+1}} \bigg|_{x=\frac{p}{2}} = \frac{2ap^k}{(2-p)^{k+1}}.$$

第四节　练习与测试

*1. $0 < y < \sqrt{2ax - x^2}$ （a 为正常数）内掷一点，点落在半圆内任何区域的概率与区域的面积成正比，则原点和该点的连线与 x 轴的夹角小于 $\dfrac{\pi}{4}$ 的概率为 _____.

2. 假设 $P(A) = 0.4$, $P(A \cup B) = 0.7$, 那么

(1) 若 A 与 B 互不相容，则 $P(B) =$ _____;

(2) 若 A 与 B 相互独立，则 $P(B) =$ _____.

3. 三个箱子，第一个箱子中有 4 个黑球 1 个白球，第二个箱子中有 3 个黑球 3 个白球，第三个箱子有 3 个黑球 5 个白球。现随机地取一个箱子，再从这个箱子中取出 1 个球，这个球为白球的概率等于 _____. 已知取出的球是白球，此球属于第二个箱子的概率为 _____.

4. 将一枚骰子独立地先后掷两次, 以 X 和 Y 分别表示先后掷出的点数, 记 $A=\{X+Y=10\}$, $B=\{X>Y\}$, 则 $P(A\cup B)=$ _____.

5. 设 A,B 为两事件, $P(A)=P(B)=\frac{1}{3}$, $P(A|B)=\frac{1}{6}$, 则 $P(\bar{A}|\bar{B})=$ _____.

6. 袋中有 5 个黑球, 3 个白球, 大小相同, 一次随机摸出 4 球, 其中恰有 3 个白球的概率为 ( ).

(A) $\frac{3}{8}$; (B) $\left(\frac{3}{8}\right)^{5}\left(\frac{1}{8}\right)$; (C) $\left(\frac{3}{8}\right)^{3}\left(\frac{1}{8}\right)$; (D) $\frac{5}{C_{8}^{4}}$.

* 7. 设 $0<P(A)<1$, $0<P(B)<1$, $P(A|B)+P(\bar{A}|\bar{B})=1$, 则 ( ).

(A) 事件 A 和 B 互不相容; (B) 事件 A 和 B 互相对立;

(C) 事件 A 和 B 互不独立; (D) 事件 A 和 B 相互独立.

8. 设 $B\subset A$, 则 ( ).

(A) $P(\overline{A\bar{B}})=1-P(A)$; (B) $P(B-A)=P(B)-P(A)$;

(C) $P(B|A)=P(B)$; (D) $P(A|\bar{B})=P(A)$.

9. 以 A 表示事件 "甲种产品畅销, 乙种产品滞销", 则其对立事件 $\bar{A}$ 为 ( ).

(A) "甲种产品滞销, 乙种产品畅销"; (B) "甲乙两种产品均畅销";

(C) "甲种产品滞销"; (D) "甲种产品滞销, 或乙种产品畅销".

10. 对于同时投掷甲、乙两枚硬币的试验. 试回答下列问题

(1) 写出题设试验下的样本空间 Ω;

(2) 若记 $A=$ "甲、乙两枚硬币都正面朝上", 则 $\bar{A}=$ "甲、乙两枚硬币都不正面朝上", 对吗? 为什么?

11. 从某医药院校学生中任选一名学生, 记

$A=$ "被选的学生是男生",

$B=$ "被选的学生是护理专业的",

$C=$ "被选的学生是戴眼镜的".

试阐述下列事件及其关系的含义:

(1) $A\bar{B}C$; (2) $A\bar{B}\bar{C}=\bar{C}$; (3) $C\subset B$; (4) $\bar{A}=B$.

12. 随机地将 15 名新生平均分配到三个班级中去, 这 15 名新生中有 3 名优秀生. 问 (1) 每个班级各分配到一名优秀生的概率是多少? (2) 3 名优秀生分在同一班级里的概率是多少?

13. 某城市电话号码采用 8 位制, 试求下列事件的概率

(1) 某用户的号码由 8 个不同数字组成;

(2) 某用户的号码不含数字 1 与 9;

(3) 某用户的号码数字 8 恰好出现 k ($k\leqslant 8$) 次.

14. 设 $a>0$, 有任意两数 x,y, 且 $0<x<a$, $0<y<a$, 试求 $xy<\frac{a^{2}}{4}$ 的概率.

15. 已知甲口袋盛有红球 4 个、白球 2 个, 乙口袋中有红球 1 个、白球 5 个. 今从甲口袋中任取 3 个球移入乙口袋, 试求从移球后的乙口袋中任取的 3 个球均为红球的概率.

16. 某射手射击一发子弹命中 10 环的概率为 0.7, 命中 9 环的概率为 0.3, 求该射手射击三发子弹而得到不小于 29 环成绩的概率.

17. 在套圈游戏中, 甲、乙、丙每投一次套中的概率分别为 0.1, 0.2, 0.3, 已知三人中某一个人投 4 次而套中一次, 问此投圈者是谁的可能性最大.

*18. 当 $0 < P(A) < 1$，则事件 A 与 B 独立的充要条件是 $P(B|A) = P(B|\bar{A})$.

19. 掷三颗骰子，若已知没有两个相同的点数，试求至少有一个一点的概率.

20. （1）甲、乙、丙三炮同时向一坦克射击，假设它们命中的概率都是 0.4. 又若有一炮命中目标，则坦克被摧毁的概率为 0.2；若 2 炮命中目标，坦克被摧毁的概率为 0.6；若 3 炮同时命中目标，则坦克必然被摧毁. 试求坦克被摧毁的概率.（2）设想把甲、乙、丙三炮射击的命中率依次修改为 0.4，0.6，0.7，而其它条件不变，则坦克被摧毁的概率又是多少？

21. 设事件 A 与 B 相互独立，两事件中只有 A 发生及只有 B 发生的概率都是 $\dfrac{1}{4}$，求 $P(A)$ 与 $P(B)$.

第五节　练习与测试参考答案

1. $\dfrac{1}{2} + \dfrac{1}{\pi}$.　　2. 0.3；0.5.　　3. $\dfrac{53}{120}$；$\dfrac{20}{53}$.　　4. $\dfrac{17}{36}$.　　5. $\dfrac{7}{12}$.　　6. D.　　7. D.　　8. A.　　9. D

10. 假设 B="甲币正面朝上"，C="乙币正面朝上".

(1) $\Omega = \{BC, B\bar{C}, \bar{B}C, \bar{B}\bar{C}\}$；

(2) 不对，$\bar{A}$="甲、乙两枚硬币不都正面朝上"$= \{B\bar{C}, \bar{B}C, \bar{B}\bar{C}\}$.

11. (1) $A\bar{B}C$：被选的学生戴眼镜，男生且非护理专业；

(2) $A\bar{B}\bar{C} = \bar{C}$：不戴眼镜的是非护理专业男生；

(3) $C \subset B$：戴眼镜的全在护理专业；

(4) $\bar{A} = B$：所有的女生均在护理专业，反之亦然.

12. (1) $\dfrac{(3!) \times 12!\ /(4!\ 4!\ 4!)}{15!\ /(5!\ 5!\ 5!)} = \dfrac{25}{91}$；(2) $3 \times \dfrac{12!}{2!\ 5!\ 5!} \bigg/ \dfrac{15!}{5!\ 5!\ 5!} = \dfrac{6}{91}$.

13. (1) $P_{10}^8 / 10^8 = 0.0181$；(2) $8^8 / 10^8 = 0.1678$；(3) $C_8^k 9^{8-k} / 10^8$.

14. 0.5966.　　　　15. 0.0167（此系全概率题，要考虑甲移入乙的种种情形）.

16. 0.784.　　　17. 丙的可能性最大.　　　18. 略.

19. 提示：设 A="掷三颗骰子出现点数没有相同的"，B="掷三颗骰子至少有一个是一点"，则所求概率为 $P(B|A) = \dfrac{1}{2}$，可先求 $P(\bar{B}|A)$.

20. （1）0.3232；（2）0.4494.

21. $P(A) = P(B) = \dfrac{1}{2}$.

第二章　随机变量及其分布

第一节　基 本 要 求

随机变量的引入在概率论发展史中意义十分重大，这一概念的引入使得我们可以用高等数学的方法研究随机变量了．随机变量与它的分布是概率统计讨论的核心内容．

(1) 理解随机变量的概念．

(2) 理解分布函数的概念及性质，会计算与随机变量相联系的事件的概率．

(3) 理解离散型随机变量及其概率分布的概念，侧重把握它的分布律（列）及其性质，其中，从实际问题出发建立分布律是学习中的难点．在众多的离散型分布中，重点是掌握两点分布、二项分布、超几何分布和泊松分布及其应用．

(4) 了解泊松定理的结论和应用条件，会用泊松分布近似表示二项分布．

(5) 理解连续型随机变量的概念，重点是把握它的概率密度及其性质，并能深入掌握均匀分布、指数分布、正态分布与它们的特征，会用这些分布解决一些简单的问题．

(6) 熟练掌握分布函数与分布律、概率密度的互求，这既是难点也是应用中的重点．

(7) 会根据自变量的概率分布求其简单随机变量函数的概率分布．

第二节　内 容 提 要

一、随机变量与它的分布函数

1. 随机变量的概念

随机变量 X 是定义在样本空间 Ω 上的实值集函数，它具有取值的不确定性（随机性）和取值范围及相应概率的确定性（统计规律性）两大特征．特别是后一特征表明，对于任意实数 x，事件 $\{X \leqslant x\}$ 都有确定的概率．

常用的随机变量按取值方式可分为离散型和连续型两类．

2. 分布函数与它的基本性质

对于随机变量 X 以及任意实数 x，称一元函数

$$F(x) = P\{X \leqslant x\}$$

为 X 的**分布函数**．

由此可见，分布函数是定义域为 $(-\infty, +\infty)$，值域含于 $[0,1]$ 的实函数．其

基本性质是

(1) $0 \leqslant F(x) \leqslant 1$，对一切 $-\infty < x < +\infty$ 成立；

(2) $F(x)$ 是一个单调不减函数，即当 $x_1 < x_2$ 时，有
$$F(x_1) \leqslant F(x_2);$$

(3) $F(x)$ 是右连续的，即 $F(x+0) = F(x)$；

(4) $F(-\infty) = \lim\limits_{x \to -\infty} F(x) = 0$，$F(+\infty) = \lim\limits_{x \to +\infty} F(x) = 1$.

反之，具有这四条性质的函数一定是某个随机变量的分布函数.

若 $F(x)$ 为随机变量 X 的分布函数，则对于任意的实数 $a, b(a < b)$，有
$$P\{a < X \leqslant b\} = F(b) - F(a).$$

这样，X 落入任一区间的概率都可用分布函数来表达. 从这个意义上讲，分布函数完整地描述了各类随机变量取值的统计规律.

二、离散型随机变量及其分布

1. 分布律与它的基本性质

若随机变量 X 的取值只能是有限个值或可列个值，则称 X 为**离散型随机变量**.

对离散型随机变量需要知道它取哪些值及其取这些值的概率. 所有这些都可由分布律来描述，随机变量 X 的分布律可表示为
$$X \sim P\{X = x_i\} = p_i, \quad i = 1, 2, 3 \cdots.$$

分布律也可表示为

X	x_1	x_2	$\cdots$	x_i	$\cdots$
p_i	p_1	p_2	$\cdots$	p_i	$\cdots$

分布律具有以下基本性质：

(1) $p_i \geqslant 0$，$i = 1, 2, 3, \cdots$（非负性）；

(2) $\sum\limits_{i=1}^{\infty} p_i = 1$（规范性）.

2. 常用的离散型分布

常用的离散型分布有两点分布、二项分布、超几何分布和泊松分布等.

(1) 两点分布　若随机变量 X 有分布律
$$P\{X = x_i\} = p_i, i = 1, 2, \ p_1 + p_2 = 1.$$

则称 X 服从**两点分布**. 特别地，如果只取 $0, 1$ 两个值时也称为 0—1 分布，其分布律为
$$P\{X = k\} = p^k q^{1-k}, \quad k = 0, 1, \ 0 < p < 1, \ q = 1 - p.$$

(2) 伯努利试验与二项分布　在相同条件下重复做一种试验 n 次，若每次试验

的结果是有限的且不依赖于其它各次试验的结果，则称这 n 次试验是相互独立的，并称它们构成一个 **n 重独立试验序列**.

在 n 重独立试验序列中，若每次试验的结果只有两个 A 和 $\overline{A}$. 且其中的一个概率为 p，比如 $P(A)=p$，另一个概率设为 $q=1-p$，即 $P(\overline{A})=q$，这样的试验序列称为 **n 重伯努利试验**.

二项公式　假设事件 A 在每次试验中发生的概率为 $p(0<p<1)$，它在 n 重伯努利试验中恰好发生 k 次的概率为

$$B(k;n,p)=C_n^k p^k q^{n-k},$$

其中 $k=0,1,2,\cdots,n$；$q=1-p$.

若随机变量 X 分布律为

$$P\{X=k\}=C_n^k p^k q^{n-k},$$

其中 $k=0,1,2,\cdots,n$；$0<p<1$，$q=1-p$，n 为自然数，则称 X 服从参数为 n,p 的**二项分布**. 简记为 $X\sim B(n,p)$.

注　若 $X_i,X_2,\cdots,X_n$ 相互独立，且服从参数为 p 的 0—1 分布，则 $X=\sum\limits_{i=1}^{n} X_i$ 就服从参数为 n,p 的二项分布. 在解题中常用此方法分解随机变量.

（3）**超几何分布**　若随机变量 X 有分布律

$$P\{X=k\}=\frac{C_M^k C_{N-M}^{n-k}}{C_N^n}, \quad k=0,1,2,\cdots,n.$$

这里 $M\leqslant N$，$n\leqslant N$，n,N,M 为自然数，并规定 $b>a$ 时，$C_a^b=0$. 则称 X 服从参数为 n,N,M 的**超几何分布**. 简记为 $X\sim H(n,N,M)$.

注　若 n 是一取定的自然数，且 $\lim\limits_{N\to\infty}\dfrac{M}{N}=p$，则有

$$\lim_{N\to\infty}\frac{C_M^k C_{N-M}^{n-k}}{C_N^n}=C_n^k p^k (1-p)^{n-k}, \quad k=0,1,2,\cdots,n.$$

即当 N 充分大时，随机变量 X 就近似服从二项分布 $B(n,p)$.

（4）**泊松分布**　若随机变量 X 有分布律

$$P\{X=k\}=\frac{\lambda^k}{k!}\mathrm{e}^{-\lambda}, \quad k=0,1,2,\cdots,\lambda>0 \text{ 为常数}$$

则称 X 服从参数为 λ 的**泊松分布**，简记为 $X\sim\pi(\lambda)$.

注　泊松分布的背景是与泊松定理分不开的，即

设 $\lambda>0$ 是一常数，n 是任意正整数，设 $np_n=\lambda$，则对于任一固定的非负整数 k，有

$$\lim_{n\to\infty}C_n^k p_n^k (1-p_n)^{n-k}=\frac{\lambda^k \mathrm{e}^{-\lambda}}{k!}.$$

故当 n 很大，p 很小时（$np<10$）的二项分布可用下式近似计算

$$C_n^k p^k (1-p)^{n-k}\approx\frac{\lambda^k \mathrm{e}^{-\lambda}}{k!}, \quad \lambda=np.$$

由此可见，在大量试验中稀有事件出现的次数常可用泊松分布来描述.

（5）**几何分布**　若随机变量 X 有分布律

$$p\{X = k\} = pq^{k-1}$$

其中，$k = 1, 2, \cdots$，$0 < p < 1$，$q = 1 - p$，则称 X 服从参数为 p 的几何分布，简记为 $X \sim G(p)$．

3. 分布律与分布函数的计算

（1）分布律已知时分布函数的求解　当分布律给定时，运用逐段求和可求得分布函数，即

$$F(x) = P\{X \leqslant x\} = \sum_{x_i \leqslant x} P\{X = x_i\} = \sum_{x_i \leqslant x} p_i .$$

可见，离散型场合下的分布函数是一个右连续的分段阶梯函数，在 $x = x_i$ 处有跳跃度 p_i．

（2）分布函数已知时分布律的求解　当分布函数已知时，通过逐段求差可求得分布律．随机变量的取值即为分布函数的间断点 x_i，而取值的概率由下式给出．

$$\begin{aligned}
p_i = P\{X = x_i\} &= P\{X \leqslant x_i\} - P\{X < x_i\} \\
&= F(x_i) - F(x_i - 0), \quad i = 1, 2, 3, \cdots.
\end{aligned}$$

综上所述，离散型随机变量的分布律和分布函数可以相互唯一确定．

三、连续型随机变量及其概率密度

1. 概率密度与它的基本性质

设对于随机变量 X 的分布函数 $F(x)$，如果存在非负可积函数 $f(x)$，使得对任意的实数 x，都有

$$F(x) = P\{X \leqslant x\} = \int_{-\infty}^{x} f(t) \mathrm{d}t$$

成立，则称 X 为连续型随机变量，$f(x)$ 为 X 的**概率密度**（或分布密度）．

概率密度具有如下基本性质

（1）$f(x) \geqslant 0$　（非负性）；

（2）$\int_{-\infty}^{+\infty} f(x) \mathrm{d}x = 1$　（规范性）；

（3）对任何实数 c，有 $P\{X = c\} = 0$；对任意的实数 a，$b (a < b)$，有

$$P\{a < X \leqslant b\} = P\{a \leqslant X < b\} = P\{a \leqslant X \leqslant b\} = P\{a < X < b\} = \int_{a}^{b} f(x) \mathrm{d}x .$$

即只要区间的端点不变，X 取值于开区间或闭区间或半开半闭区间的概率都是相等的．

2. 常用的连续型分布

常用的连续型分布有均匀分布、指数分布、正态分布等．

（1）均匀分布　若随机变量 X 取值在有限区间 (a, b) 上，其概率密度为

$$f(x) = \begin{cases} \dfrac{1}{b - a}, & a < x < b, \\ 0, & \text{其它}. \end{cases}$$

其中 $b>a$ 为常数．则称 X 服从区间 (a,b) 上的**均匀分布**，简记为 $X \sim U[a,b]$．

均匀分布是等可能概型在连续情形下的推广．

（2）指数分布　若随机变量 X 的概率密度为

$$f(x) = \begin{cases} \lambda e^{-\lambda x}, & x>0, \\ 0, & x \leqslant 0. \end{cases}$$

其中 $\lambda>0$ 为常数，则称 X 服从参数为 λ 的**指数分布**，简记为 $X \sim E(\lambda)$．

服从指数分布的随机变量 X 具有"无记忆性"，即对任意的 s，$t>0$，有

$$P\{X>s+t \mid X>s\} = P\{X>t\}.$$

（3）Γ 分布　设随机变量 X 有概率密度

$$f(x) = \begin{cases} \dfrac{\beta^{\alpha}}{\Gamma(\alpha)} x^{\alpha-1} e^{-\beta x}, & x>0, \\ 0, & x \leqslant 0. \end{cases}$$

其中 $\alpha>0$，$\beta>0$ 为常数．则称 X 服从参数为 α，β 的 **Γ 分布**，简记为 $\Gamma \sim G(\alpha,\beta)$．这里 $\Gamma(\alpha) = \displaystyle\int_0^{+\infty} x^{\alpha-1} e^{-x} \mathrm{d}x$ 是以 α（$\alpha>0$）为参变量的 Γ 函数．

注　Γ 函数的性质：

（1）$\Gamma(\alpha+1) = \alpha\Gamma(\alpha)$，$\Gamma(\dfrac{1}{2}) = \sqrt{\pi}$；

（2）当 n 为自然数时，$\Gamma(n+1) = n\Gamma(n) = \cdots = n!$．

（4）正态分布　若随机变量 X 有概率密度

$$f(x) = \frac{1}{\sigma\sqrt{2\pi}} e^{-\frac{(x-\mu)^2}{2\sigma^2}}, \quad -\infty < x < +\infty.$$

其中 μ，$\sigma>0$ 为常数．则称 X 服从参数为 μ，σ 的**正态分布**，简记为 $X \sim N(\mu,\sigma^2)$．

特别，当 $\mu=0$，$\sigma=1$ 时，有

$$\varphi(x) = \frac{1}{\sqrt{2\pi}} e^{-\frac{x^2}{2}}, \quad -\infty < x < +\infty.$$

此时称 X 服从**标准正态分布**，简记为 $X \sim N(0,1)$．

3. 概率密度与分布函数的互求

当概率密度给定时，运用积分的方法可求得分布函数．即

$$F(x) = P\{X \leqslant x\} = \int_{-\infty}^{x} f(t)\mathrm{d}t,$$

如此得到的分布函数是定义在整个实数轴上的连续函数．

反之，当分布函数已知时，在 $f(x)$ 的连续点上运用微分的方法可求得概率密度．即

$$f(x) = \frac{\mathrm{d}F(x)}{\mathrm{d}x} = \frac{\mathrm{d}}{\mathrm{d}x}\left[\int_{-\infty}^{x} f(t)\mathrm{d}t\right].$$

可见，连续型随机变量的概率密度和分布函数亦可以相互唯一确定．

四、给定分布时的概率计算小结

（1）分布律已知时的概率计算公式是

$$P\{a < X \leqslant b\} = \sum_{a < x_i \leqslant b} p_i.$$

（2）概率密度已知时的概率计算公式是

$$P\{a < X \leqslant b\} = \int_a^b f(x)\mathrm{d}x.$$

（3）分布函数已知时的概率计算公式是

$$P\{a < X \leqslant b\} = F(b) - F(a).$$

（4）正态分布下的概率计算公式是

$$P\{a < X \leqslant b\} = \Phi\left(\frac{b-\mu}{\sigma}\right) - \Phi\left(\frac{a-\mu}{\sigma}\right),$$

其中 $X \sim N(\mu, \sigma^2)$；$\Phi(x)$ 为标准正态分布函数. 当 $x \geqslant 0$ 时，其数值可查标准正态分布函数数值表（以下简称正态分布表）直接得到；对于负实数 x，在公式 $\Phi(x) = 1 - \Phi(-x)$ 转化下，仍可查表求值.

五、随机变量函数的分布

随机变量 X 的函数 $Y = g(X)$ 在一定条件下仍是随机变量. Y 的分布可由 X 的分布确定. 但在求 Y 的分布具体处理方法上，离散型和连续型是有区别的.

1. 离散型随机变量 X 的函数 $Y = g(X)$ 分布

设 X 为一离散型随机变量，其分布律为

X	x_1	x_2	$\cdots$	x_n	$\cdots$
p_i	p_1	p_2	$\cdots$	p_n	$\cdots$

则当诸 $g(x_i)(i=1,2,3,\cdots)$ 的值互异时，Y 的分布律为

Y	$g(x_1)$	$g(x_2)$	$\cdots$	$g(x_n)$	$\cdots$
p_i	p_1	p_2	$\cdots$	p_n	$\cdots$

如果 $g(x_i)(i=1,2,3,\cdots)$ 中有某些值相同时，则将相应概率相加之后予以合并处理，必要时重新排序后写出 Y 的分布律.

可见，在离散型场合下，Y 的分布律完全由 X 的分布律确定.

2. 连续型随机变量 X 的函数 $Y = g(X)$ 分布

设 X 为连续型随机变量，其概率密度为 $f_X(x)$，则 $Y = g(X)$ 仍为连续型随机变量（$y = g(x)$ 是连续函数），其概率密度的计算步骤为

（1）根据 X 的概率密度 $f_X(x)$，求出 Y 的分布函数

$$F_Y(y) = P\{Y \leqslant y\} = P\{g(X) \leqslant y\} = \int_{x \in D_y} f_X(x)\mathrm{d}x,$$

其中，$D_y=\{x\mid g(x)\leqslant y\}$.

（2）对设 $F_Y(y)$ 求导得 Y 的概率密度.

在函数 $g(x)$ 可导且严格单调时，Y 的概率密度为

$$f_Y(y)=\begin{cases} f_X[h(y)]\mid h'(y)\mid, & a<y<b, \\ 0, & \text{其它}. \end{cases}$$

其中 $a=\min\{g(-\infty),\ g(+\infty)\}$，$b=\max\{g(-\infty),\ g(+\infty)\}$，$x=h(y)$ 是严格单调可微函数 $y=g(x)$ 的反函数［与 $Y=g(X)$ 对应的普通函数］.

可见，连续型场合下，Y 的概率密度完全由 X 的概率密度确定.

第三节　典型例题分析

【例1】　一批产品分装在甲、乙两个箱中，甲装有 3 个合格品和 2 个次品；乙装有 4 个合格品和 1 个次品. 现从甲箱中任取一产品放入乙箱，再从乙箱任取 4 个产品，求从乙箱中取出的 4 个产品中包含的次品数 X 的分布律.

解　设 $A=\{$甲箱中取出的一件为次品$\}$，$B_i=\{$从乙箱中取出的 4 个产品中有 i 个次品$\}$，$i=0,1,2$.

则 $P\{X=i\}=P(B_i)$，$i=0,1,2$，由全概率公式可得

$$P\{X=0\}=P(B_0)=P(A)P(B_0\mid A)+P(\overline{A})P(B_0\mid\overline{A})$$

$$=\frac{2}{5}\times\frac{C_4^4 C_2^0}{C_6^4}+\frac{3}{5}\times\frac{C_5^4 C_1^0}{C_6^4}=\frac{17}{75},$$

类似可得 $\qquad P\{X=1\}=\dfrac{46}{75}，\quad P\{X=2\}=\dfrac{12}{75}.$

故 X 的分布律为

X	0	1	2
p_i	$\dfrac{17}{75}$	$\dfrac{46}{75}$	$\dfrac{12}{75}$

注　从求解中看到，求分布律的过程实际上是求一系列随机事件的概率，所以随机变量这一概念远比随机事件广泛而深刻.

【例2】　假设某运动员进行投篮练习，其命中率为 0.8.

试求：（1）该运动员进行 1 次投篮，命中次数的分布律；

（2）该运动员进行 5 次投篮，命中次数的分布律；

（3）顶多投篮 5 次且命中即停止，该运动员停止投篮时，投篮次数的分布律；

（4）命中即停止投篮，否则该运动员一直投篮，求运动员停止投篮时，投篮次数的分布律.

解　（1）记投篮 1 次时的命中次数为随机变量 X. 于是，X 服从 $p=0.8$ 的两

点分布. 另记命中与 "1" 对应, 不命中与 "0" 对应, 故有 $X \sim B(1, 0.8)$, 即所求的分布律为

$$P\{X=k\} = (0.8)^k (0.2)^{1-k}, \quad k=0,1.$$

（2）记投篮 5 次的命中次数为随机变量 Y. 于是, Y 服从 $n=5$, $p=0.8$ 的二项分布, 即 $Y \sim B(5, 0.8)$, 故其分布律为

$$P\{Y=k\} = C_5^k (0.8)^k (0.2)^{5-k}, \quad k=0,1,2,3,4,5.$$

（3）记停止投篮时投篮次数为随机变量 Z, 其可能取值为 1,2,3,4,5. 如果停止投篮发生在前 4 次中的某一次, 则投篮次数的概率为

$$P\{Z=k\} = (0.2)^{k-1}(0.8), \quad k=1,2,3,4.$$

停止投篮发生在第 5 次, 则情况有所不同: 可以是第 5 次命中而停止投篮; 也可以是第 5 次投篮未命中但由于顶多投篮 5 次而停止投篮. 故此时投篮次数的概率为

$$P\{Z=5\} = (0.2)^4(0.8) + (0.2)^4(0.2) = (0.2)^4.$$

综上, 停止射击时射击次数的分布律为

X	1	2	3	4	5
p_i	0.8	0.16	0.032	0.0064	0.0016

（4）记停止投篮时投篮次数为随机变量 W, 则 W 的可能取值为 $1,2,3,\cdots$, 其概率分布为

$$P\{W=k\} = (0.2)^{k-1} 0.8, \quad k=1,2,\cdots.$$

注 这是一个识别分布类型的基础性训练题, 尤其（3）与（4）不要混淆. 求解这类题, 建立满足题设要求的分布律, 有以下三个步骤:

（1）明确题设中试验的意义及相应随机变量所有可能取值;

（2）逐一求出随机变量每个可能取值的概率;

（3）检验概率和为 1 之后, 按规范形式写出分布律.

【例 3】 设 X 服从 Poisson 分布, 且已知 $P\{X=1\} = P\{X=2\}$, 求 $P\{X=3\}$.

解 由 $P(X=k) = \dfrac{\lambda^k}{k!} e^{-\lambda} \quad (k=0,1,2,\cdots)$,

所以 $P\{X=1\} = P\{X=2\}$,

即 $\lambda e^{-\lambda} = \dfrac{\lambda^2}{2!} e^{-\lambda}$, 得 $\lambda^2 - 2\lambda = \lambda(\lambda-2) = 0$,

解出 $\lambda_1 = 0, \lambda_2 = 2$, 但 λ 应是正数, 故舍去 λ_1, 取 $\lambda = \lambda_2 = 2$,

故 $P\{X=3\} = \dfrac{2^3}{3!} e^{-2} \approx 0.1804.$

【例 4】 某商店出售某种商品, 据历史记载分析, 月销售量服从泊松分布, 参数为 5, 问在月初进货时至少要库存多少件此种商品, 才能以 0.999 的概率满足顾客的需要.

解 设 X 表示商品的月销售量,则由 X 服从参数为 5 的泊松分布,其概率分布为

$$P\{X=k\}=\frac{5^k}{k!}e^{-5}, \quad k=0,1,2,\cdots.$$

由题意,应确定 m 使得

$$P\{X\leqslant m\}=0.999 \quad \text{或} \quad P\{X>m\}=0.001,$$

即 $P\{X>m\}=\sum_{k=m+1}^{\infty}P\{X=k\}=0.001$,查泊松分布表得 $m+1=14$,或 $m=13$,即在月初进货时,至少要库存 13 件此种商品.

注 这类题目涉及管理、营销等方面的优化对策问题,是来自实际的问题.而且贯穿其中的解题思路很有代表性,有较高的应用价值.

【例 5】 一批产品中有 15% 的次品,现进行独立重复抽样检查,共抽取 20 个样品,问抽出的 20 个样品中最大可能的次品数是多少?并求其概率.

分析 设抽出的 20 个样品中次品数为 X,则有 $X\sim B(20,0.15)$.问题是当 k 多大时,$P\{X=k\}=C_{20}^k\times0.15^k\times0.85^{20-k}(k=1,2,\cdots,20)$ 最大.设 $k=k_0$ 时最大,则有 $P\{X=k_0\}\geqslant P\{X=k_0-1\}$ 和 $P\{X=k_0\}\geqslant P\{X=k_0+1\}$.

解 考虑 $P\{X=k\}$ 与 $P\{X=k-1\}$ 的比

$$\frac{P\{X=k\}}{P\{X=k-1\}}=\frac{C_{20}^k\times0.15^k\times0.85^{20-k}}{C_{20}^{k-1}\times0.15^{k-1}\times0.85^{20-k+1}}=\frac{(20-k+1)\times0.15}{k\times0.85}.$$

故 $P\{X=k\}\geqslant P\{X=k-1\}$.

当且仅当 $k\leqslant(20+1)\times0.15=3.15$.同理,$P\{X=k\}\geqslant P\{X=k+1\}$,当且仅当 $k\geqslant2.15$.因此,欲使 $P\{X=k\}$ 最大,k 只能取 3,且

$$P\{X=3\}=C_{20}^3\times0.15^3\times0.85^{20-3}=0.2428.$$

注 一般,若 $X\sim B(n,p)$,当 $(n+1)p$ 不是整数时,$k=[(n+1)p]$ 时,$P\{X=k\}$ 最大;当 $(n+1)p$ 是整数时,$k=(n+1)p$ 或 $k=(n+1)p-1$ 时,$P\{X=k\}$ 最大.对泊松分布有类似的结论.若随机变量 $X\sim\pi(\lambda)$,则当 λ 不是整数时,当 $k=[\lambda]$ 时,$P\{X=k\}$ 最大;当 λ 是整数时,当 $k=\lambda$ 或 $k=\lambda-1$ 时,$P\{X=k\}$ 取得最大值.

【例 6】 设在 6 只零件中有 4 只是正品,从中抽取 4 次,每次任取 1 只,以 X 表示取出正品的只数,分别在有放回、不放回抽样下.(1)求 X 的分布律;(2)求 X 的分布函数并画出图形.

解 (1)在有放回抽样下,X 服从 $n=4$,$p=2/3$ 为参数的二项分布,其分布律为

$$P\{X=k\}=C_4^k\left(\frac{2}{3}\right)^k\left(\frac{1}{3}\right)^{4-k}, \quad k=0,1,2,3,4.$$

X	0	1	2	3	4
p_i	$\frac{1}{81}$	$\frac{8}{81}$	$\frac{24}{81}$	$\frac{32}{81}$	$\frac{16}{81}$

在不放回抽样下，X 服从 $N=6$，$M=4$，$n=4$ 为参数的超几何分布，其分布列为

$$P\{X=k\}=\frac{C_4^k C_2^{4-k}}{C_6^4}, \quad k=2,3,4.$$

X	2	3	4
p_i	$\frac{6}{15}$	$\frac{8}{15}$	$\frac{1}{15}$

（2）离散型场合下，求分布函数是按公式

$$F(x) = P\{X \leqslant x\} = \sum_{x_i \leqslant x} p_i$$

对 x 的不同取值实施逐段求和．于是，先就不放回抽取进行逐段讨论．

当 $x<2$ 时，有

$$F(x)=P\{X \leqslant x\}=P\{X<2\}=0;$$

当 $2 \leqslant x<3$ 时，有

$$F(x)=P\{X \leqslant x\}=P\{X=2\}=\frac{6}{15};$$

当 $3 \leqslant x<4$ 时，有

$$F(x)=P\{X \leqslant x\}=P\{X=2\}+P\{X=3\}=\frac{14}{15};$$

当 $x \geqslant 4$ 时，有

$$F(x)=P\{X \leqslant x\}=P\{\Omega\}=1.$$

综合逐段求和的结果，有

$$F(x)=P\{X \leqslant x\}=\begin{cases} 0, & x<2, \\ \dfrac{6}{15}, & 2 \leqslant x<3, \\ \dfrac{14}{15}, & 3 \leqslant x<4, \\ 1, & x \geqslant 4. \end{cases}$$

其直观形象由图 2-1 所示．

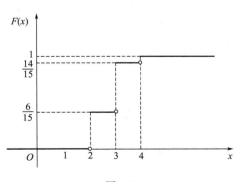

图 2-1   图 2-2

求分布函数的逐段求和，实际上就是在 x 由小到大的排序下，相应分布函数的取值从 0 开始逐段将概率累加即可．例如，放回抽取下的分布函数可按如下方法求解

$$F(x)=P\{X\leqslant x\}=\begin{cases} 0, & x<0, \\ \dfrac{1}{81}, & 0\leqslant x<1, \\ \dfrac{1}{81}+\dfrac{8}{81}=\dfrac{1}{9}, & 1\leqslant x<2, \\ \dfrac{1}{81}+\dfrac{8}{81}+\dfrac{24}{81}=\dfrac{11}{27}, & 2\leqslant x<3, \\ \dfrac{1}{81}+\dfrac{8}{81}+\dfrac{24}{81}+\dfrac{32}{81}=\dfrac{65}{81}, & 3\leqslant x<4, \\ \dfrac{1}{81}+\dfrac{8}{81}+\dfrac{24}{81}+\dfrac{32}{81}+\dfrac{16}{81}=1, & x\geqslant 4. \end{cases}$$

其直观形象由图 2-2 所示．

注 离散型场合下分布函数的求法，本题给出两种具体方案：不放回抽取下写出了逐段求和的全过程；放回抽取下只给出了求和的结果．前者思路清晰，便于理解，但书写烦琐；后者书写简便．如果读者确实对逐段求和的求解思路是清楚的，那么，具体解题时可采用书写简便的后一种解法．

分布函数的定义域是 $(-\infty, +\infty)$，因而只有就整个实数范围给出的表达式才是完整答案．离散型场合下，分布函数的图像是位于实数轴上方的阶梯曲线，左右两侧应该延伸至无穷．因此，如果只从某一点开始沿实数轴向右给出图示是错误的．此外，作为分布函数 $F(x)$ 的分段区间必为左闭右开．理由请读者思考．

【例 7】 随机变量 X 的所有可能取值为 $1,2,3,4$，已知 $P\{X=k\}$ 正比于 k 值，求（1）X 的分布律；（2）分布函数；（3）求 $P\{1.5<X\leqslant 3\}$，$P\{X\leqslant 3\}$（用两种方法）．

解 （1）由条件 $P\{X=k\}=ak$ （a 为常数），

由规范性 $\sum\limits_{k=1}^{4} P\{X=k\}=1$，

则 $a+2a+3a+4a=1$，解得 $10a=1$，即 $a=\dfrac{1}{10}$．

故 X 的分布律为

X	1	2	3	4
p_k	$\dfrac{1}{10}$	$\dfrac{2}{10}$	$\dfrac{3}{10}$	$\dfrac{4}{10}$

（2）X 的分布函数 $F(x)=P\{X\leqslant x\}$ $(-\infty<x<+\infty)$．

$$F(x) = P\{X \leqslant x\} = \sum_{x \leqslant x_k} p_k = \begin{cases} 0, & x < 1, \\ \dfrac{1}{10}, & 1 \leqslant x < 2, \\ \dfrac{3}{10}, & 2 \leqslant x < 3, \\ \dfrac{6}{10}, & 3 \leqslant x < 4, \\ 1, & x \geqslant 4. \end{cases}$$

(3) $P\{1.5 < X \leqslant 3\} = P\{X=2\} + P\{X=3\} = \dfrac{2}{10} + \dfrac{3}{10} = 0.5$

或 $\qquad P\{1.5 < X \leqslant 3\} = F(3) - F(1.5) = \dfrac{6}{10} - \dfrac{1}{10} = 0.5;$

$\qquad\qquad P\{X \leqslant 3\} = P\{X<3\} + P\{X=3\} = 0.3 + 0.3 = 0.6$

或 $\qquad P\{X \leqslant 3\} = F(3) = \dfrac{6}{10} = 0.6.$

【例8】 某种型号电子元件的寿命 X（单位：h）具有以下的概率密度

$$f(x) = \begin{cases} \dfrac{1000}{x^2}, & x > 1000, \\ 0, & \text{其它}. \end{cases}$$

现有一大批此种元件（设各元件工作相互独立）．问

（1）任取一只，其寿命大于 1500h 的概率是多少？

（2）任取 4 只，4 只寿命都大于 1500h 的概率是多少？

（3）任取 4 只，4 只中至少有 1 只寿命大于 1500h 的概率是多少？

（4）若已知一只元件寿命大于 1500h，则该元件的寿命大于 2000h 的概率是多少？

解 （1）$P\{X > 1500\} = \displaystyle\int_{1500}^{+\infty} \dfrac{1000}{x^2} \mathrm{d}x = \left(-\dfrac{1000}{x}\right)_{1500}^{+\infty} = \dfrac{2}{3}.$

（2）由于各元件工作独立，故 4 只寿命都大于 1500h 的概率为

$$p = [P\{X>1500\}]^4 = \left(\dfrac{2}{3}\right)^4 = \dfrac{16}{81}.$$

（3）设 A 表示 4 只中至少有 1 只寿命大于 1500h，则

$$P(A) = 1 - P(\overline{A}) = 1 - \left(1 - \dfrac{2}{3}\right)^4 = \dfrac{80}{81}.$$

（4）设 B 表示元件寿命大于 1500h，C 表示元件的寿命大于 2000h，则 $C \subset B$，

$$P(B) = P\{X > 1500\} = \dfrac{2}{3},$$

$$P(C) = P\{X > 2000\} = \int_{2000}^{+\infty} \dfrac{1000}{x^2} \mathrm{d}x = \left(-\dfrac{1000}{x}\right)_{2000}^{+\infty} = \dfrac{1}{2}$$

故 $\qquad P(C \mid B) = \dfrac{P(BC)}{P(B)} = \dfrac{P(C)}{P(B)} = \dfrac{1/2}{2/3} = \dfrac{3}{4}.$

【例9】 设随机变量 X 的概率密度为
$$f(x) = \begin{cases} Cx^2, & 1 \leq x \leq 2, \\ Cx, & 2 < x < 3, \\ 0, & \text{其它}. \end{cases}$$

(1) 确定常数 C；(2) 求 X 的分布函数；(3) 求 x_0 使 $P\{X > x_0\} = 0.05$.

解 (1) 由密度函数的规范性 $\int_{-\infty}^{+\infty} f(x)\mathrm{d}x = 1$，则

$$\int_1^2 Cx^2 \mathrm{d}x + \int_2^3 Cx \mathrm{d}x = 1, \quad \frac{C}{3}(2^3 - 1) + \frac{C}{2}(3^2 - 2^2) = 1,$$

即
$$C = \frac{6}{29}.$$

故
$$f(x) = \begin{cases} \dfrac{6}{29}x^2, & 1 \leq x \leq 2, \\ \dfrac{6}{29}x, & 2 \leq x \leq 3, \\ 0, & \text{其它}. \end{cases}$$

(2) 因分布函数是定义在全体实数上的，而概率密度函数是分段定义的，故分布函数的求解要分段讨论.

X 分布函数 $F(x) = \int_{-\infty}^{x} f(t)\mathrm{d}t$，

当 $x < 1$ 时，$f(x) = 0$，所以 $F(x) = \int_{-\infty}^{x} 0\mathrm{d}t = 0$；

当 $1 \leq x < 2$ 时，$F(x) = \int_1^x \frac{6}{29}t^2 \mathrm{d}t = \frac{2}{29}(x^3 - 1)$；

当 $2 \leq x < 3$ 时，

$$F(x) = \int_1^2 \frac{6}{29}t^2 \mathrm{d}t + \int_2^x \frac{6}{29}t \mathrm{d}t = \frac{3}{29}x^2 + \frac{2}{29},$$

当 $x \geq 3$ 时，$F(x) = 1$.

故
$$F(x) = \begin{cases} 0, & x < 1, \\ \dfrac{2}{29}(x^3 - 1), & 1 \leq x < 2, \\ \dfrac{3}{29}x^2 + \dfrac{2}{29}, & 2 \leq x < 3, \\ 1, & \text{其它}. \end{cases}$$

(3) 由 $P\{X > x_0\} = 0.05$，得 $1 - F(x_0) = 0.05$，

$$\int_{x_0}^{+\infty} f(x)\mathrm{d}x = 0.05, \quad \text{则} \quad \int_{x_0}^{3} f(x)\mathrm{d}x = 0.05,$$

显然 x_0 不能小于 1 或者大于 3.

若 $x_0 \in (1, 2)$，则 $\int_{x_0}^{2} \frac{6}{29}t^2 \mathrm{d}t + \int_2^3 \frac{6}{29}t^2 \mathrm{d}t = 0.05,$

即
$$\int_{x_0}^2 \frac{6}{29}t^2\,\mathrm{d}t + \frac{15}{29} = 0.05.$$

又 $\frac{15}{29} > 0.05$，在上式不可能成立. 故 x_0 应大于 2 小于 3.

由 $\int_{x_0}^3 \frac{6}{29}t^2\,\mathrm{d}t = 0.05$，得 $x_0 = 2.918$.

注 确定随机变量的概率密度 $f(x)$ 中的参数时，一般用性质 $\int_{-\infty}^{+\infty} f(x)\,\mathrm{d}x = 1$ 来求解；此外，连续型场合下分布函数是以概率密度 $f(x)$ 为被积函数的变上限的广义积分. 与离散型场合不同的是，它是自变量 x 的连续函数，其图像是位于实数轴上方介于 0,1 之间的连续曲线. 由概率密度 $f(x)$ 求分布函数时，由于概率密度常常是分段给出的，故分布函数的计算也要分段讨论计算.

【例 10】 设随机变量 X 的概率密度为 $f(x)$，且 $f(-x) = f(x)$，$F(x)$ 是随机变量 X 的分布函数，则对任意实数 a 有 $F(-a) = \frac{1}{2} - \int_0^a f(x)\,\mathrm{d}x$，试证之.

分析 因题中不涉及具体函数，故证明要用分布函数的定义来讨论.

证 $f(-x) = f(x)$，有

$$\int_{-\infty}^0 f(x)\,\mathrm{d}x = \int_0^{+\infty} f(x)\,\mathrm{d}x \quad \text{和} \quad \int_0^{-a} f(x)\,\mathrm{d}x = -\int_0^a f(x)\,\mathrm{d}x,$$

所以

$$F(-a) = \int_{-\infty}^{-a} f(x)\,\mathrm{d}x = \int_{-\infty}^0 f(x)\,\mathrm{d}x + \int_0^{-a} f(x)\,\mathrm{d}x = \frac{1}{2} - \int_0^a f(x)\,\mathrm{d}x.$$

【例 11】 连续型随机变量 X 的分布函数为

$$F(x) = \begin{cases} 0, & x \leqslant -a, \\ A + B\arcsin\dfrac{x}{a}, & -a < x \leqslant a, \\ 1, & x > a. \end{cases}$$

(1) 求参数 A, B 的值；(2) X 的概率密度；(3) $P\{-a < X \leqslant \frac{a}{2}\}$.

解 (1) 由于 X 为连续型的随机变量，则 $F(x)$ 在 $x = -a$ 及 $x = a$ 处连续. 故

$$\lim_{x \to -a^+} F(x) = \lim_{x \to -a^+}\left(A + B\arcsin\frac{x}{a}\right) = A - \frac{\pi}{2}B = F(-a) = 0,$$

$$\lim_{x \to -a^+} F(x) = \lim_{x \to -a^+} 1 = 1 = F(a) = A + B\arcsin\frac{a}{a} = A + \frac{\pi}{2}B.$$

解得，$A = \dfrac{1}{2}$，$B = \dfrac{1}{\pi}$. 故随机变量 X 的分布函数为

$$F(x) = \begin{cases} 0, & x \leqslant -a, \\ \dfrac{1}{2} + \dfrac{1}{\pi}\arcsin\dfrac{x}{a}, & -a < x \leqslant a, \\ 1, & x > a. \end{cases}$$

（2）X 的概率密度

$$f(x)=F'(x)=\begin{cases}\dfrac{1}{\pi\ \sqrt{a^2-x^2}}, & -a<x<a,\\[3mm] 0, & \text{其它}.\end{cases}$$

（3）$P\{-a<X\leqslant\dfrac{a}{2}\}=F(\dfrac{a}{2})-F(-a)=\dfrac{1}{2}+\dfrac{1}{\pi}\arcsin(\dfrac{a}{2a})-0=\dfrac{2}{3}$,

或 $\quad P\{-a<X\leqslant\dfrac{a}{2}\}=\displaystyle\int_{-a}^{\frac{a}{2}}f(x)\mathrm{d}x=\int_{-a}^{\frac{a}{2}}\dfrac{1}{\pi\ \sqrt{a^2-x^2}}\mathrm{d}x=\left(\dfrac{1}{\pi}\arcsin\dfrac{x}{a}\right)_{-a}^{\frac{a}{2}}=\dfrac{2}{3}$.

注 确定连续型随机变量的分布函数中的常数，一般可用分布函数的性质及其连续性.

【* 例 12】 设 k 在 $[-3,5]$ 上服从均匀分布，求方程 $4x^2+4kx+k+2=0$ 有实根的概率.

解 依题意得 k 的密度函数为

$$f(x)=\begin{cases}\dfrac{1}{8}, & -3\leqslant x\leqslant 5\\[3mm] 0, & \text{其它}.\end{cases}$$

而方程 $4x^2+4kx+k+2=0$ 有实根的条件是

$$(4k^2)-4\cdot 4(k+2)\geqslant 0.$$

即 $\qquad k^2-k-2=(k-2)(k+1)\geqslant 0.$

解得 $k\leqslant-1$ 或 $k\geqslant 2$. 又 $\{k\geqslant 2\}$ 与 $\{k\leqslant-1\}$ 为互斥事件，因此，所求概率为

$$P\{k\geqslant 2\}+P\{k\leqslant-1\}=\int_{2}^{+\infty}f(x)\mathrm{d}x+\int_{-\infty}^{-1}f(x)\mathrm{d}x$$
$$=\int_{2}^{5}\dfrac{1}{8}\mathrm{d}x+\int_{-3}^{-1}\dfrac{1}{8}\mathrm{d}x=\dfrac{5}{8}.$$

【例 13】 已知随机变量 X 有分布律

X	-2	0	1	2	4
p_i	0.3	0.2	0.25	0.1	0.15

试求：（1）$Y_1=1-3X$,（2）$Y_2=2+X^2$ 的分布律.

解 用对应列表的思路，先给出辅助表格，再据此重新排序后直接写出分布律.

X	-2	0	1	2	4
$1-3X$	7	1	-2	-5	-11
$2+X^2$	6	2	3	6	18
p_i	0.3	0.2	0.25	0.1	0.15

于是 Y_1 与 Y_2 的分布律分别为

Y_1	-11	-5	-2	1	7
p_i	0.15	0.1	0.25	0.2	0.3

Y_2	2	3	6	18
p_i	0.2	0.25	0.4	0.15

【例 14】 某学校拟招生 155 人，按考试成绩录取．现有 526 名学生报名，其考试成绩 $X \sim N(\mu, \sigma^2)$，已知 90 分以上有 12 人，60 分以下有 83 人，若从高分到低分依次录取，某人成绩为 78 分，问此人能否录取？

分析 本题首先应根据条件求出正态分布的两个参数，其次求出录取分数线或该生的排名即可解决问题．

解 根据题设条件有 $P\{X>90\} = \dfrac{12}{526} \approx 0.0228$，从而

$$P\{X \leqslant 90\} = P\left\{\frac{X-\mu}{\sigma} \leqslant \frac{90-\mu}{\sigma}\right\} = \Phi\left(\frac{90-\mu}{\sigma}\right)$$
$$= 1 - P\{X>90\} = 1 - 0.0228.$$

故
$$\Phi\left(\frac{90-\mu}{\sigma}\right) = 0.9772.$$

反查标准正态分布表可得 $\quad \dfrac{90-\mu}{\sigma} \approx 2.$ ①

同样，根据题设条件有 $\quad P\{X<60\} = \dfrac{83}{526} \approx 0.1578$，同上可得 $\Phi\left(\dfrac{60-\mu}{\sigma}\right) =$

$0.1578 < 0.5$，故知 $\dfrac{60-\mu}{\sigma} < 0$，从而有

$$\Phi\left(-\frac{60-\mu}{\sigma}\right) = 1 - \Phi\left(\frac{60-\mu}{\sigma}\right) = 1 - 0.1578 = 0.8422.$$

查表得
$$\frac{\mu-60}{\sigma} \approx 1.$$ ②

由式①，式②解之得 $\quad \mu = 70, \quad \sigma = 10$，即 $X \sim N(70, 10^2)$．

能否录取有两种解法．

解法一 确定分数线．

设录取分数线为 x_0，则应有

$$P\{X \geqslant x_0\} = \frac{155}{526} \approx 0.2947,$$

于是
$$P\{X \leqslant x_0\} = 1 - P\{X > x_0\} = 0.7053.$$

故
$$P\{X \leqslant x_0\} = P\left\{\frac{X-70}{10} \leqslant \frac{x_0-70}{10}\right\} = \Phi\left(\frac{x_0-70}{10}\right) = 0.7053.$$

查表得
$$\frac{x_0-70}{10} = 0.54,$$

即 $\quad x_0 = 75 < 78$（这里 75 是取整的结果），故可以录取．

解法二 确定 78 分的排名．

由于
$$P\{X > 78\} = 1 - P\{X \leqslant 78\} = 1 - P\left\{\frac{X-70}{10} \leqslant \frac{78-70}{10}\right\}$$
$$= 1 - \Phi(0.8) = 0.2119.$$

即大于 78 分的比率为 21.19%，于是 $\quad 526 \times 0.2119 \approx 111.5 \approx 112$，这说明该生 78

分排名 112，在 155 名之前，故可录取.

注 该题很有实际意义，其解题方法值得留意. 此外，涉及正态分布的计算，一定要注意把非标准正态分布"标准化".

【* 例 15】 在电源电压不超过 200V，在 200～240V 和超过 240V 三种情况下，某种电子元件损坏的概率分别为 0.1，0.001 和 0.2. 假设电源电压 X 服从正态分布 $N(220，25^2)$，试求：

(1) 该电子元件损坏的概率 α；

(2) 该电子元件损坏时，电源电压在 200～240V 的概率 β.

解 引进下列事件：$A_1 = \{$电压不超过 200V$\}$，$A_2 = \{$电压在 200～240V$\}$，$A_3 = \{$电压超过 240V$\}$，$B = \{$电子元件损坏$\}$.

由于 $X \sim N(220，25^2)$，因此

$$P(A_1) = P\{X \leqslant 200\} = P\left\{\frac{X-220}{25} \leqslant \frac{200-220}{25}\right\}$$
$$= \Phi(-0.8) = 0.212.$$

$$P(A_2) = P\{200 \leqslant X \leqslant 240\} = \Phi\left(\frac{240-220}{25}\right) - \Phi\left(\frac{200-220}{25}\right)$$
$$= \Phi(0.8) - \Phi(-0.8) = 0.576,$$

$$P(A_3) = P\{X > 240\} = 1 - 0.212 - 0.576 = 0.212.$$

由题设知 $P(B \mid A_1) = 0.1$，$P(B \mid A_2) = 0.001$，$P(B \mid A_3) = 0.2$.

(1) 由全概率公式有

$$\alpha = P(B) = \sum_{i=1}^{3} P(A_i) P(B \mid A_i)$$
$$= 0.212 \times 0.1 + 0.576 \times 0.001 + 0.212 \times 0.2 = 0.0642.$$

(2) 由贝叶斯公式有

$$\beta = P(A_2 \mid B) = \frac{P(A_2) P(B \mid A_2)}{P(B)} = \frac{0.576 \times 0.001}{0.0642} \approx 0.009.$$

注 本例为正态分布与古典概率相结合的问题. 利用全概公式和贝叶斯公式是解决问题的关键，一定要找全"原因"及"结果".

【例 16】 设随机变量 $X \sim N(0,1)$. (1) 求 $Y = e^X$ 的概率密度；(2) 求 $Y = 2X^2 + 1$ 的概率密度；(3) 求 $Y = |X|$ 的概率密度.

分析 本题是求随机变量函数的分布，一般有两类方法：一是基本方法，即利用分布函数法进行求解；另一类方法是针对随机变量函数为单调函数的情形，即可直接引用定理求解的简化方法.

解 (1) $X \sim N(0,1)$

故
$$f_X(x) = \frac{1}{\sqrt{2\pi}} e^{-\frac{x^2}{2}}, \quad -\infty < x < +\infty.$$

$Y = e^X$，即 $y = e^x$，为严格单调函数，故可直接引用定理求解. 其反函数

为
$$x = h(y) = \ln y, \quad h'(y) = \frac{1}{y},$$

于是
$$f_Y(y) = \begin{cases} \dfrac{1}{\sqrt{2\pi}} e^{-\frac{(\ln y)^2}{2}} \dfrac{1}{y}, & 0 < y < +\infty, \\ 0, & y \leqslant 0. \end{cases}$$

（2）因函数 $Y = 2X^2 + 1$，即 $y = 2x^2 + 1$ 不是 x 的严格单调函数，故不能直接引用定理求解．用分布函数法分段讨论求解．

$$F_Y(y) = P\{Y \leqslant y\} = P\{2X^2 + 1 \leqslant y\} = P\left\{X^2 \leqslant \frac{y-1}{2}\right\}.$$

当 $y \leqslant 1$ 时，$P\left\{X^2 \leqslant \dfrac{y-1}{2}\right\} = 0$，　故　$F_Y(y) = 0.$

当 $y > 1$ 时，$P\left\{X^2 \leqslant \dfrac{y-1}{2}\right\} = P\left\{-\sqrt{\dfrac{y-1}{2}} \leqslant X \leqslant \sqrt{\dfrac{y-1}{2}}\right\}$

$$= \frac{2}{\sqrt{2\pi}} \int_0^{\sqrt{\frac{y-1}{2}}} e^{-\frac{x^2}{2}} \mathrm{d}x.$$

所以
$$F_Y(y) = \frac{2}{\sqrt{2\pi}} \int_0^{\sqrt{\frac{y-1}{2}}} e^{-\frac{x^2}{2}} \mathrm{d}x,$$

故
$$f_Y(y) = F'_Y(y) = \frac{1}{2\sqrt{\pi(y-1)}} e^{-\frac{y-1}{4}},$$

最后得
$$f_Y(y) = \begin{cases} \dfrac{1}{2\sqrt{\pi(y-1)}} e^{-\frac{y-1}{4}}, & y > 1, \\ 0, & y \leqslant 1. \end{cases}$$

（3）$Y = |X|$，$y = |x|$，不是 x 的严格单调函数，故不能直接引用定理求解．与（2）一样用分布函数法分段讨论求解．当 $-\infty < x < +\infty$，$y \geqslant 0$，此时

$$F_Y(y) = P\{Y \leqslant y\} = P\{|X| \leqslant y\} = P\{-y \leqslant X \leqslant y\}$$

$$= \int_{-y}^{y} \frac{1}{\sqrt{2\pi}} e^{-\frac{x^2}{2}} \mathrm{d}x = \int_0^y \frac{1}{\sqrt{2\pi}} e^{-\frac{x^2}{2}} \mathrm{d}x - \int_0^{-y} \frac{1}{\sqrt{2\pi}} e^{-\frac{x^2}{2}} \mathrm{d}x.$$

故
$$f_Y(y) = F'_Y(y) = \frac{1}{\sqrt{2\pi}} e^{-\frac{y^2}{2}} - \frac{1}{\sqrt{2\pi}} e^{-\frac{y^2}{2}}(-1) = \sqrt{\frac{2}{\pi}} e^{-\frac{y^2}{2}}.$$

当 $y < 0$ 时，显然有

$$F_Y(y) = P\{Y \leqslant y\} = P\{|X| \leqslant y\} = 0.$$

所以
$$f_Y(y) = \begin{cases} \sqrt{\dfrac{2}{\pi}} e^{-\frac{y^2}{2}}, & y \geqslant 0, \\ 0, & y < 0. \end{cases}$$

注　在随机变量函数的分布求解中，要注意当随机变量函数为非单调的情形，此时求分布的公式 $f_Y(y) = f_X[h(y)]|h'(y)|$ 不能简单地直接使用，但可以把函数 $y = g(x)$ 的单调区间求出，在每个单调区间上应用求分布的公式 $f_Y(y) = f_X[h(y)]|h'(y)|$，再把单调区间上的结果相加即可．即一般场合下，如果 $y = g(x)$ 在 k 个两两互斥区间上逐段单调可微，那么随机变量

$Y=g(X)$ 的概率密度为

$$f_Y(y)=\sum_{i=1}^{k}f_X[h_i(y)]\,|\,h'_i(y)\,|,$$

其中 $x=h_i(y)$ 是 $y=g(x)$ 在第 i 个单调区间上的反函数. 这里给出的密度函数一般是分段函数,其中 y 的范围要根据具体问题讨论. 读者可用此法重新求解 (2),(3) 加以验证.

【* 例 17】 某电器装有三只独立工作的同型号电子元件,其寿命（单位：h）都服从参数为 $\lambda=1/600$ 同一指数分布. 试求：在电器使用的最初 200h 内,至少有一只电子元件损坏的概率 α.

解 以 $X_i(i=1,2,3)$ 表示第 i 只元件寿命,由题设知 $X_i(i=1,2,3)$ 的概率密度均为

$$f(x)=\begin{cases}\dfrac{1}{600}\mathrm{e}^{-\frac{x}{600}},&\text{若 }x>0,\\[2mm]0,&\text{若 }x\leqslant0.\end{cases}$$

以 $A_i(i=1,2,3)$ 表示事件 "在电器使用最初 200 小时内,第 i 只元件损坏",则

$$P(\overline{A_i})=P\{X_i>200\}=\int_{200}^{+\infty}\frac{1}{600}\mathrm{e}^{-\frac{x}{600}}\mathrm{d}x=\mathrm{e}^{-\frac{1}{3}},\quad i=1,2,3.$$

所求概率为

$$\alpha=P(A_1\bigcup A_2\bigcup A_3)=1-P(\overline{A_1}\cdot\overline{A_2}\cdot\overline{A_3})=1-P(\overline{A_1})\cdot P(\overline{A_2})\cdot P(\overline{A_3})$$
$$=1-(\mathrm{e}^{-\frac{1}{3}})^3=1-\mathrm{e}^{-1}.$$

注 本题是指数分布与独立试验的综合计算题,解题关键在于正确设定事件和随机变量.

【* 例 18】 假设测量的随机误差 $X\sim N(0,10^2)$,试求在 100 次独立重复测量中,至少有三次测量误差的绝对值大于 19.6 的概率 α 的近似值（要求小数点后取两位有效数字）.

解 每次测量误差的绝对值大于19.6的概率

$$p=P\{|X|>19.6\}=P\left\{\frac{|X|}{10}>1.96\right\}=0.05.$$

设 Y 为 100 次独立重复试验中事件 $\{|X|>19.6\}$ 出现的次数,Y 服从参数为 $n=100$,$p=0.05$ 的二项分布,所求概率

$$\alpha=P\{Y\geqslant3\}=1-P\{Y<3\}=1-P\{Y=0\}-P\{Y=1\}-P\{Y=2\}$$

$$=1-(0.95)^{100}-100\times0.05\times0.95^{99}-\frac{100\times99}{2}\times0.05^2\times0.95^{98}.$$

由泊松定理,Y 近似服从参数为 $\lambda=np=100\times0.05=5$ 的泊松分布,从而

$$\alpha\approx1-\mathrm{e}^{-5}-5\mathrm{e}^{-5}-\frac{5^2}{2}\mathrm{e}^{-5}=1-\mathrm{e}^{-5}\left(1+5+\frac{5^2}{2}\right)$$

$$=1-0.007\times(1+5+12.5)\approx0.87.$$

注 该例为一个综合应用题,第二步的计算也可用中心极限定理,但由于这里 $p<0.1$,故用泊松定理较好.

【**例 19**】 甲上班地点离家仅一站路．他在公共汽车站候车时间为 X（min），X 服从指数分布．其概率密度为

$$f(x) = \begin{cases} \dfrac{1}{4}\mathrm{e}^{-\frac{1}{4}x}, & x>0, \\ 0, & x\leqslant 0. \end{cases}$$

甲每天要在车站候车 4 次，每次若候车时间超过 5min，他就改为步行．求甲在一天内步行次数恰好是 2 次的概率．

解 设 Y 为甲在一天内步行的次数，由伯努利概型知 $Y \sim B(4,p)$，其中

$$p = P\{X>5\} = \int_5^{+\infty} \frac{1}{4}\mathrm{e}^{-\frac{1}{4}x}\,\mathrm{d}x = \mathrm{e}^{-\frac{5}{4}},$$

即 $Y \sim B(4, \mathrm{e}^{-\frac{5}{4}})$．则所求概率为

$$P\{Y=2\} = C_4^2 p^2 (1-p)^2 = 6 \times (\mathrm{e}^{-\frac{5}{4}})^2 (1-\mathrm{e}^{-\frac{5}{4}})^2 = 0.2578.$$

注 本题考察利用伯努利概型求解连续型随机变量中的相关概率问题，这类题型曾多次出现在考研题中．

【**例 20**】 设某段时间去汽车交易市场购买小轿车的顾客数服从参数为 λ 的泊松分布，而在市场里每个顾客购买小轿车的概率为 p，问在这段时间里，恰有 k 个顾客购买小轿车的概率多大？

分析 记 X 为这段时间里购买小轿车的顾客数，所求概率为 $P\{X=k\}$．但事件 $\{X=k\}$ 是与这段时间去汽车交易市场购买小轿车的顾客数 Y 有关的，故此问题应用全概公式处理．

解 以 Y 和 X 分别表示这段时间里进入市场的总人数和购买小轿车的人数，则由全概公式有

$$P\{X=k\} = \sum_{n=0}^{\infty} P\{X=k \mid Y=n\} P\{Y=n\}.$$

由于 Y 服从参数为 λ 的泊松分布，即

$$P\{Y=n\} = \frac{\lambda^n \mathrm{e}^{-\lambda}}{n!}, \quad n=0,1,\cdots.$$

另一方面，在已知有 $Y=n$ 名顾客进入市场的条件下，购买小轿车的人数 $X=k$ 的条件分布为二项分布，故有

$$P\{X=k \mid Y=n\} = \begin{cases} C_n^k p^k (1-p)^{n-k}, & n\geqslant k, \\ 0, & n<k. \end{cases}$$

从而

$$\begin{aligned} P\{X=k\} &= \sum_{n=0}^{\infty} P\{X=k \mid Y=n\} P\{Y=n\} \\ &= \sum_{n=k}^{\infty} C_n^k p^k (1-p)^{n-k} \cdot \frac{\lambda^n \mathrm{e}^{-\lambda}}{n!} \\ &= \sum_{n=k}^{\infty} \frac{n!}{k!(n-k)!} \cdot \frac{(\lambda p)^k [\lambda(1-p)]^{n-k} \mathrm{e}^{-\lambda}}{n!} \\ &= \frac{(\lambda p)^k \mathrm{e}^{-\lambda}}{k!} \cdot \mathrm{e}^{\lambda(1-p)} = \frac{(\lambda p)^k \mathrm{e}^{-\lambda p}}{k!}. \end{aligned}$$

注 计算表明,这段时间里购买小轿车的顾客数仍然服从泊松分布,只是参数为 λp. 这一性质是泊松分布在随机选择下的不变性.

【* **例 21**】 假设随机变量 X 的绝对值不大于 1; $P\{X=-1\}=\dfrac{1}{8}$, $P\{X=1\}=\dfrac{1}{4}$; 在事件 $\{-1<X<1\}$ 出现的条件下,X 在 $(-1,1)$ 内的任一子区间上取值的条件概率与该子区间的长度成正比,试求:

(1) X 的分布函数 $F(x)$; (2) X 取负值的概率 p.

解 (1) 据已知,$x<-1$ 时,$F(x)=0$;$x\geqslant 1$ 时,$F(x)=1$;以下考虑 $-1<x<1$ 时的情形. 由于

$$1=P\{|X|\leqslant 1\}=P\{X=-1\}+P\{-1<X<1\}+P\{X=1\},$$

故 $\qquad P\{-1<X<1\}=1-\dfrac{1}{8}-\dfrac{1}{4}=\dfrac{5}{8}$,

另据条件,有

$$P\{-1<X\leqslant x \mid -1<X<1\}=\frac{1}{2}(x+1),$$

于是,对于 $-1<x<1$,有 $(-1,x)\subset(-1,1)$,因此

$$\begin{aligned}
P\{-1<X\leqslant x\} &= P\{-1<X\leqslant x,-1<X<1\} \\
&= P\{-1<X<1\}\cdot P\{-1<X\leqslant x \mid -1<X<1\} \\
&= \frac{5}{8}\times\frac{1}{2}(x+1)=\frac{5}{16}(x+1),
\end{aligned}$$

$$F(x)=P\{X\leqslant -1\}+P\{-1<X\leqslant x\}=\frac{1}{8}+\frac{5}{16}(x+1)=\frac{5x+7}{16}.$$

综上,有

$$F(x)=\begin{cases}0, & x<-1 \\ (5x+7)/16, & -1\leqslant x<1, \\ 1, & x\geqslant 1.\end{cases}$$

(2) p 的求解由读者完成.

【* **例 22**】 假设随机变量 X 服从参数为 2 的指数分布,证明:$Y=1-e^{-2X}$ 在区间 $(0,1)$ 上服从均匀分布.

证 由题设,X 的分布函数为

$$f_X(x)=\begin{cases}2e^{-2x}, & x>0, \\ 0, & x\leqslant 0.\end{cases}$$

函数 $y=1-e^{-2x}$ 单调增加,其反函数为 $x=h(y)=-\dfrac{1}{2}\ln(1-y)$,其导数 $h'(y)=\dfrac{1}{2(1-y)}$,故 Y 的密度函数为

$$f_Y(y)=\begin{cases}f_X[h(y)]|h'(y)|=2e^{-2\left[-\frac{1}{2}\ln(1-y)\right]}\left|\dfrac{1}{2(1-y)}\right|=1, & 0<y<1, \\ 0, & \text{其它}.\end{cases}$$

注 一般地，若 X 的分布函数为 $F(x)$，则随机变量函数 $Y=F(X)$ 一定服从（0,1）上的均匀分布．

第四节　练习与测试

1. 设某批电子元件的正品率为 $\dfrac{4}{5}$，次品率为 $\dfrac{1}{5}$，现从中任取一个对其测试，如果是次品，再取一个测试，直至测得正品为止，则测试次数的分布律是_____．

*2. 设相互独立的两个随机变量 X,Y 具有同一分布律，且 X 的分布律为 $\begin{array}{c|cc} X & 0 & 1 \\ \hline p_i & \dfrac{1}{2} & \dfrac{1}{2} \end{array}$，则随机变量 $Z=\max\{X,Y\}$ 的分布律为_____．

3. 设随机变量 X 服从参数为 $\dfrac{1}{3}$ 的两点分布，随机变量 $Y=2X+1$，则 X 的分布函数 $F_X(x)=$_____，Y 的分布函数 $F_Y(y)=$_____．

4. 设随机变量 X 的分布函数在数轴某区间的表达式为 $\dfrac{1}{1+x^2}$，而在其余部分为常数，试写出此分布函数的下述完整表达式

$$F_X(x)=\begin{cases} \dfrac{1}{1+x^2}, & \text{当} \underline{\quad}, \\ \underline{\quad}, & \text{当} \underline{\quad}. \end{cases}$$

5. 若随机变量 X 服从参数为 1 的指数分布，则方程 $t^2+xt-x+8=0$ 有实根的概率是_____．

*6. 若随机变量 X 服从均值为 2，方差为 σ^2 的正态分布，且 $P\{2<X<4\}=0.3$，则 $P\{X<0\}=$_____．

7. 函数 $\varphi(x)$ 在 $[a,b]$ 上的表达式为 $\cos x$，其他地方为 0．则当 $[a,b]$ 为（　）时，$\varphi(x)$ 可以成为随机变量 X 的密度函数．

(A) $\left[0,\dfrac{\pi}{2}\right]$；　　(B) $\left[\dfrac{\pi}{2},\pi\right]$；　　(C) $[0,\pi]$；　　(D) $\left[\dfrac{3}{2}\pi,\dfrac{7}{4}\pi\right]$．

8. 设随机变量 X 与 Y 均服从正态分布 $X\sim N(\mu,4^2)$，$Y\sim N(\mu,5^2)$，而 $p_1=P\{X\leqslant\mu-4\}$，$p_2=P\{Y\geqslant\mu+5\}$，则（　　）．

(A) 对任何实数 μ，都有 $p_1=p_2$；　　(B) 对任何实数 μ，都有 $p_1<p_2$；
(C) 只对 μ 的个别值，才有 $p_1=p_2$；　　(D) 对任何实数 μ，都有 $p_1>p_2$．

9. 设随机变量 X 服从标准正态分布，$\Phi(x)$ 表示其分布函数，且已知 $P\{X>x\}=a$，则 $x=$（　　）．

(A) $\Phi^{-1}(1-a)$；　　(B) $\Phi^{-1}\left(1-\dfrac{a}{2}\right)$；　　(C) $\Phi^{-1}(a)$；　　(D) $\Phi^{-1}\left(\dfrac{a}{2}\right)$．

10. 试判断下列数表能否成为某个随机变量的分布律？说明理由，并对于否定的情形稍作修正，使其成为分布律．

(1) $\begin{pmatrix} 1 & 4 & 1 & 9 \\ 0.1 & 0.3 & 0.2 & 0.4 \end{pmatrix}$；　　(2) $\begin{pmatrix} 0 & 1 \\ 1-p & p \end{pmatrix}$（$p$ 为任意实数）；

(3) $\begin{pmatrix} 1 & 2 & 3 & \cdots & m & \cdots \\ p & pq & pq^2 & \cdots & pq^{m-1} & \cdots \end{pmatrix}$, $0<p<1$, $q=1-p$.

11. 确定下列概率密度中的待定系数 k.

(1) 随机变量 $X \sim f(x) = \begin{cases} kx^2 \mathrm{e}^{-\alpha x}, & x>0, \\ 0, & x \leqslant 0 \end{cases}$ ($\alpha>0$ 为参数);

(2) 随机变量 $X \sim f(x) = k\mathrm{e}^{-\frac{(x-1)^2}{2}}$, $-\infty < x < \infty$.

12. 设离散型随机变量 X 的可能取值为 $1,3,6$. 对应概率 p_1, p_2, p_3 之比为 $1:2:4$. 试求分布律.

13. 从一批有 10 个合格品与 3 个次品的产品中，一件一件地抽取产品，设各种产品被抽到的可能性相同，在下列三种情形下，分别求出直到取出合格品为止所需抽取次数的分布律.

(1) 每次取出的产品立即放回该批产品中，然后再取下一件产品；

(2) 每次取出的产品都不放回该批产品中；

(3) 每次取出一件产品后总以一件合格品放回该批产品中.

14. 经调查获悉某地区人群身高（单位：m）$X \sim N(1.75, 0.05^2)$，房地产开发商按部颁规范将公共建筑物的门高按 $1.9\mathrm{m}$ 设计. 试求在此设计下，出入房门时因门高不够而遇到麻烦的人数比例. 根据求解情况有何建议？

15. 某地抽样调查结果表明，考生的外语成绩（百分制）近似正态分布，平均成绩为 72 分，96 分以上的占考生总数的 2.3%，试求考生的外语成绩在 60 分至 84 分之间的概率.

16. 设离散型随机变量 X 服从参数为 $\lambda>0$ 的泊松分布，且 $P\{X=0\} = \mathrm{e}^{-\frac{7}{5}}$. 试求 $P\{X=1$ 或 $X=3\}$，$P\{|X|>8\}$.

17. 设某河流每年的最高洪水水位 X（单位：m）具有概率密度

$$f(x) = \begin{cases} \dfrac{2}{x^3}, & x \geqslant 1, \\ 0, & x>1. \end{cases}$$

计划修建的河堤能防御百年一遇的洪水（即遇到洪水而被破堤的概率不大于 0.01）. 试问河堤至少要修多高？

18. 设连续型随机变量 X 的分布函数为

$$F(x) = \begin{cases} 0, & x \leqslant -a, \\ A + B\arcsin \dfrac{x}{a}, & -a < x < a, \\ 1, & x \geqslant a. \end{cases}$$

其中 $a>0$，试求：(1) 常数 A 及 B；(2) 随机变量 X 落在 $\left(-\dfrac{a}{2}, \dfrac{a}{2}\right)$ 内的概率；(3) X 的概率密度.

19. 有一繁忙的汽车交换站，有大量汽车通过，设每辆汽车在一天的某段时间内出事故的概率为 0.0001，在某天的该段时间内有 1000 辆汽车通过，问出事故的次数不小于 2 的概率是多少？

20. 设有一个均匀的陀螺，在其圆周的半圈上都标明刻度 1，另外半圈上均匀地刻上区间 $[0,1]$ 上诸数字. 旋转这陀螺，求它停下时其圆周上触及桌面的刻度 X 的分布函数.

21. 设随机变量 X 的概率密度为

$$f(x) = \begin{cases} A\cos x, & |x| \leqslant \dfrac{\pi}{2}, \\ 0, & |x| > \dfrac{\pi}{2}. \end{cases}$$

试求：（1）系数 A；（2）X 的分布函数及其图形；（3）X 落在区间 $\left(0, \dfrac{\pi}{4}\right)$ 内的概率.

22. 已知 X 的分布律为

X	-2	-1	0	1	3
p_i	k	$1/6$	$1/5$	$k/3$	$11/30$

（1）求待定系数 k；　　（2）分别求 $Y_1 = 3 - 2X, Y_2 = X^2, Y_3 = |X|$ 的分布律.

23. 设随机变量 X 的概率密度为 $f(x) = \begin{cases} e^{-x}, & x > 0, \\ 0, & \text{其它}, \end{cases}$ 求 $Y = X^2$ 的概率密度.

24. 设电压 $V = A\sin\Theta$，其中振幅 A 是已知正的常数，相角 Θ 是随机变量，在区间 $\left(-\dfrac{\pi}{2}, \dfrac{\pi}{2}\right)$ 内服从均匀分布.（1）求电压 V 的概率密度；（2）若 Θ 在区间 $(0, \pi)$ 内服从均匀分布，则电压 V 的概率密度又为何？

* 25. 设随机变量 X 的概率密度为 $f(x) = \begin{cases} \dfrac{1}{3\sqrt[3]{x^2}}, & 1 \leqslant x \leqslant 8, \\ 0, & \text{其它}. \end{cases}$

$F(x)$ 是 X 的分布函数，求随机变量 $Y = F(X)$ 的分布函数.

26. 设随机变量 X 服从 $[0,1]$ 上的均匀分布，其分布函数为 $F_X(x)$.

证明：$Y = F_X^{-1}(X)$ 的分布函数与 X 的分布函数相同.

第五节　练习与测试参考答案

1. $P\{X = k\} = \dfrac{4}{5}\left(\dfrac{1}{5}\right)^{k-1}$ $(k = 1, 2, \cdots)$.　　　2.

Z	0	1
p_i	$\dfrac{1}{4}$	$\dfrac{3}{4}$

3. $F_X(x) = \begin{cases} 0, & x < 0, \\ \dfrac{2}{3}, & 0 \leqslant x < 1, \\ 1, & x \geqslant 1. \end{cases}$ $F_Y(y) = \begin{cases} 0, & y < 1, \\ \dfrac{2}{3}, & 1 \leqslant y < 3, \\ 1, & y \geqslant 3. \end{cases}$

4. $F_X(x) = \begin{cases} \dfrac{1}{1+x^2}, & \text{当 } \underline{x < 0}, \\ \underline{1}, & \text{当 } x \geqslant 0. \end{cases}$　　　5. $e^{-4} \approx 0.02$.

6. 解法一　因 $X \sim N(2, \sigma^2)$，所以有

$$0.3 = P\{2 < X < 4\} = P\left\{\dfrac{2-2}{\sigma} < \dfrac{X-2}{\sigma} < \dfrac{4-2}{\sigma}\right\}$$

$$= \Phi\left(\dfrac{2}{\sigma}\right) - \Phi(0) = \Phi\left(\dfrac{2}{\sigma}\right) - 0.5.$$

即 $\Phi\left(\dfrac{2}{\sigma}\right)=0.8$，从而

$$P\{X<0\}=\Phi\left(-\frac{2}{\sigma}\right)=1-\Phi\left(\frac{2}{\sigma}\right)=0.2.$$

（求出 σ 后求 $P\{X<0\}$ 亦可，不过这样求解需要查表.）

解法二　因 $X\sim N(2,\sigma^2)$，所以随机变量 X 关于 $x=2$ 轴对称，故有

$P\{X<2\}=P\{X>2\}=0.5$，而 $P\{0<X<2\}=P\{2<X<4\}=0.3$，所以

$$P\{X<0\}=P\{X<2\}-P\{0\leqslant X<2\}=P\{X<2\}-P\{0<X<2\}$$
$$=0.5-0.3=0.2.$$

7. A.　　　　　8. A.　　　　　9. A.

10. (1)，(2) 不能；(3) 能.

对于 (1)，让相同取值合并、对应的概率相加即可；

对于 (2)，应限定 $0<p<1$ 即可；

对于 (3)，验证：$\displaystyle\sum_{m=1}^{\infty}pq^{m-1}=p[1/(1-q)]=1$.

11. (1) $1=\displaystyle\int_{-\infty}^{+\infty}f(x)\mathrm{d}x=k\int_{0}^{+\infty}x^2\mathrm{e}^{-\alpha x}\mathrm{d}x=\dfrac{k}{\alpha^3}\int_{0}^{+\infty}(\alpha x)^2\mathrm{e}^{-\alpha x}\mathrm{d}(\alpha x)=\dfrac{k}{\alpha^3}\Gamma(3)=\dfrac{2k}{\alpha^3}$

从而有　$k=\dfrac{\alpha^3}{2}$.

(2) $1=\displaystyle\int_{-\infty}^{+\infty}f(x)\mathrm{d}x=\int_{-\infty}^{+\infty}k\mathrm{e}^{-\frac{(x-1)^2}{2}}\mathrm{d}x$（令 $x-1=t$）$=k\displaystyle\int_{-\infty}^{+\infty}\mathrm{e}^{-\frac{t^2}{2}}\mathrm{d}t=k\sqrt{2\pi}$，

从而 $k=1/\sqrt{2\pi}$.

12.

X	1	3	6
p_i	1/7	2/7	4/7

13. 设直到取出合格品为止所需抽取次数为 X，

(1) 这时每次取得合格品的概率都是 $\dfrac{10}{13}$，取得次品的概率为 $\dfrac{3}{13}$，故

$$P\{X=k\}=\left(\frac{3}{13}\right)^{k-1}\cdot\frac{10}{13}\quad(k=1,2,3,\cdots).$$

(2) 这时 X 的可能值为：$1,2,3,4$，而有下表所示的分布律

X	1	2	3	4
p_i	$\dfrac{10}{13}$	$\dfrac{3}{13}\times\dfrac{10}{12}$	$\dfrac{3}{13}\times\dfrac{2}{12}\times\dfrac{10}{11}$	$\dfrac{3}{13}\times\dfrac{2}{12}\times\dfrac{1}{11}\times\dfrac{10}{10}$

(3) 这时 X 的可能值为：$1,2,3,4$，而有下表所示的分布律

X	1	2	3	4
p_i	$\dfrac{10}{13}$	$\dfrac{3}{13}\times\dfrac{11}{13}$	$\dfrac{3}{13}\times\dfrac{2}{13}\times\dfrac{12}{13}$	$\dfrac{3}{13}\times\dfrac{2}{13}\times\dfrac{1}{13}\times\dfrac{13}{13}$

14. 出入房门遇到麻烦专指身高超过 1.9m 的人，则

$$P\{X>1.9\}=1-\Phi\left(\frac{1.9-1.75}{0.05}\right)=1-\Phi(3)=0.0013.$$

这一比例似乎高了一点. 如果门高设计从 1.9m 增加为 1.92m，则遇此麻烦的人可大为减少. 即

$$P\{X>1.92\}=1-\Phi\left(\frac{1.92-1.75}{0.05}\right)=1-\Phi(3.4)=0.0003361.$$

15. 设 X 为考生的外语成绩，由题设 $X\sim N(\mu,\sigma^2)$，其中 $\mu=72$，现在求 σ^2，由条件知

$$0.023=P\{X\geqslant96\}=P\left\{\frac{X-\mu}{\sigma}\geqslant\frac{96-72}{\sigma}\right\}=1-\Phi\left(\frac{24}{\sigma}\right),$$

查表，可得 $\frac{24}{\sigma}=2$，因此 $\sigma=12$，这样 $X\sim N(72,12^2)$，故所求概率为

$$P\{60\leqslant X\leqslant84\}=P\left\{\frac{60-72}{12}\leqslant\frac{X-\mu}{\sigma}\leqslant\frac{84-72}{12}\right\}$$

$$=P\left\{-1\leqslant\frac{X-\mu}{\sigma}\leqslant1\right\}=\Phi(1)-\Phi(-1)=0.682.$$

16. $\lambda=\frac{7}{5}$；0.4587；0.000016.

17. $P\{X>h\}=\int_h^{+\infty}\frac{2}{x^3}\mathrm{d}x=\cdots=\frac{1}{h^2}\leqslant\frac{1}{100}$

$\Rightarrow h^2\geqslant100\Rightarrow h\leqslant-10$（舍去）或 $h\geqslant10$，故 $h=10$.

18. （1）$A=\frac{1}{2},B=\frac{1}{\pi}$；（2）$\frac{1}{3}$；（3）$f(x)=\begin{cases}\dfrac{1}{\pi}\dfrac{1}{\sqrt{a^2-x^2}},&-a<x<a,\\0,&\text{其它}.\end{cases}$

19. 设 X 为出事故的次数，则

$p_k=P\{X=k\}=\mathrm{C}_{1000}^k(0.0001)^k(0.9999)^{1000-k}$，$k=0,1,2,\cdots,1000.$

用泊松定理，$\lambda=np=0.1$，所求概率为 $p=1-p_0-p_1\approx1-\mathrm{e}^{-\lambda}-\lambda\mathrm{e}^{-\lambda}=0.00468.$

20. $F_X(x)=P\{X\leqslant x\}=\begin{cases}0,&x<0,\\\dfrac{x}{2},&0\leqslant x<1,\\1,&x\geqslant1.\end{cases}$

21. （1）$A=\frac{1}{2}$；（2）$F(x)=\begin{cases}0,&x<-\dfrac{\pi}{2},\\\dfrac{1}{2}+\dfrac{1}{2}\sin x,&-\dfrac{\pi}{2}\leqslant x<\dfrac{\pi}{2},\\1,&x\geqslant\dfrac{\pi}{2}.\end{cases}$

（3）$P\left\{0<X<\dfrac{\pi}{4}\right\}=\int_0^{\frac{\pi}{4}}\dfrac{1}{2}\cos x\mathrm{d}x=\dfrac{\sqrt{2}}{4}.$

22. $k=\frac{1}{5}$；

$Y=3-2X$	-3	1	3	5	7
p_i	11/30	1/15	1/5	1/6	1/5

$Y=X^2$	0	1	4	9
p_i	1/5	7/30	1/5	11/30

$Y=\|X\|$	0	1	2	3
p_i	1/5	7/30	1/5	11/30

23. $Y=X^2$, $y=x^2$, $x=\pm\sqrt{y}$, 当 $x>0$ 时, $y>0$,

$$F_Y(y)=P\{Y\leqslant y\}=P\{-\sqrt{y}\leqslant X\leqslant\sqrt{y}\}=\int_{-\sqrt{y}}^{\sqrt{y}}f_X(x)\mathrm{d}x=\int_0^{\sqrt{y}}\mathrm{e}^{-x}\mathrm{d}x.$$

故 $f_Y(y)=\mathrm{e}^{-\sqrt{y}}\cdot\dfrac{1}{2\sqrt{y}}$, 即 $f_Y(y)=\begin{cases}\dfrac{1}{2\sqrt{y}}\mathrm{e}^{-\sqrt{y}}, & y>0,\\ 0, & y\leqslant0.\end{cases}$

或用公式, $x=\sqrt{y}$ $(x>0)$, $h'(y)=\dfrac{1}{2\sqrt{y}}$.

所以 $$f_Y(y)=\begin{cases}\dfrac{1}{2\sqrt{y}}\mathrm{e}^{-\sqrt{y}}, & y>0,\\ 0, & y\leqslant0.\end{cases}$$

24. (1) $f_\Theta(\theta)=\begin{cases}\dfrac{1}{\pi}, & -\dfrac{\pi}{2}<\theta<\dfrac{\pi}{2},\\ 0, & \text{其它}.\end{cases}$

函数 $V=A\sin\Theta$ 在 $\left(-\dfrac{\pi}{2},\dfrac{\pi}{2}\right)$ 内单调, 直接用公式求解 V 的概率密度为

$$\varphi(v)=f\left(\arcsin\frac{v}{A}\right)\cdot\frac{1}{\sqrt{A^2-v^2}}=\begin{cases}\dfrac{1}{\pi\sqrt{A^2-v^2}}, & -A<v<A,\\ 0, & \text{其它}.\end{cases}$$

(2) 此时函数 $V=A\sin\Theta$ 在 $(0,\pi)$ 内不单调, 用分布函数法求解得

$$\varphi(v)=\begin{cases}\dfrac{2}{\pi\sqrt{A^2-v^2}}, & 0<v<A,\\ 0, & \text{其它}.\end{cases}$$

25. $G(y)=P\{F(X)\leqslant y\}=\begin{cases}0, & y\leqslant0,\\ y, & 0<y<1,\\ 1, & y\geqslant1.\end{cases}$

26. 因 X 在区间 $[0,1]$ 上服从均匀分布, 概率大于 0, 故 $F_X(x)$ 是单调增加函数, 其反函数 F_X^{-1} 存在. X 的分布函数为

$$F_X(x)=P\{X\leqslant x\}=\begin{cases}0, & x<0,\\ x, & 0\leqslant x\leqslant1,\\ 1, & x>1.\end{cases}$$

于是由上式得到
$$F_Y(y)=P\{Y\leqslant y\}=P\{F_X^{-1}(X)\leqslant y\}=P\{X\leqslant F_X(y)\}$$
$$=\begin{cases}0, & F_X(y)<0,\\ F_X(y), & 0\leqslant F_X(y)\leqslant1,\\ 1, & F_X(y)>1.\end{cases}$$

由于 $F_X(y)$ 为 X 的分布函数, 故 $0\leqslant F_X(y)\leqslant1$, 因而 $F_X(y)<0$ 及 $F_X(y)>1$ 均不可能, 由上式知仅有 $F_Y(y)=F_X(y)$. 这说明 $Y=F_X^{-1}(X)$ 的分布函数与 X 的分布函数相同.

第三章　多维随机变量及其分布

第一节　基 本 要 求

多维随机变量是由多个随机变量构成的随机向量，其概率特征不仅仅由各个分量确定，同时也与这些随机变量的联合特性有关．对此重点是较深入地把握二维随机变量的情形．

（1）了解多维随机变量（向量）的概念，理解二维随机变量的含义及其实际意义．

（2）理解二维随机变量的联合分布函数、联合概率密度、联合分布律（分布列）的概念和性质，并会计算有关事件的概率．

（3）掌握二维随机变量的边缘（边际）分布与联合分布的关系，并能通过联合分布求边缘分布及条件分布．

（4）常用的二维分布中重点是把握二维均匀分布和二维正态分布以及它们的构成特征与应用．

（5）掌握随机变量独立性的概念及其充要条件，会应用随机变量的独立性求二维随机变量的概率分布．

（6）会求两个随机变量的简单函数的概率分布，如 $X+Y$，$\max(X,Y)$ 及 $\min(X,Y)$ 等．

第二节　内 容 提 要

一、二维随机变量与它的分布函数

1. 多维随机变量（向量）

设 $X_1,X_2,\cdots,X_n$ 是定义在样本空间 Ω 上的 n 个一维随机变量，则由此构成的 n 维向量 $(X_1,X_2,\cdots,X_n)$ 称作 n 维随机变量（随机向量），记为 $(X_1,X_2,\cdots,X_n)$．其中 X_i 是它的第 i 个分量（$i=1,2,\cdots,n$）．$n=2$ 时称为**二维随机变量**．当 $n\geqslant2$ 时，统称为**多维随机变量**．

2. 分布函数

对于二维随机变量 (X,Y) 及任意实数 x,y，称二元实值函数 $F(x,y)=P\{X\leqslant x,Y\leqslant y\}$ 为二维随机变量 (X,Y) 的**联合分布函数**．

需要指出的是，事件 $\{X\leqslant x,Y\leqslant y\}$ 就是事件 $\{X\leqslant x\}\cdot\{Y\leqslant y\}$．对任意的 (x_1,y_1) 和 (x_2,y_2)，其中 $x_1<x_2$，$y_1<y_2$，有

$$P\{x_1 < X \leqslant x_2, y_1 < Y \leqslant y_2\} = F(x_2, y_2) - F(x_1, y_2) - F(x_2, y_1) + F(x_1, y_1).$$

分布函数 $F(x, y)$ 具有以下性质:

(1) $F(x, y)$ 是 x, y 的单调不减函数, 即对任意固定的 y, 当 $x_2 > x_1$ 时, $F(x_2, y) \geqslant F(x_1, y)$; 对任意固定的 x, 当 $y_2 > y_1$ 时, $F(x, y_2) \geqslant F(x, y_1)$.

(2) $F(x, y)$ 关于 x, y 都是右连续的, 即

$$F(x, y) = F(x+0, y), \quad F(x, y) = F(x, y+0).$$

(3) 对任意的 x, y 有 $0 \leqslant F(x, y) \leqslant 1$. 且

$$F(-\infty, y) = \lim_{x \to -\infty} F(x, y) = 0,$$

$$F(x, -\infty) = \lim_{y \to -\infty} F(x, y) = 0,$$

$$F(-\infty, -\infty) = \lim_{\substack{x \to -\infty \\ y \to -\infty}} F(x, y) = 0,$$

$$F(+\infty, +\infty) = \lim_{\substack{x \to +\infty \\ y \to +\infty}} F(x, y) = 1.$$

(4) 对任意的 (x_1, y_1) 和 (x_2, y_2), 其中 $x_1 < x_2$, $y_1 < y_2$, 有

$$F(x_2, y_2) - F(x_1, y_2) - F(x_2, y_1) + F(x_1, y_1) \geqslant 0.$$

二维随机变量 (X, Y) 中每个分量 X, Y 的分布函数 $F_X(x), F_Y(y)$ 统称为二维随机变量 (X, Y) 的**边缘分布函数**.

联合分布函数与边缘分布函数的关系是

$$F_X(x) = P\{X \leqslant x\} = P\{X \leqslant x, Y < +\infty\} = F(x, +\infty) = \lim_{y \to +\infty} F(x, y),$$

$$F_Y(y) = P\{Y \leqslant y\} = P\{X < +\infty, Y \leqslant y\} = F(+\infty, y) = \lim_{x \to +\infty} F(x, y).$$

注 上述关系式不仅指出了当联合分布函数给定时求边缘分布函数的方法, 而且也表明了边缘分布函数由联合分布函数唯一确定.

二、二维离散型随机变量与它的分布律

如果 (X, Y) 的所有可能取值 (x_i, y_j) 是有限个或可列多个数对时, (X, Y) 便称为二维离散型随机变量.

1. 联合分布律

设 (X, Y) 取值为 (x_i, y_j) 的概率是 p_{ij}, 称

$$P\{X = x_i, Y = y_j\} = p_{ij}, \quad i, j = 1, 2, 3, \cdots$$

是 (X, Y) 的联合分布律. 其列表形式如表 3-1 所示.

表 3-1　二维离散型随机变量 (X,Y) 的联合分布律

X＼Y	y_1	y_2	$\cdots$	y_j	$\cdots$	X 的分布律 $p_{i\cdot}=\sum\limits_j p_{ij}$
x_1	p_{11}	p_{12}	$\cdots$	p_{1j}	$\cdots$	$p_{1\cdot}$
x_2	p_{21}	p_{22}	$\cdots$	p_{2j}	$\cdots$	$p_{2\cdot}$
$\vdots$	$\vdots$	$\vdots$		$\vdots$		$\vdots$
x_i	p_{i1}	p_{i2}	$\cdots$	p_{ij}	$\cdots$	$p_{i\cdot}$
$\vdots$	$\vdots$	$\vdots$		$\vdots$	$\vdots$	$\vdots$
Y 的分布律 $p_{\cdot j}=\sum\limits_i p_{ij}$	$p_{\cdot 1}$	$p_{\cdot 2}$	$\cdots$	$p_{\cdot j}$	$\cdots$	1

联合分布律具有如下基本性质

(1) $p_{ij} \geqslant 0$，$i,j=1,2,3,\cdots$（非负性）；

(2) $\sum\limits_{i=1}^{\infty}\sum\limits_{j=1}^{\infty}p_{ij}=1$（规范性）.

2. 边缘分布律

对联合分布律 p_{ij} 的列（或行）下标求和便得到 X（或 Y）的分布律. 即

$$X \sim P\{X=x_i\}=\sum_{j=1}^{\infty}p_{ij}=p_{i\cdot}，\quad i=1,2,3\cdots;$$

$$Y \sim P\{Y=y_j\}=\sum_{i=1}^{\infty}p_{ij}=p_{\cdot j}，\quad j=1,2,3\cdots.$$

由此得到的分量 X,Y 的分布律统称为二维随机变量 (X,Y) 的边缘分布律.
可见边缘分布律可由联合分布律唯一确定.

三、二维连续型随机变量与它的概率密度

1. 联合概率密度

对于二维随机变量 (X,Y) 以及任意的 x,y，有

$$F(x,y)=P\{X\leqslant x,Y\leqslant y\}=\int_{-\infty}^{x}\int_{-\infty}^{y}f(s,t)\mathrm{d}s\mathrm{d}t,$$

其中 $f(x,y)$ 是二元非负可积函数. 此时，(X,Y) 便称为二维连续型随机变量，
而 $f(x,y)$ 称作 (X,Y) 的**联合概率密度**.

在 $f(x,y)$ 的连续点上有 $f(x,y)=\dfrac{\partial^2 F(x,y)}{\partial x \partial y}$. 它们表达了二维连续型场合
下，联合分布函数与联合概率密度的关系.

联合概率密度具有如下基本性质：

(1) $f(x,y)\geqslant 0$（非负性）；

(2) $\int_{-\infty}^{+\infty}\int_{-\infty}^{+\infty}f(x,y)\mathrm{d}x\mathrm{d}y=P\{X<+\infty,Y<+\infty\}=1$（规范性）.

二维连续型随机变量有一个重要的概率计算公式，即若 G 是平面上的一个区

域，则

$$P\{(X,Y) \in G\} = \iint\limits_{(x,y) \in G} f(x,y)\mathrm{d}x\mathrm{d}y.$$

2. 边缘概率密度

对联合概率密度 $f(x,y)$ 中的 y（或 x），在 $(-\infty,+\infty)$ 内积分便可得到关于 X（或 Y）的概率密度. 即

$$f_X(x) = \int_{-\infty}^{+\infty} f(x,y)\,\mathrm{d}y,$$

$$f_Y(y) = \int_{-\infty}^{+\infty} f(x,y)\,\mathrm{d}x.$$

由此得到的分量 X,Y 的概率密度统称为 (X,Y) 的**边缘概率密度**. 可见边缘概率密度由联合概率密度唯一确定.

四、条件分布

1. 离散型随机变量的条件分布

设 (X,Y) 的联合分布律为

$$P\{X=x_i,Y=y_j\}=p_{ij},\ i,j=1,2,3,\cdots$$

关于 X 和 Y 的边缘分布律分别为 $p_i.$ 和 $p._j$，称

$$P\{X=x_i \mid Y=y_j\}=\frac{P\{X=x_i,Y=y_j\}}{P\{Y=y_j\}}=\frac{p_{ij}}{p._j},$$

且 $p._j > 0,\ i=1,2,\cdots$，为在 $\{Y=y_j\}$ 条件下，关于 X 的条件分布律；

$$P\{Y=y_j \mid X=x_i\}=\frac{P\{X=x_i,Y=y_j\}}{P\{X=x_i\}}=\frac{p_{ij}}{p_i.}.$$

且 $p_i. > 0,\ j=1,2,\cdots$，为在 $\{X=x_i\}$ 的条件下，关于 Y 的**条件分布律**.

2. 连续型随机变量的条件分布

设 (X,Y) 是连续型随机变量，其联合概率密度为 $f(x,y)$，X 与 Y 的边缘概率密度分别为 $f_X(x),f_Y(y)$，则称

$$f_{X|Y}(x \mid y)=\frac{f(x,y)}{f_Y(y)}\quad (f_Y(y)>0)$$

为在条件 $\{Y=y\}$ 下 X 的**条件概率密度**；

$$f_{Y|X}(y \mid x)=\frac{f(x,y)}{f_X(x)}\quad (f_X(x)>0)$$

为在条件 $\{X=x\}$ 下 Y 的**条件概率密度**.

五、随机变量独立性

如果随机变量 X 与 Y 的取值互不影响，则称它们是相互独立的. 随机变量相互独立性是事件相互独立性的推广.

基于随机事件 $\{X \leqslant x\}$ 与 $\{Y \leqslant y\}$ 相互独立的充要条件

$$P\{X \leqslant x, Y \leqslant y\}=P\{X \leqslant x\}P\{Y \leqslant y\},$$

即可演绎出随机变量 X 与 Y 在不同情形下，相互独立的充要条件：

一般性场合下，对任意的 x,y，有 $F(x,y)=F_X(x)F_Y(y)$；

离散型场合下，对任意的 i,j，有 $p_{ij}=p_i\cdot p_{\cdot j}$；

连续型场合下，对任意的 x,y，有 $f(x,y)=f_X(x)f_Y(y)$❶。

这些充要条件，可以推广到任意有限场合。例如，在离散型场合下，$X_1,X_2,\cdots,X_n$ 相互独立的充要条件是

$$P\{X_1=x_1,X_2=x_2,\cdots,X_n=x_n\}=\prod_{i=1}^{n}P\{X_i=x_i\},$$

在连续场合下，$X_1,X_2,\cdots,X_n$ 相互独立的充要条件是

$$f(x_1,x_2,\cdots,x_n)=\prod_{i=1}^{n}f_{X_i}(x_i).$$

推广后的结论对于数理统计是不可缺少的数学工具。

注 只有在独立条件下，边缘分布与联合分布才能相互唯一确定。

六、常用的二维连续型分布

1. 二维均匀分布

二维均匀分布的联合概率密度为

$$f(x,y)=\begin{cases}1/A, & (x,y)\in G,\\ 0, & \text{其它}.\end{cases}$$

其中 A 是区域 G 的面积。容易验证，当 G 为矩形区域时，在 G 上服从均匀分布的 (X,Y) 中的 X,Y 是相互独立的。

2. 二维指数分布

二维指数分布的联合概率密度为

$$f(x,y)=\begin{cases}\alpha\beta e^{-(\alpha x+\beta y)}, & x>0,y>0,\\ 0, & \text{其它}.\end{cases}$$

其中 $\alpha>0,\beta>0$。容易验证，对于任意正数 α,β，服从指数分布的 (X,Y) 中的 X，Y 是相互独立的。

3. 二维正态分布

二维正态分布的联合概率密度为

$$f(x,y)=\frac{1}{2\pi\sigma_1\sigma_2\sqrt{1-\rho^2}}e^{-\frac{1}{2(1-\rho^2)}\left[\frac{(x-\mu_1)^2}{\sigma_1^2}-\frac{2\rho(x-\mu_1)(y-\mu_2)}{\sigma_1\sigma_2}+\frac{(y-\mu_2)^2}{\sigma_2^2}\right]}$$

其中 $\mu_1,\sigma_1^2(\sigma_1>0)$；$\mu_2,\sigma_2^2(\sigma_2>0)$；$\rho(|\rho|<1)$ 为它的 5 个参数。简记为

$$(X,Y)\sim N(\mu_1,\sigma_1^2;\mu_2,\sigma_2^2;\rho).$$

关于二维正态分布有如下的两个重要结论

（1）边缘分布都是一维正态分布，即

---

❶ 此处成立的含义是：在平面上除去"面积"为零的集合外处处成立。

$$X \sim N(\mu_1, \sigma_1^2), \quad Y \sim N(\mu_2, \sigma_2^2),$$

其结果与第 5 个参数 ρ 无关. 于是，对于不同的 ρ，尽管边缘分布都相同，但联合分布却是不同的. 由此说明了联合分布未必能由边缘分布确定. 同时也说明了对多维随机变量逐个的研究不能代替整体的研究.

（2）二维正态变量 X 与 Y 独立的充要条件是第 5 个参数 $\rho = 0$.

七、二维随机变量几个基本问题的计算方法

1. 待定常数的计算

对联合概率密度函数 $f(x,y)$ 中的常数，由性质

$$\int_{-\infty}^{+\infty} \int_{-\infty}^{+\infty} f(x,y) \mathrm{d}x \mathrm{d}y = 1$$

来确定.

对于联合分布函数及联合分布律中的常数也由其相应的性质来确定.

2. 二维连续型随机变量的概率计算

设二维连续型随机变量 (X,Y) 的联合概率密度为 $f(x,y)$，则在计算 $P\{(X,Y) \in G\} = \iint\limits_{(x,y) \in G} f(x,y) \mathrm{d}x \mathrm{d}y$ 时，若 $f(x,y)$ 仅在区域 D 上大于零，则

$$P\{(X,Y) \in G\} = \iint\limits_{(x,y) \in D \cap G} f(x,y) \mathrm{d}x \mathrm{d}y.$$

3. 边缘概率密度的计算

设二维连续型随机变量 (X,Y) 的联合分布密度为 $f(x,y)$，则 X 与 Y 的边缘概率密度 $f_X(x), f_Y(y)$ 可按如下方法来求

（1）先定出 $f_X(x) > 0$ 中 x 的范围，即区间 (a,b). 〔它常由 $f(x,y)$ 大于零的区域 D 来确定，即直线 $x = x$ 与区域 D 有交点的 x 的变化范围〕.

（2）求积分 $\quad f_X(x) = \int_{-\infty}^{+\infty} f(x,y) \mathrm{d}y, \ a < x < b.$

其中 y 的积分范围由 $f(x,y)$ 大于零的区域 D 与直线 $x = x$ 的交线区间 $D_x = \varphi_1(x) < y < \varphi_2(x)$ 来确定，即

$$f_X(x) = \int_{\varphi_1(x)}^{\varphi_2(x)} f(x,y) \mathrm{d}y, \quad a < x < b.$$

（3）其它，即 $x \notin (a,b)$ 时，$f_X(x) = 0$.

$f_Y(y)$ 的计算方法与上类同.

4. 二维连续型随机变量函数分布的计算

设二维连续型随机变量 (X,Y) 的联合概率密度为 $f(x,y)$，$Z = g(X,Y)$.

（1）如果 $g(x,y)$ 是二元连续可微函数，则 $Z = g(X,Y)$ 也是连续型随机变量，且 Z 的分布函数为

$$F_Z(z) = P\{Z \leqslant z\} = P\{g(X,Y) \leqslant z\} = \iint\limits_{g(x,y) \leqslant z} f(x,y) \mathrm{d}x \mathrm{d}y,$$

求导得 Z 的概率密度为 $f_Z(z) = F_Z{}'(z)$.

（2）如果 $g(x,y)$ 值域为有限个数或可列集 $\{z_1, z_2, \cdots, z_i, \cdots\}$，则 $Z = g(X,Y)$ 是离散型随机变量，且 Z 的分布律为

$$P\{Z = z_i\} = P\{g(X,Y) = z_i\} = \iint\limits_{g(x,y)=z_i} f(x,y)\mathrm{d}x\mathrm{d}y, \quad i = 1,2,\cdots.$$

注 （1）和（2）是求二维连续型随机变量函数分布的基本方法.

（3）**几个简单的随机变量函数的分布**　设二维连续型随机变量 (X,Y) 的联合概率密度为 $f(x,y)$，联合分布函数为 $F(x,y)$，X 与 Y 的边缘概率密度为 $f_X(x)$，$f_Y(y)$，边缘分布函数为 $F_X(x)$，$F_Y(y)$，则

① $Z = X + Y$ 的密度函数为

$$f_Z(z) = \int_{-\infty}^{+\infty} f(x, z-x)\mathrm{d}x, \quad \text{或} \quad f_Z(z) = \int_{-\infty}^{+\infty} f(z-y, y)\mathrm{d}y.$$

当 X,Y 相互独立时，由卷积公式得

$$f_Z(z) = \int_{-\infty}^{+\infty} f_X(x) f_Y(z-x)\mathrm{d}x \quad \text{或} \quad f_Z(z) = \int_{-\infty}^{+\infty} f_X(z-y) f_Y(y)\mathrm{d}y.$$

注 这些公式在实际应用中，积分限的确定是个难点，常与 z 的取值有关. 另外，几个重要分布（正态分布、二项分布及泊松分布等）的可加性在这类问题的求解中也常会用到.

② 当 X,Y 相互独立时，$Z = \max(X,Y)$ 的分布函数为

$$F_Z(z) = F_X(z) \cdot F_Y(z).$$

而 $Z = \min(X,Y)$ 的分布函数为

$$F_Z(z) = 1 - [1 - F_X(z)] \cdot [1 - F_Y(z)].$$

注 上述公式可推广到任意有限个独立随机变量的情形.

对于离散型场合下的计算，其思想方法类似，只是把相应的积分换成求和. 如设 $(X,Y) \sim P\{X = x_i, Y = y_j\} = p_{ij}$，$i,j = 1,2,3,\cdots$. 又 $Z = g(X,Y)$，于是随机变量 Z 的分布律为

$$Z \sim P\{Z = z_k\} = \sum_{g(x_i, y_j)=z_k} p_{ij}, \quad k = 1,2,3,\cdots.$$

特别地，当 X,Y 为独立随机变量时，$Z = X + Y$ 有分布律

$$Z \sim P\{Z = z_k\} = \sum_{x_i + y_j = z_k} p_{ij} = \sum_{x_i + y_j = z_k} p_{i\cdot} p_{\cdot j}, \quad k = 1,2,3,\cdots.$$

第三节　典型例题分析

【例 1】　二维随机变量 (X,Y) 的分布函数为

$$F(x,y) = \begin{cases} (a - x^{-2})(1 - \mathrm{e}^{-y+1}), & x > 1, y > 1, \\ b, & \text{其它}. \end{cases}$$

试求：（1）常数 a,b；（2）边缘分布函数；（3）X,Y 是否独立；（4）联合概率密

度；(5) $P\{1<X\leqslant 2,0<Y\leqslant 2\}$.

解 (1) 由 $\begin{cases} F(-\infty,-\infty)=b=0, \\ F(+\infty,+\infty)=a=1. \end{cases}$ 得 $a=1$，$b=0$；

即 $F(x)=\begin{cases} (1-x^{-2})(1-e^{-y+1}), & x>1,y>1, \\ 0, & \text{其它}. \end{cases}$

(2) $F_X(x)=\lim\limits_{y\to+\infty}F(x,y)=\begin{cases} 1-x^{-2}, & x>1, \\ 0, & x\leqslant 1. \end{cases}$

$F_Y(y)=\lim\limits_{x\to+\infty}F(x,y)=\begin{cases} 1-e^{-y+1}, & y>1, \\ 0, & y\leqslant 1. \end{cases}$

(3) 由于对于任意的 x,y，都有 $F(x,y)=F_X(x)F_Y(y)$ 成立，故 X,Y 是相互独立的随机变量.

(4) $\qquad f(x,y)=\dfrac{\partial^2 F(x,y)}{\partial x\partial y}=\dfrac{\partial^2}{\partial x\partial y}(1-x^{-2})(1-e^{-y+1})$

$\qquad\qquad =\dfrac{\partial}{\partial y}(2x^{-3})(1-e^{-y+1})=2x^{-3}e^{-y+1}, \quad x>1,y>1.$

即有 $\qquad f(x,y)=\begin{cases} 2x^{-3}e^{-y+1}, & x>1,y>1, \\ 0, & \text{其它}. \end{cases}$

(5) $P\{1<X\leqslant 2,0<Y\leqslant 2\}=F(2,2)-F(2,0)-F(1,2)+F(1,0)=\dfrac{1}{2}\left(1-\dfrac{1}{e}\right).$

注 对于二维连续型随机变量，独立性的考察及 (5) 概率的计算也可以从概率密度出发，这留给读者自行练习.

【例2】 已知 (X,Y) 有联合分布律

X \ Y	1	2	3
1	1/6	1/9	1/18
2	1/3	a	b

(1) 求 a 与 b 之间的关系；(2) 若 X 与 Y 独立，求 a,b 的值.

解 (1) 由分布律的性质知

$$\dfrac{1}{6}+\dfrac{1}{9}+\dfrac{1}{18}+\dfrac{1}{3}+a+b=1, \ a\geqslant 0, \ b\geqslant 0.$$

所以 $\qquad\qquad\qquad a+b=\dfrac{1}{3}, \ a\geqslant 0, \ b\geqslant 0.$

(2) **解法一** 由于 X 与 Y 独立，即对所有 x_i,y_j 有

$$P\{X=x_i,Y=y_j\}=P\{X=x_i\}\cdot P\{Y=y_j\}.$$

于是

$$a=P\{X=2,Y=2\}=P\{X=2\}\cdot P\{Y=2\}=\left(\dfrac{1}{3}+a+b\right)\cdot\left(\dfrac{1}{9}+a\right),$$

$$b=P\{X=2,Y=3\}=P\{X=2\}\cdot P\{Y=3\}=\left(\dfrac{1}{3}+a+b\right)\cdot\left(\dfrac{1}{18}+b\right).$$

联立（1）可得 $a=\dfrac{2}{9}$，$b=\dfrac{1}{9}$．

解法二　因所给的联合概率分布表中第一行的概率元素不含待定常数，易求得边缘分布

$$P\{X=1\}=\frac{1}{6}+\frac{1}{9}+\frac{1}{18}=\frac{1}{3}.$$

又由独立性，可求得另一随机变量 Y 的边缘分布

$$P\{Y=1\}=\frac{P\{X=1,Y=1\}}{P\{X=1\}}=\frac{1}{6}\div\frac{1}{3}=\frac{1}{2},$$

$$P\{Y=2\}=\frac{P\{X=1,Y=2\}}{P\{X=1\}}=\frac{1}{3},$$

$$P\{Y=3\}=\frac{P\{X=1,Y=3\}}{P\{X=1\}}=\frac{1}{6},$$

又　　　　$$P\{X=2\}=\frac{P\{X=2,Y=1\}}{P\{Y=1\}}=\frac{1}{3}\div\frac{1}{2}=\frac{2}{3},$$

于是　　　$$a=P\{X=2,Y=2\}=P\{X=2\}\cdot P\{Y=2\}=\frac{2}{3}\times\frac{1}{3}=\frac{2}{9},$$

$$b=P\{X=2,Y=3\}=P\{X=2\}\cdot P\{Y=3\}=\frac{2}{3}\times\frac{1}{6}=\frac{1}{9}.$$

注　由于 X 与 Y 独立，即对所有 x_i,y_j 有
$$P\{X=x_i,Y=y_j\}=P\{X=x_i\}\cdot P\{Y=y_j\}$$
因此，可在联合分布律表中选择一些比较容易计算的值来分别确定分布律中的参数，如 $P\{X=1,Y=2\}=\dfrac{1}{9}$，而 $P\{X=1\}P\{Y=2\}=\dfrac{1}{3}\left(\dfrac{1}{9}+a\right)$，由此可得 $a=\dfrac{2}{9}$．另一方面，分布律的性质在确定分布律中的参数时也是常用的性质．

【例3】　假设在盛有 3 个红球、2 个黄球、1 个黑球的口袋中，任取其中的 3 个．用 X,Y 分别表示任取的 3 球中所含的红球、黄球数．试求：

（1）随机变量 (X,Y) 的联合分布律；

（2）考察随机变量 X 与 Y 的独立性；

（3）概率 $P\{X=Y\}$，$P\{Y<X\}$，$P\{X\leqslant 2\}$．

解　（1）按题设中的取球模式，随机变量 X 的可能取值为 $0,1,2,3$；Y 的可能取值为 $0,1,2$．于是 (X,Y) 的联合分布律为

$$P\{X=i,Y=j\}=C_3^i C_2^j C_1^{3-i-j}/C_6^3.\ i=0,1,2,3;\ j=0,1,2;\ 2\leqslant i+j\leqslant 3.$$

具体计算结果如表 3-2 所示．

表 3-2 (X,Y) 的联合分布律

X＼Y	0	1	2	X 的边缘分布律
0	0	0	1/20	1/20
1	0	6/20	3/20	9/20
2	3/20	6/20	0	9/20
3	1/20	0	0	1/20
Y 的边缘分布律	4/20	12/20	4/20	1

（2）为考察独立性所需的边缘分布律已在表 3-2 中列出，即

X	0	1	2	3
p_i	1/20	9/20	9/20	1/20

及

Y	0	1	2
p_i	4/20	12/20	4/20

因为 $0 = p_{11} \neq p_1 . \ p ._1 = 4/400$，所以 X, Y 不独立.

（3）$P\{X = Y\} = P\{X = Y = 0\} + P\{X = Y = 1\} + P\{X = Y = 2\}$

$$= 0 + \frac{6}{20} + 0 = 0.3,$$

$P\{Y < X\} = P\{X = 1, Y = 0\} + P\{X = 2, Y = 0\} + P\{X = 2, Y = 1\} +$
$\qquad P\{X = 3, Y = 0\} + P\{X = 3, Y = 1\} + P\{X = 3, Y = 2\}$

$$= 0 + \frac{3}{20} + \frac{6}{20} + \frac{1}{20} + 0 + 0 = 0.50,$$

$$P\{X \leqslant 2\} = \frac{19}{20}.$$

注 二维离散型随机变量，由联合分布律求概率的方法. 原则上取随机变量在界定点上概率的和. 即

$$P\{a < X \leqslant b, c < Y \leqslant d\} = \sum_{a < x_i \leqslant b} \sum_{c < y_j \leqslant d} p_{ij}.$$

【* 例 4】 已知随机变量 X 和 Y 的概率分布分别为

X	-1	0	1
p_i	1/4	1/2	1/4

Y	0	1
p_i	1/2	1/2

而且 $P\{XY = 0\} = 1$.

（1）求 X 和 Y 的联合概率分布；

（2）问 X 和 Y 是否独立？为什么？

解 （1）由 $P\{XY = 0\} = 1$ 知，$P\{XY \neq 0\} = 0$，有

$$P\{X = -1, Y = 1\} = P\{X = 1, Y = 1\} = 0.$$

于是 X 和 Y 的联合分布律有如下结构

Y \ X	0	1	p_i.
-1	p_{11}	0	1/4
0	p_{21}	p_{22}	1/2
1	p_{31}	0	1/4
$p._j$	1/2	1/2	

从而利用边缘分布与联合分布的关系可得 X 和 Y 的联合分布律如下

Y \ X	0	1	p_i.
-1	1/4	0	1/4
0	0	1/2	1/2
1	1/4	0	1/4
$p._j$	1/2	1/2	

（2）由上表可知 $P\{X=0, Y=0\}=0$，

但 $$P\{X=0\}P\{Y=0\}=\frac{1}{2}\times\frac{1}{2}=\frac{1}{4}\neq 0,$$

所以，X 与 Y 不独立.

注 利用边缘分布与联合分布的关系是求解离散型随机变量的分布的基本技巧.

【例5】 已知 X 服从参数 $p=0.6$ 的 （0—1）分布，且在 $X=0$ 及 $X=1$ 下，关于 Y 的条件分布分别如下表所示

Y	1	2	3
$P\{Y\|X=0\}$	1/4	1/2	a

Y	1	2	3
$P\{Y\|X=1\}$	1/2	b	1/3

求 （1）常数 a, b；（2）二维随机变量 (X, Y) 的联合分布律；（3）在 $Y=1$ 时关于 X 的条件分布.

解 （1）由分布律的规范性得 $a=\dfrac{1}{4}, b=\dfrac{1}{6}$.

（2）显然 (X, Y) 的可能取值为 $(0,1), (0,2), (0,3), (1,1), (1,2), (1,3)$. 利用条件概率可求得联合分布律如下

Y \ X	1	2	3
0	0.1	0.2	0.1
1	0.3	0.1	0.2

例如

$$P\{X=0, Y=1\}=P\{X=0\}P\{Y=1|X=0\}=0.4\times\frac{1}{4}=0.1, \text{其它类似.}$$

（3）$P\{X=0|Y=1\}=\dfrac{P\{X=0, Y=1\}}{P\{Y=1\}}=\dfrac{0.1}{0.4}=\dfrac{1}{4}$；

$\qquad P\{X=1|Y=1\}=\dfrac{P\{X=1, Y=1\}}{P\{Y=1\}}=\dfrac{0.3}{0.4}=\dfrac{3}{4}$.

因此，$Y=1$ 时关于 X 的条件分布为

$X\mid Y=1$	0	1
p_i	0.25	0.75

注 读者可思考 $Y\neq1$ 时关于 X 的条件分布如何求？

【例 6】 以 X 表示某医院一天出生的婴儿的个数，Y 表示其中男婴的个数，设 (X,Y) 的联合分布律为

$$P\{X=n,Y=m\}=\frac{\mathrm{e}^{-14}(7.14)^m(6.86)^{n-m}}{m!\,(n-m)!}. \quad m=0,1,2,\cdots,n;\ n=0,1,2,\cdots.$$

（1）求 (X,Y) 关于 X 和 Y 的边缘分布律；（2）求条件分布律；

（3）写出当 $X=20$ 时，Y 的条件分布律.

解 （1）边缘分布律

$$P\{X=n\}=\sum_{m=0}^{n}P\{X=n,Y=m\}=\sum_{m=0}^{n}\frac{\mathrm{e}^{-14}(7.14)^m(6.86)^{n-m}}{m!(n-m)!}$$

$$=\sum_{m=0}^{n}\frac{\mathrm{e}^{-14}(7.14)^m(6.86)^{n-m}}{m!(n-m)!}\cdot\frac{n!}{n!}=\sum_{m=0}^{n}\frac{\mathrm{e}^{-14}}{n!}\frac{n!}{m!(n-m)!}(7.14)^m(6.86)^{n-m}$$

$$=\frac{\mathrm{e}^{-14}}{n!}(7.14+6.86)^n=\frac{\mathrm{e}^{-14}(14)^n}{n!},\ n=0,1,2,\cdots;$$

$$P\{Y=m\}=\sum_{n=m}^{\infty}P\{X=n,Y=m\}=\sum_{n=m}^{\infty}\frac{\mathrm{e}^{-14}(7.14)^m(6.86)^{n-m}}{m!(n-m)!}$$

$$=\frac{\mathrm{e}^{-14}(7.14)^m}{m!}\sum_{n=m}^{\infty}\frac{(6.86)^{n-m}}{(n-m)!}=\frac{\mathrm{e}^{-14}(7.14)^m}{m!}\mathrm{e}^{6.86}$$

$$=\mathrm{e}^{-7.14}\frac{(7.14)^m}{n!},\ m=0,1,2,\cdots,n.$$

（2）条件分布律依次为

$$P\{X=n\mid Y=m\}=\frac{P\{X=n,Y=m\}}{P\{Y=m\}}=\frac{\mathrm{e}^{-14}(7.14)^m(6.86)^{n-m}}{m!\,(n-m)!}\Big/\mathrm{e}^{-7.14}\frac{(7.14)^m}{n!}$$

$$=\frac{\mathrm{e}^{-6.86}\,(6.86)^{n-m}}{(n-m)!},\quad n=m,m+1,m+2,\cdots;$$

$$P\{Y=m\mid X=n\}=\frac{P\{X=n,\ Y=m\}}{P\ \{X=n\}}=\frac{\mathrm{e}^{-14}(7.14)^m\ (6.86)^{n-m}}{m!\ (n-m)!}\Big/\frac{\mathrm{e}^{-14}(14)^n}{n!}$$

$$=\frac{n!(7.14)^m(6.86)^{n-m}}{m!(n-m)!(14)^n}=\mathrm{C}_n^m\left(\frac{7.14}{14}\right)^m\left(\frac{6.86}{14}\right)^{n-m}$$

$$=\mathrm{C}_n^m\,(0.51)^m\,(0.49)^{n-m},\quad m=0,1,2,\cdots,n.$$

（3）$P\{Y=m\mid X=20\}=\mathrm{C}_{20}^m(0.51)^m(0.49)^{20-m},\quad m=0,1,2,\cdots,20.$

【例 7】 设随机变量 (X,Y) 的概率密度为

$$f(x,y)=\begin{cases}3x, & 0<x<1,\ 0<y<x,\\ 0, & \text{其它}.\end{cases}$$

试求：（1）(X,Y) 的边缘概率密度；（2）X 与 Y 是否独立？（3）条件概率密度

$f_{X|Y}(x|y), f_{Y|X}(y|x)$；(4) $P\left\{0<Y\leqslant 1 \Big| X=\dfrac{1}{2}\right\}$.

解 (1) 注意到概率密度 $f(x,y)$ 仅在三角形域内才有非零值. 故当 $0<x<1$ 时，有

$$f_X(x)=\int_{-\infty}^{+\infty}f(x,y)\mathrm{d}y=\int_0^x 3x\mathrm{d}y=3x^2 ,$$

即关于 X 的边缘概率密度为

$$f_X(x)=\begin{cases} 3x^2, & 0<x<1, \\ 0, & \text{其它.} \end{cases}$$

同理，关于 Y 的边缘概率密度为

$$f_Y(y)=\begin{cases} \dfrac{3}{2}(1-y^2), & 0<y<1, \\ 0, & \text{其它.} \end{cases}$$

(2) 由于 $f(x,y)\neq f_X(x)\cdot f_Y(y)$，故 X 与 Y 不独立.

(3) 由条件概率密度公式得

$$f_{X|Y}(x|y)=\frac{f(x,y)}{f_Y(y)}=\begin{cases} \dfrac{2x}{1-y^2}, & y<x<1,\ 0<y<1, \\ 0, & \text{其它.} \end{cases}$$

$$f_{Y|X}(y|x)=\frac{f(x,y)}{f_X(x)}=\begin{cases} \dfrac{1}{x}, & 0<y<x,\ 0<x<1, \\ 0, & \text{其它.} \end{cases}$$

(4) $P\left\{0<Y\leqslant 1 \Big| X=\dfrac{1}{2}\right\}=\int_0^1 f_{Y|X}\left(y\Big|\dfrac{1}{2}\right)\mathrm{d}y=\int_0^{\frac{1}{2}} 2\mathrm{d}y=1.$

注 求条件分布的关键在于求边缘分布. 对条件概率密度应注意其为一元函数, 如 $f_{Y|X}(y|x)$ 只是 y 的一元函数，而不是二元函数，x 在此视为常量.

【例 8】 设 X,Y 是两个独立的随机变量，X 在 $(0,1)$ 上服从均匀分布，Y 的概率密度为

$$f_Y(y)=\begin{cases} \dfrac{1}{2}\mathrm{e}^{-\frac{y}{2}}, & y>0, \\ 0, & y\leqslant 0. \end{cases}$$

(1) 求 X 与 Y 的联合概率密度；

(2) 设含有 t 的二次方程为 $t^2+2Xt+Y=0$，试求 t 有实根的概率；

(3) 求 $P\{X<Y\}$.

解 (1) 因 X 在 $(0,1)$ 上服从均匀分布，故

$$f_X(x)=\begin{cases} 1, & 0<x<1, \\ 0, & \text{其它.} \end{cases}$$

且

$$f_Y(y)=\begin{cases} \dfrac{1}{2}\mathrm{e}^{-\frac{y}{2}}, & y>0, \\ 0, & y\leqslant 0. \end{cases}$$

又 X 和 Y 相互独立，所以

$$f(x,y)=f_X(x)f_Y(y)=\begin{cases}\dfrac{1}{2}\mathrm{e}^{-\frac{y}{2}}, & 0<x<1,y>0,\\[2mm] 0, & \text{其它}.\end{cases}$$

（2）二次方程 $t^2+2Xt+Y=0$ 有实根，必须 $4X^2-4Y\geqslant 0$，即所求概率积分区域为 $G=\{(x,y)\mid y\leqslant x^2\}$，设

$$D=\{(x,y)\mid 0<x<1,y>0\}$$

为 $f(x,y)$ 的非零区域，因而所求概率为

$$P\{4X^2-4Y\geqslant 0\}=\iint\limits_{G}f(x,y)\mathrm{d}x\mathrm{d}y=\iint\limits_{G\cap D}\frac{1}{2}\mathrm{e}^{-\frac{y}{2}}\mathrm{d}x\mathrm{d}y$$

$$=\int_0^1\mathrm{d}x\int_0^{x^2}\frac{1}{2}\mathrm{e}^{-\frac{y}{2}}\mathrm{d}y=\int_0^1\left[-\mathrm{e}^{-\frac{y}{2}}\right]_0^{x^2}\mathrm{d}x=\int_0^1(-\mathrm{e}^{-\frac{x^2}{2}}+1)\mathrm{d}x$$

$$=1+\int_0^1-\mathrm{e}^{-\frac{x^2}{2}}\mathrm{d}x=1-\sqrt{2\pi}\left[\frac{1}{\sqrt{2\pi}}\int_0^1\mathrm{e}^{-\frac{x^2}{2}}\mathrm{d}x\right]$$

$$=1-\sqrt{2\pi}[\Phi(1)-\Phi(0)]$$

$$=1-\sqrt{2\pi}(0.8413-0.5000)=0.1445.$$

（3）为求 $P\{X<Y\}$，其积分区域为 $G=\{(x,y)\mid x<y\}$，它与 $f(x,y)$ 的非零区域 D 的交 $G\cap D=\{(x,y)\mid 0<x<1,x<y<+\infty\}$，故有

$$P\{X<Y\}=\iint\limits_{x<y}f(x,y)\mathrm{d}x\mathrm{d}y=\int_0^1\mathrm{d}x\int_x^{+\infty}\frac{1}{2}\mathrm{e}^{-\frac{y}{2}}\mathrm{d}y$$

$$=\int_0^1\mathrm{e}^{-\frac{x}{2}}\mathrm{d}x=2-2\mathrm{e}^{-\frac{1}{2}}.$$

注 二维连续型随机变量的计算中，读者要熟悉常用的连续型随机变量分布的定义、独立性和概率计算的基本方法，知道怎样利用独立性构造联合分布。二维连续型随机变量的概率密度函数常是分区域定义的函数，计算时常将概率计算区域与概率密度函数的非零区域求交进行计算，如此例中的（2）和（3），这是因为在其它区域上的积分值为零。此外，在计算形如 $k\mathrm{e}^{-ax^2}$ 的积分时要注意利用正态分布的性质和特征进行计算。

【例 9】 已知独立随机变量 X 和 Y 分别有分布律

X	1	2	5
p_i	0.5	0.4	0.1

Y	-3	0	1	4
p_i	0.35	0.3	0.2	0.15

试求：（1）(X,Y) 的联合分布律；（2）$F(2,3)$；（3）$P\{X+Y=2\}$；（4）$Z=X+Y$ 及 $S=XY$ 的分布律。

分析 已知 (X,Y) 相互独立，故本题求解的关键是利用独立性构造出 (X,Y) 的联合分布律。

解 （1）由独立性的题设可知，(X,Y) 的联合分布律为

$$P\{X=x_i,Y=y_j\}=P\{X=x_i\}\cdot P\{Y=y_j\},\quad i=1,2,3,j=1,2,3,4.$$

由此可得（X,Y）的联合分布律如下表所示.

X ＼ Y	-3	0	1	4	X 的分布律 $p_{i.}$
1	0.175	0.15	0.1	0.075	0.5
2	0.14	0.12	0.08	0.06	0.4
5	0.035	0.03	0.02	0.015	0.1
Y 的分布律 $p_{.j}$	0.35	0.3	0.2	0.15	1

（2） $F(2,3)=P\{X\leqslant2,Y\leqslant3\}$
$$=0.175+0.15+0.1+0.14+0.12+0.08=0.765.$$

（3） $P\{X+Y=2\}$
$$=P\{X=1,Y=1\}+P\{X=2,Y=0\}+P\{X=5,Y=-3\}$$
$$=0.1+0.12+0.035=0.255.$$

（4） Z 与 S 的取值及分布可以用列表方法计算如下

(X,Y)	概率 p	$Z=X+Y$	$S=XY$
$(1,-3)$	0.175	-2	-3
$(1,0)$	0.15	1	0
$(1,1)$	0.1	2	1
$(1,4)$	0.075	5	4
$(2,-3)$	0.14	-1	-6
$(2,0)$	0.12	2	0
$(2,1)$	0.08	3	2
$(2,4)$	0.06	6	8
$(5,-3)$	0.035	2	-15
$(5,0)$	0.03	5	0
$(5,1)$	0.02	6	5
$(5,4)$	0.015	9	20

整理后可得 $Z=X+Y$ 的分布律为

Z	-2	-1	1	2	3	5	6	9
p_i	0.175	0.14	0.15	0.255	0.08	0.105	0.08	0.015

$S=XY$ 的分布律为

$S=XY$	-15	-6	-3	0	1	2	4	5	8	20
p_i	0.035	0.14	0.175	0.3	0.1	0.08	0.075	0.02	0.06	0.015

注 处理二维离散型场合下随机变量函数的分布是有一定方法可循的，用列表法是一个有效方法，它具有思路清晰、求解有序的优点.

【*例10】 假设随机变量 X_1,X_2,X_3,X_4 相互独立，且同分布 $P\{X_i=0\}=$

$0.6, \quad P\{X_i=1\}=0.4 \ (i=1,2,3,4).$

(1) 求行列式 $Z=\begin{vmatrix} X_1 & X_2 \\ X_3 & X_4 \end{vmatrix}$ 的概率分布；

(2) 线性方程组 $\begin{cases} X_1 y_1 + X_2 y_2 = 0, \\ X_3 y_1 + X_4 y_2 = 0 \end{cases}$ 只有零解的概率.

解 (1) 记 $Y_1 = X_1 X_4$，$Y_2 = X_2 X_3$，则 $Z = Y_1 - Y_2$，且 Y_1 和 Y_2 独立同分布：

$$P\{Y_1=1\}=P\{Y_2=1\}=P\{X_2=1,X_3=1\}=0.16,$$

$$P\{Y_1=0\}=P\{Y_2=0\}=1-0.16=0.84.$$

随机变量 $Z=Y_1-Y_2$ 有三个可能值：$-1,0,1$.

$$P\{Z=-1\}=P\{Y_1=0,Y_2=1\}=0.84 \times 0.16=0.1344,$$

$$P\{Z=1\}=P\{Y_1=1,Y_2=0\}=0.16 \times 0.84=0.1344,$$

$$P\{Z=0\}=1-2 \times 0.1344=0.7312.$$

于是行列式 Z 的分布律为

Z	-1	0	1
p_i	0.1344	0.7312	0.1344

(2) 线性方程组只有零解，也就是 $Z \neq 0$，故有

$$P\{Z \neq 0\}=1-P\{Z=0\}=1-0.7312=0.2688.$$

【例 11】 设二维随机变量 (X,Y) 的概率密度为

$$f(x,y)=\begin{cases} cx^2 y, & x^2 \leqslant y \leqslant 1, \\ 0, & \text{其它}. \end{cases}$$

(1) 确定常数 c；(2) 求边缘概率密度.

解 (1) 由规范性知

$$1=\int_{-\infty}^{+\infty}\int_{-\infty}^{+\infty}f(x,y)\mathrm{d}x\mathrm{d}y=\int_{-1}^{1}\mathrm{d}x\int_{x^2}^{1}cx^2y\mathrm{d}y=c\int_{-1}^{1}x^2\frac{1-x^4}{2}\mathrm{d}x=\frac{4c}{21}.$$

由此可得 $c=\dfrac{21}{4}$.

(2) 由边缘概率密度的公式

$$f_X(x)=\int_{-\infty}^{+\infty}f(x,y)\mathrm{d}y=\begin{cases}\displaystyle\int_{x^2}^{1}\frac{21}{4}x^2y\mathrm{d}y=\frac{21}{8}x^2(1-x^4), & -1 \leqslant x \leqslant 1, \\ 0, & \text{其它}.\end{cases}$$

$$f_Y(y)=\int_{-\infty}^{+\infty}f(x,y)\mathrm{d}x=\begin{cases}\displaystyle\int_{-\sqrt{y}}^{\sqrt{y}}\frac{21}{4}x^2y\mathrm{d}x=\frac{7}{2}y^{\frac{5}{2}}, & 0 \leqslant y \leqslant 1, \\ 0, & \text{其它}.\end{cases}$$

【例 12】 已知二维随机变量 (X,Y) 的联合概率密度为

$$f(x,y)=\begin{cases} Ae^{-(2x+y)}, & x>0, y>0, \\ 0 & \text{其它}. \end{cases}$$

（1）试求待定系数 A；（2）求 $P\{X>3,Y>1\}$；（3）判别随机变量 X 与 Y 的独立性；（4）$F_Z(z)$，其中 $Z=X+Y$；（5）求 $P\{X+Y<3\}$.

解 （1）因为 $\displaystyle\int_{-\infty}^{+\infty}\int_{-\infty}^{+\infty}f(x,y)\mathrm{d}x\mathrm{d}y=\int_{0}^{+\infty}\int_{0}^{+\infty}A\mathrm{e}^{-(2x+y)}\mathrm{d}x\mathrm{d}y=1$，即有

$$A\int_{0}^{+\infty}\mathrm{e}^{-2x}\mathrm{d}x\int_{0}^{+\infty}\mathrm{e}^{-y}\mathrm{d}y=1，从而\quad A=2.$$

（2）$P\{X>3,Y>1\}=\displaystyle\iint_{\substack{x>3\\y>1}}f(x,y)\mathrm{d}x\mathrm{d}y=\int_{3}^{+\infty}\mathrm{d}x\int_{1}^{+\infty}2\mathrm{e}^{-(2x+y)}\mathrm{d}y$

$$=\int_{3}^{+\infty}2\mathrm{e}^{-2x}\mathrm{d}x\int_{1}^{+\infty}\mathrm{e}^{-y}\mathrm{d}y=\mathrm{e}^{-7}\approx0.000912.$$

（3）为判别随机变量 X 与 Y 的独立性，先求其边缘密度.

$$f_X(x)=\int_{-\infty}^{+\infty}f(x,y)\mathrm{d}y=\begin{cases}\displaystyle\int_{0}^{+\infty}2\mathrm{e}^{-(2x+y)}\mathrm{d}y=2\mathrm{e}^{-2x}，&x>0,\\0,&x<0.\end{cases}$$

从而

$$f_X(x)=\begin{cases}2\mathrm{e}^{-2x}，&x>0,\\0,&x\leqslant0.\end{cases}$$

$$f_Y(y)=\int_{-\infty}^{+\infty}f(x,y)\mathrm{d}x=\begin{cases}\displaystyle\int_{0}^{+\infty}2\mathrm{e}^{-(2x+y)}\mathrm{d}x=\mathrm{e}^{-y}，&y>0,\\0,&y<0.\end{cases}$$

故

$$f_Y(y)=\begin{cases}\mathrm{e}^{-y}，&y>0,\\0,&y\leqslant0.\end{cases}$$

由于对任意的 (x,y) 有 $f(x,y)=f_X(x)f_Y(y)$，所以随机变量 X 与 Y 独立.

（4）$F_Z(z)=P\{X+Y\leqslant z\}=\displaystyle\iint_{x+y\leqslant z}f(x,y)\mathrm{d}x\mathrm{d}y$.

设 $f(x,y)$ 的非零区域为

$$D=\{(x,y)\,|\,x>0,y>0\}，G=\{(x,y)\,|\,x+y\leqslant z\}.$$

显然 G 与 D 的相交区域与 z 有关，故要根据 z 的取值讨论.

当 $z<0$ 时，显然 G 与 D 的不相交，此时 $F_Z(z)=0$；

当 $z>0$ 时，有

$$F_Z(z)=P\{X+Y\leqslant z\}=\iint_{x+y\leqslant z}f(x,y)\mathrm{d}x\mathrm{d}y=\iint_{G\cap D}2\mathrm{e}^{-(2x+y)}\mathrm{d}x\mathrm{d}y$$

$$=\int_{0}^{z}\mathrm{d}x\int_{0}^{z-x}2\mathrm{e}^{-(2x+y)}\mathrm{d}y=(1-\mathrm{e}^{-z})^2.$$

故

$$F_Z(z)=P\{X+Y\leqslant z\}=\begin{cases}(1-\mathrm{e}^{-z})^2，&z>0,\\0,&z\leqslant0.\end{cases}$$

（5）$P\{X+Y<3\}=F_Z(3)=(1-\mathrm{e}^{-3})^2.$

也可直接用密度函数求解

$$P\{X+Y<3\} = \iint\limits_{x+y<3} f(x,y)\mathrm{d}x\mathrm{d}y$$

$$= \int_0^3 \mathrm{d}x \int_0^{3-x} 2\mathrm{e}^{-(2x+y)} \mathrm{d}y = (1-\mathrm{e}^{-3})^2 .$$

注 二维场合下独立性的判断是一个很重要的课题，其关键在求边缘概率分布（如例 3、例 4、例 7 和本例）. 但对于本题，如果把 $x>0$、$y>0$ 示意的第一象限看作一个无限矩形区域的话，加上 $f(x,y)$ 中的 x,y 可以单独表出，因而不必求边缘概率密度，X 与 Y 的独立性即可快速给出. 此外，在概率问题求解过程中对称性的应用是常用技巧，应切实掌握.

【* 例 13】 设随机变量 X 与 Y 独立，且 X 服从 $(0,1)$ 上的均匀分布，Y 服从参数为 1 的指数分布，试求：

（1）$M=\max(X,Y)$ 的概率密度；（2）$N=\min(X,Y)$ 的概率密度；（3）$Z=2X+Y$ 的概率密度.

解 （1）由题意有

$$f_X(x)=\begin{cases}1, & 0\leqslant x\leqslant 1, \\ 0, & \text{其它}.\end{cases} \qquad f_Y(y)=\begin{cases}\mathrm{e}^{-y}, & y>0, \\ 0, & y\leqslant 0.\end{cases}$$

由此可得

$$F_X(x)=\begin{cases}0, & x\leqslant 0, \\ x, & 0<x\leqslant 1, \\ 1, & x\geqslant 1.\end{cases} \qquad F_Y(y)=\begin{cases}1-\mathrm{e}^{-y}, & y>0, \\ 0, & \text{其它}.\end{cases}$$

由于 $F_{\max}(z)=F_X(z)F_Y(z)$，故

当 $z\leqslant 0$ 时，$F_{\max}(z)=0$；

当 $0<z<1$ 时，$F_{\max}(z)=z\cdot(1-\mathrm{e}^{-z})$；

当 $z>1$ 时，$F_{\max}(z)=1\cdot(1-\mathrm{e}^{-z})=1-\mathrm{e}^{-z}$.

所以

$$F_{\max}(z)=\begin{cases}0, & z\leqslant 0, \\ z(1-\mathrm{e}^{-z}), & 0<z<1, \\ 1-\mathrm{e}^{-z}, & z>1.\end{cases}$$

$$f_{\max}(z)=\begin{cases}0, & z\leqslant 0, \\ 1-\mathrm{e}^{-z}+z\mathrm{e}^{-z}, & 0<z<1, \\ \mathrm{e}^{-z}, & z>1.\end{cases}$$

（2）$F_{\min}(z)=1-[1-F_X(z)][1-F_Y(z)]$

当 $z\leqslant 0$ 时，$F_{\min}(z)=0$；

当 $0<z<1$ 时，$F_{\min}(z)=1-(1-z)\mathrm{e}^{-z}$；

当 $z>1$ 时，$F_{\max}(z)=1$. 因此

$$F_{\min}(z) = \begin{cases} 0, & z \leqslant 0, \\ 1-(1-z)\mathrm{e}^{-z}, & 0 < z < 1, \\ 1, & z > 1. \end{cases}$$

$$f_{\min}(z) = \begin{cases} 2\mathrm{e}^{-z}-z\mathrm{e}^{-z}, & 0 < z < 1, \\ 0, & \text{其它.} \end{cases}$$

（3）解法一　分布函数法.

先求 $Z=2X+Y$ 的分布函数，因为 X 与 Y 相互独立，所以 (X,Y) 的联合概率密度为

$$f(x,y) = f_X(x)f_Y(y) = \begin{cases} \mathrm{e}^{-y}, & 0 \leqslant x \leqslant 1, \quad y > 0, \\ 0, & \text{其它.} \end{cases}$$

所以
$$F_Z(z) = P\{2X+Y \leqslant z\} = \iint\limits_{2x+y \leqslant z} f(x,y)\mathrm{d}x\mathrm{d}y.$$

记 $f(x,y) \neq 0$ 的区域为　$D = \{(x,y) \mid 0 \leqslant x \leqslant 1, y > 0\}$，

积分区域为　$G = \{(x,y) \mid 2x+y \leqslant z\}$，

于是
$$F_Z(z) = P\{2X+Y \leqslant z\} = \iint\limits_{D \cap G} \mathrm{e}^{-y}\mathrm{d}x\mathrm{d}y.$$

为此，考虑区域 $D \cap G$ 的情形，因 G 随 z 的变化而变，故需对 z 进行讨论.

① 当 $z \leqslant 0$ 时，$D \cap G = \varPhi$（见图 3-1），于是 $F_Z(z) = 0$.

② 当 $0 < z \leqslant 2$ 时，$D \cap G$ 为图 3-2 中的阴影部分，于是

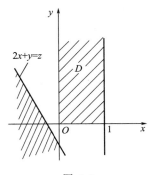

图 3-1

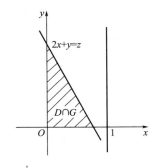

图 3-2

$$F_Z(z) = \iint\limits_{D \cap G} \mathrm{e}^{-y}\mathrm{d}x\mathrm{d}y = \int_0^{\frac{z}{2}}\mathrm{d}x\int_0^{z-2x}\mathrm{e}^{-y}\mathrm{d}y$$

$$= \int_0^{\frac{z}{2}}(1-\mathrm{e}^{2x-z})\mathrm{d}x = \frac{1}{2}(z-1+\mathrm{e}^{-z}).$$

③ 当 $z > 2$ 时，$D \cap G$ 为图 3-3 中的阴影部分，于是

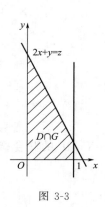

图 3-3

$$F_Z(z) = \iint\limits_{D \cap G} \mathrm{e}^{-y}\,\mathrm{d}x\mathrm{d}y = \int_0^1 \mathrm{d}x \int_0^{z-2x} \mathrm{e}^{-y}\,\mathrm{d}y$$

$$= \int_0^1 (1 - \mathrm{e}^{2x-z})\,\mathrm{d}x = 1 - \frac{1}{2}\mathrm{e}^{-z}(\mathrm{e}^2 - 1).$$

所以，$Z = 2X + Y$ 的概率密度为

$$f_Z(z) = F'_Z(z) = \begin{cases} 0, & z \leqslant 0, \\ \dfrac{1}{2}(1 - \mathrm{e}^{-z}), & 0 < z \leqslant 2, \\ \dfrac{1}{2}(\mathrm{e}^2 - 1)\mathrm{e}^{-z}, & z > 2. \end{cases}$$

解法二　卷积公式法.

为用卷积公式，先求 $S = 2X$ 的概率密度，即

$$f_S(w) = \begin{cases} \dfrac{1}{2}, & 0 < w \leqslant 2, \\ 0, & \text{其它}. \end{cases}$$

由 X 与 Y 相互独立知，$2X$ 与 Y 相互独立，于是 $Z = S + Y$ 的概率密度可按卷积公式计算，即

$$f_Z(z) = \int_{-\infty}^{+\infty} f_S(w) f_Y(z - w)\,\mathrm{d}w.$$

上式只当 D：$0 < w \leqslant 2$，$z - w > 0$ 同时成立时，$f_S(w)f_Y(z - w)$ 不为 0. 即图 3-4 中阴影部分为上述被积函数的非零区域 D.

根据直线 $z = z$ 与区域 D 相交的不同情形进行讨论定限.

① 当 $z \leqslant 0$ 时，$z = z$ 与区域 D 不相交（见图 3-5），$f_S(w)f_Y(z - w)$ 为 0，故
$$f_Z(z) = 0$$

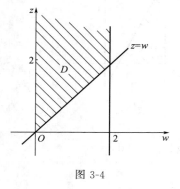

图 3-4

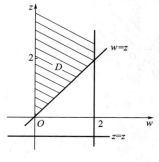

图 3-5

② 当 $0 < z \leqslant 2$ 时，$z = z$ 与区域 D 相交情况如图 3-6，此时 $0 < w < z$，故
$$f_Z(z) = \int_0^z \frac{1}{2}\mathrm{e}^{-(z-w)}\,\mathrm{d}w = \frac{1}{2}(1 - \mathrm{e}^{-z}).$$

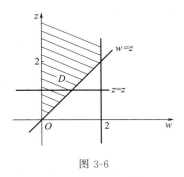

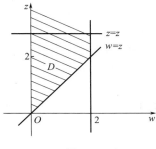

图 3-6   图 3-7

③ 当 $z>2$ 时，$z=z$ 与区域 D 相交情况如图 3-7，此时 $0<w<2$.

$$f_Z(z)=\int_0^2 \frac{1}{2}\mathrm{e}^{-(z-w)}\mathrm{d}w=\frac{1}{2}(\mathrm{e}^2-1)\mathrm{e}^{-z}.$$

综上有

$$f_Z(z)=\begin{cases}0, & z\leqslant 0,\\[2mm]\dfrac{1}{2}(1-\mathrm{e}^{-z}), & 0<z\leqslant 2,\\[2mm]\dfrac{1}{2}(\mathrm{e}^2-1)\mathrm{e}^{-z}, & z>2.\end{cases}$$

【例 14】 设 (X,Y) 的联合概率密度为 $f(x,y)=\dfrac{1}{2\pi}\mathrm{e}^{-\frac{x^2+y^2}{2}}$，试求 $Z=\sqrt{X^2+Y^2}$ 的概率密度.

解 设 Z 的分布函数为 $F_Z(z)=P\{Z\leqslant z\}$.

当 $z\leqslant 0$ 时，$F_Z(z)=P\{\sqrt{X^2+Y^2}\leqslant z\}=0$；

当 $z>0$ 时，$F_Z(z)=P\{\sqrt{X^2+Y^2}\leqslant z\}$

$$=\iint\limits_{x^2+y^2\leqslant z^2}f(x,y)\mathrm{d}x\mathrm{d}y=\iint\limits_{x^2+y^2\leqslant z^2}\frac{1}{2\pi}\mathrm{e}^{-(x^2+y^2)/2}\mathrm{d}x\mathrm{d}y$$

$$=\int_0^{2\pi}\mathrm{d}\theta\int_0^z\frac{1}{2\pi}\mathrm{e}^{-r^2/2}r\mathrm{d}r=\frac{1}{2\pi}\int_0^{2\pi}(1-\mathrm{e}^{-z^2/2})\mathrm{d}\theta=1-\mathrm{e}^{-z^2/2}.$$

即

$$F_Z(z)=\begin{cases}1-\mathrm{e}^{-z^2/2}, & z>0,\\0, & z\leqslant 0.\end{cases}$$

从而 $Z=\sqrt{X^2+Y^2}$ 的概率密度为

$$f_Z(z)=\begin{cases}z\mathrm{e}^{-z^2/2}, & z>0,\\0, & z\leqslant 0.\end{cases}$$

注 二维连续型随机变量函数 $Z=g(X,Y)$ 的分布，采用的基本方法是分布函数法，这一方法是以联合概率密度已知为前提的. 大体上这类题目要经过规范的三步进行求解：

(1) 依据题设条件列出由二重积分表示的 $Z=g(X,Y)$ 的分布函数 $F_Z(z)$；

(2) 按 z 的不同取值，化二重积分为累次积分，求出 $F_Z(z)$ 的表达式；

(3) 对 $F_Z(z)$ 求导得概率密度，即 $f_Z(z) = F_Z{}'(z)$.

对于参变量 z 的不同取值范围，其积分上下限是有差别的，题解中提供的处理方法有普遍意义，务求理解，以便举一反三地求解这类题目.

此外，应注意到若题中 X 与 Y 是相互独立的，对于和的分布也可以直接使用卷积分公式求解，如例 13.

【例 15】 某种商品一周的需要量是一个随机变量，其概率密度为

$$f(t) = \begin{cases} t\mathrm{e}^{-t}, & t>0, \\ 0, & t\leqslant 0. \end{cases}$$

设各周的需要量是相互独立的，试求：(1) 两周；(2) 三周的需要量的概率密度.

解 设两周、三周的需要量的概率密度分别为 $f_1(x)$ 和 $f_2(x)$.

(1) 因各周需要量相互独立，由卷积公式得

$$f_1(x) = \int_{-\infty}^{+\infty} f(t)f(x-t)\mathrm{d}t,$$

上式当 $t>0$，$x-t>0$ 时被积函数才不为 0.

故 $\quad f_1(x) = \begin{cases} \int_0^x t\mathrm{e}^{-t}(x-t)\mathrm{e}^{-(x-t)}\mathrm{d}t, & x>0, \\ 0, & x\leqslant 0 \end{cases} = \begin{cases} \dfrac{1}{6}x^3\mathrm{e}^{-x}, & x>0, \\ 0, & x\leqslant 0. \end{cases}$

(2) 由卷积公式得

$$f_2(x) = \int_{-\infty}^{+\infty} f(t)f_1(x-t)\mathrm{d}t \quad (t>0, x-t>0)$$

$$= \begin{cases} \int_0^x t\mathrm{e}^{-1}\dfrac{1}{6}(x-t)^3\mathrm{e}^{-(x-t)}\mathrm{d}t, & x>0, \\ 0, & x\leqslant 0 \end{cases}$$

$$= \begin{cases} \dfrac{1}{120}x^5\mathrm{e}^{-x}, & x>0, \\ 0, & x\leqslant 0. \end{cases}$$

【例 16】 设某种型号的电子管寿命（单位：h）近似地服从 $N(160,20^2)$ 分布，今随机地选取 4 只，求其中没有一只寿命小于 180h 的概率.

解 随机地取得 4 只电子管的寿命记为 T_1, T_2, T_3, T_4，它们相互独立，且近似地有

$$T_i \sim N(160,20^2), \quad i=1,2,3,4.$$

设对应的分布函数为 $F(t)$，记 $T=\min(T_1,T_2,T_3,T_4)$，

$$F_{\min}(t) = P\{T\leqslant t\} = 1-[1-F(t)]^4,$$

于是，所求概率为

$$P\{T>180\} = 1-P\{T\leqslant 180\} = [1-F(t)]^4$$

$$= \left[1-\Phi\left(\frac{180-160}{20}\right)\right]^4 = [1-\Phi(1)]^4$$

$$=(1-0.8413)^4=0.000634 .$$

【*例 17】 设二维随机变量 (X,Y) 在矩形区域：$G=\{0\leqslant x\leqslant2,0\leqslant y\leqslant1\}$ 上服从均匀分布. 试求边长为 X 与 Y 的矩形面积 S 的概率密度.

解 由题设知 (X,Y) 的概率密度为

$$f(x,y)=\begin{cases}\dfrac{1}{2}, & (x,y)\in G,\\[2mm]0, & \text{其它.}\end{cases}$$

用分布函数法求解，设 $F_S(s)=P\{S\leqslant s\}$ 为 $S=XY$ 的分布函数，则当 $s<0$ 时，$F_S(s)=0$；当 $s\geqslant 2$ 时，$F_S(s)=1$；当 $0\leqslant s<2$ 时，曲线 $xy=s$ 与矩形区域 G 的上边交于点 $(s,1)$，如图 3-8.

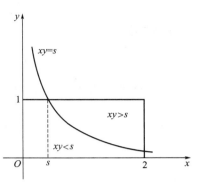

图 3-8

于是

$$F_S(s)=P\{S\leqslant s\}=P\{XY\leqslant s\}=1-P\{XY>s\}$$

$$=1-\iint\limits_{xy>s}f(x,y)\mathrm{d}x\mathrm{d}y=1-\int_s^2\mathrm{d}x\int_{\frac{s}{x}}^1\frac{1}{2}\mathrm{d}y$$

$$=\frac{s}{2}(1+\ln2-\ln s).$$

故 $S=XY$ 的概率密度为

$$F_S(s)=\begin{cases}\dfrac{1}{2}(\ln2-\ln s), & 0\leqslant s<2,\\[2mm]0, & \text{其它.}\end{cases}$$

【*例 18】 设 X 与 Y 是两个相互独立的随机变量，其中 X 的概率分布为

X	1	2
p_i	0.3	0.7

而 Y 的概率密度函数为 $f(y)$，求随机变量 $Z=X+Y$ 的概率密度 $g(z)$.

分析 该问题是离散型与连续型随机变量的混合运算问题，根据离散型随机变量的可列举性，借助全概公式来讨论.

解 设 $F(y)$ 是 Y 的分布函数，则由全概公式，知 $Z=X+Y$ 的分布函数为

$$G(z)=P\{X+Y\leqslant z\}$$

$$=0.3\cdot P\{X+Y\leqslant z|X=1\}+0.7\cdot P\{X+Y\leqslant z|X=2\}$$

$$=0.3\cdot P\{Y\leqslant z-1|X=1\}+0.7\cdot P\{Y\leqslant z-2|X=2\}.$$

由于 X 与 Y 相互独立，所以

$$G(z)=0.3\cdot P\{Y\leqslant z-1\}+0.7\cdot P\{Y\leqslant z-2\}$$

$$=0.3\cdot F(z-1)+0.7\cdot F(z-2).$$

从而 Z 的概率密度为

$$g(z)=G'(z)=0.3 \cdot F'(z-1)+0.7 \cdot F'(z-2)$$
$$=0.3 \cdot f(z-1)+0.7 \cdot f(z-2).$$

【例 19】 设二维随机变量 (X,Y) 的联合概率密度函数为

$$f(x,y)=\begin{cases} 3x, & 0 \leqslant x \leqslant 1, \ 0 \leqslant y \leqslant x, \\ 0, & \text{其它}. \end{cases}$$

（1）试判断 X 与 Y 是否独立；（2）求 $Z=X+Y$ 的密度函数.

解 （1）$f_X(x)=\displaystyle\int_{-\infty}^{+\infty}f(x,y)\mathrm{d}y=\begin{cases}\displaystyle\int_0^x 3x\mathrm{d}y, & 0 \leqslant x \leqslant 1, \\ 0, & \text{其它}\end{cases}=\begin{cases}3x^2, & 0 \leqslant x \leqslant 1, \\ 0, & \text{其它};\end{cases}$

$f_Y(y)=\displaystyle\int_{-\infty}^{+\infty}f(x,y)\mathrm{d}x=\begin{cases}\displaystyle\int_y^1 3x\mathrm{d}x, & 0 \leqslant y \leqslant 1, \\ 0, & \text{其它}\end{cases}=\begin{cases}\dfrac{3}{2}(1-y^2), & 0 \leqslant y \leqslant 1, \\ 0, & \text{其它}\end{cases}$

因为 $f(x,y) \neq f_X(x)f_Y(y)$，所以 X 和 Y 不独立.

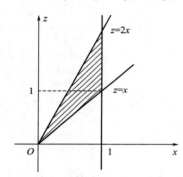

图 3-9

（2）由于 X 与 Y 不独立，不能用卷积公式，但用下列一般公式求 $Z=X+Y$（参阅图 3-9）

$$f_Z(z)=\int_{-\infty}^{+\infty}f(x,z-x)\mathrm{d}x$$

$$=\begin{cases}\displaystyle\int_{z/2}^{z}3x\mathrm{d}x=\dfrac{9}{8}z^2, & 0 \leqslant z < 1, \\ \displaystyle\int_{z/2}^{1}3x\mathrm{d}x=\dfrac{3}{8}(4-z^2), & 1 \leqslant z < 2, \\ 0, & \text{其它}. \end{cases}$$

【例 20】 设 $F_1(x),F_2(y)$ 分别是随机变量 x,y 的分布函数，$f_1(x),f_2(y)$ 是相对应的密度函数，试证明对任何 α（$|\alpha|<1$），

$$f(x,y)=f_1(x)f_2(y)\{1+\alpha[2F_1(x)-1][2F_2(y)-1]\}$$

是 (x,y) 联合概率密度函数，且以 $f_1(x),f_2(y)$ 为其边缘密度函数.

分析 本题应从概率密度函数的性质出发来证明.

解 因 $0 \leqslant F_1(x) \leqslant 1$，$0 \leqslant F_2(y) \leqslant 1$，故

$$-1 \leqslant 2F_1(x)-1 \leqslant 1, \quad -1 \leqslant 2F_2(y)-1 \leqslant 1$$

因而 $$f(x,y) \geqslant 0.$$

又因 $f_1(x)=F_1'(x)$，$F_1(+\infty)=1$，$F_1(-\infty)=0$，

有 $\displaystyle\int_{-\infty}^{+\infty}f_1(x)[2F_1(x)-1]\mathrm{d}x=\int_{-\infty}^{+\infty}[2F_1(x)-1]\mathrm{d}F_1(x)=[F_1^2(x)-F_1(x)]_{-\infty}^{+\infty}=0.$

同理 $\displaystyle\int_{-\infty}^{+\infty}f_2(y)[2F_2(y)-1]\mathrm{d}y=[F_2^2(y)-F_2(y)]_{-\infty}^{+\infty}=0.$

故
$$\int_{-\infty}^{+\infty}\int_{-\infty}^{+\infty} f(x,y)\mathrm{d}x\mathrm{d}y = \int_{-\infty}^{+\infty}\int_{-\infty}^{+\infty} f_1(x)f_2(y)\mathrm{d}x\mathrm{d}y$$

$$= \int_{-\infty}^{+\infty} f_1(x)\mathrm{d}x \int_{-\infty}^{+\infty} f_2(y)\mathrm{d}y = 1,$$

所以 $f(x,y)$ 是 (x,y) 的联合概率密度函数.

$$\int_{-\infty}^{+\infty} f(x,y)\mathrm{d}y = f_1(x)\int_{-\infty}^{+\infty} f_2(y)\mathrm{d}y = 1 \cdot f_1(x) = f_1(x),$$

$$\int_{-\infty}^{+\infty} f(x,y)\mathrm{d}x = f_2(y)\int_{-\infty}^{+\infty} f_1(x)\mathrm{d}x = 1 \cdot f_2(y) = f_2(y).$$

故 $f(x,y)$ 以 $f_1(x),f_2(y)$ 为其边缘密度函数.

【例 21】 设 X,Y 是相互独立的随机变量，它们都服从正态分布 $N(0,\sigma^2)$.
试求 $Z = \sqrt{X^2+Y^2}$ 的概率密度.

分析 由于 $Z = \sqrt{X^2+Y^2}$ 不是前面讨论的标准形式，因此不能直接套用公式，但可用类似于一维随机变量函数分布的方法来先求 $Z = g(X,Y)$ 的分布，再求导得概率密度.

解 由于 $X \sim N(0,\sigma^2)$，$Y \sim N(0,\sigma^2)$，所以

$$f_X(x) = \frac{1}{\sqrt{2\pi}\sigma}\mathrm{e}^{-\frac{x^2}{2\sigma^2}}, \quad f_Y(y) = \frac{1}{\sqrt{2\pi}\sigma}\mathrm{e}^{-\frac{y^2}{2\sigma^2}}$$

又 X,Y 是相互独立的随机变量，故

$$f(x,y) = f_X(x) \cdot f_Y(y) = \frac{1}{2\pi\sigma^2}\mathrm{e}^{-\frac{x^2+y^2}{2\sigma^2}}.$$

先求 $Z = \sqrt{X^2+Y^2}$ 的分布函数，当 $z \geqslant 0$ 时，

$$F_Z(z) = P\{Z \leqslant z\} = P\{\sqrt{X^2+Y^2} \leqslant z\} = \iint\limits_{\sqrt{x^2+y^2}\leqslant z} \frac{1}{2\pi\sigma^2}\mathrm{e}^{-\frac{x^2+y^2}{2\sigma^2}}\mathrm{d}x\mathrm{d}y$$

$$= \frac{1}{2\pi\sigma^2}\int_0^{2\pi}\mathrm{d}\theta\int_0^z \mathrm{e}^{-\frac{\rho^2}{2\sigma^2}}\rho\mathrm{d}\rho = 1 - \mathrm{e}^{-\frac{z^2}{2\sigma^2}};$$

当 $z < 0$ 时，$F_Z(z) = P\{Z \leqslant z\} = P\{\sqrt{X^2+Y^2} \leqslant z\} = 0$. 故

$$F_Z(z) = \begin{cases} 1 - \mathrm{e}^{-\frac{z^2}{2\sigma^2}}, & z \geqslant 0, \\ 0, & z < 0. \end{cases}$$

所以
$$f_Z(z) = F'_Z(z) = \begin{cases} \dfrac{z}{\sigma^2}\mathrm{e}^{-\frac{z^2}{2\sigma^2}}, & z \geqslant 0, \\ 0, & z < 0. \end{cases}$$

【例 22】 设某种型号的电子管寿命（单位：h）近似地服从 $N(160,20^2)$ 分

布. 随机地抽取 4 只，试求其中没有一只寿命小于 180h 的概率.

解法一 随机地选取 4 只，记第 i（$i=1,2,3,4$）只的寿命为 T_i，它们独立同分布 $N(160,20^2)$，记相同的分布函数为 $F(t)$，记 $T=\min\{T_1,T_2,T_3,T_4\}$. 下面求 $P\{T\geqslant 180\}$. 因为

$$F_{\min}(t)=P\{T\leqslant t\}=1-[1-F(t)]^4,$$

故
$$P\{T\geqslant 180\}=1-P\{X<180\}=[1-F(t)]^4$$

$$=\left[1-\Phi\left(\frac{180-160}{20}\right)\right]^4=[1-\Phi(1)]^4$$

$$=(1-0.8413)^4=0.00063.$$

解法二 设 A 表示随机抽取的 4 只电子元件没有一只寿命小于 180h，X 表示该种电子元件的寿命，则 $X\sim N(160,20^2)$，Y 表示随机抽取的 4 只电子元件中寿命小于 180h 的个数，由 Y 服从二项分布，由于

$$p=P\{X<180\}=\Phi\left(\frac{180-160}{20}\right)=\Phi(1)=0.8413.$$

故 $Y\sim B(4,0.8413)$，故所求的概率为

$$P(A)=P\{X=0\}=(1-p)^4=(1-0.8413)^4=0.00063.$$

【例 23】 对某种电子装置的输出测量了 5 次，得到观察值为 X_1,X_2,X_3,X_4,X_5. 设它们是相互独立的随机变量且都服从参数 $\sigma=2$ 的瑞利（Rayleigh）分布，即概率密度为

$$f(x)=\begin{cases}\dfrac{x}{\sigma^2}\mathrm{e}^{-\frac{x^2}{2\sigma^2}}, & x\geqslant 0,\\ 0, & x<0\end{cases}\quad(\sigma>0).$$

(1) 求 $Y_1=\max(X_1,X_2,X_3,X_4,X_5)$ 的分布函数；
(2) 求 $Y_2=\min(X_1,X_2,X_3,X_4,X_5)$ 的分布函数；
(3) 计算 $P\{Y_1>4\}$.

解 由于 X_i 的概率密度函数为

$$f_{X_i}(x)=\begin{cases}\dfrac{x}{4}\mathrm{e}^{-\frac{x^2}{8}}, & x\geqslant 0,\\ 0, & x<0\end{cases}\quad(i=1,2,3,4,5).$$

因此其分布函数为 $F_{X_i}(x)=\begin{cases}1-\mathrm{e}^{-\frac{x^2}{8}}, & x\geqslant 0,\\ 0, & x<0\end{cases}\quad(i=1,2,3,4,5).$

(1) 因为 X_1,X_2,X_3,X_4,X_5 相互独立，而 $Y_1=\max(X_1,X_2,X_3,X_4,X_5)$，故有

$$F_{Y_1}(z) = \left[F_{X_1}(z)\right]^5 = \begin{cases} (1-e^{-\frac{z^2}{8}})^5, & z \geqslant 0, \\ 0, & z < 0. \end{cases}$$

(2)由于 $Y_2 = \min(X_1, X_2, X_3, X_4, X_5)$，故

$$F_{Y_2}(z) = 1 - \left[1 - F_{X_1}(z)\right]^5 = \begin{cases} 1-e^{-\frac{5z^2}{8}}, & z \geqslant 0, \\ 0, & z < 0. \end{cases}$$

(3) $P\{Y_1 > 4\} = 1 - P\{Y_1 \leqslant 4\} = 1 - F(4) = 1 - \left[1-e^{-2}\right]^5 = 0.5167.$

第四节　练习与测试

1. 设平面区域 D 由曲线 $y = \dfrac{1}{x}$ 及直线 $y = 0$，$x = 1$，$x = e^2$ 所围成，二维随机变量 (X, Y) 在区域 D 上服从均匀分布，则 (X, Y) 关于 X 的边缘概率密度在 $x = 2$ 处的值为_____.

*2. 设 X 和 Y 为两个随机变量，且

$$P\{X \geqslant 0, Y \geqslant 0\} = \frac{3}{7}, \quad P\{X \geqslant 0\} = P\{Y \geqslant 0\} = \frac{4}{7}.$$

则 $P\{\max(X, Y) \geqslant 0\} = \underline{\hspace{2cm}}$.

*3. 设二维随机变量 (X, Y) 的概率密度为

$$f(x, y) = \begin{cases} 6x, & 0 \leqslant x \leqslant y \leqslant 1, \\ 0, & \text{其它}. \end{cases}$$

则 $P\{X + Y \leqslant 1\} = \underline{\hspace{2cm}}$.

4. 设随机变量 X 和 Y 同分布，X 的概率密度为

$$f_X(x) = \begin{cases} \dfrac{3}{8}x^2, & 0 < x < 2, \\ 0, & \text{其它}. \end{cases}$$

设 $A = \{X > a\}$ 与 $B = \{Y > a\}$ 相互独立，且 $P\{A \cup B\} = \dfrac{3}{4}$，则 $a = \underline{\hspace{2cm}}$.

5. 设连续型随机变量 X 和 Y 独立同分布，则 $P\{X \leqslant Y\} = \underline{\hspace{2cm}}$.

6. 设随机变量 X 和 Y 相互独立，其概率分布为

X	-1	1
p_i	$\dfrac{1}{2}$	$\dfrac{1}{2}$

Y	-1	1
p_i	$\dfrac{1}{2}$	$\dfrac{1}{2}$

则下列式子正确的是（　　）.

(A) $X = Y$;　　　　　　(B) $P\{X = Y\} = 0$;

(C) $P\{X=Y\}=\dfrac{1}{2}$;   (D) $P\{X=Y\}=1$.

7. 设随机变量 (X,Y) 的分布函数为

$$F(x,y)=A\left(B+\arctan\frac{x}{2}\right)\left(C+\arctan\frac{y}{3}\right).$$

试求：(1) 系数 A,B 及 C；(2) 判断 (X,Y) 的独立性；(3) (X,Y) 的概率密度；(4) 边缘概率密度.

8. 设二维随机变量 (X,Y) 的概率密度为

$$f(x,y)=\begin{cases}48y(2-x), & 0\leqslant x\leqslant1,0\leqslant y\leqslant x,\\ 0, & \text{其它}.\end{cases}$$

试求边缘概率密度.

9. 已知 (X,Y) 有联合分布函数

$$F(x,y)=\begin{cases}(1-\mathrm{e}^{-2x})(1-\mathrm{e}^{-3y}), & x>0,y>0,\\ 0, & \text{其它}.\end{cases}$$

试考察 X 与 Y 独立性，并求 $F(1,1)$ 与 $P\{2X+3Y\leqslant6\}$.

10. 设 (X,Y) 在区域 D：$0\leqslant x\leqslant1$，$y^2\leqslant x$ 内服从均匀分布. 试求：

(1) (X,Y) 的联合概率密度函数；   (2) X 与 Y 的边缘概率密度，考察 X 与 Y 独立性.

11. 已知 (X,Y) 有联合密度

$$f(x,y)=\begin{cases}k\mathrm{e}^{-y}, & 0<x<y,\\ 0, & \text{其它}.\end{cases}$$

试求：(1) 待定系数 k；(2) 边缘概率密度并考察 X 与 Y 独立性；(3) 概率 $P\{X+Y\leqslant1\}$.

12. 设 $(X,Y)\sim N(\mu_1,\sigma_1^2;\mu_2,\sigma_2^2;\rho)$ 其中 $\mu_1=13$，$\sigma_1^2=196$；$\mu_2=-6$，$\sigma_2^2=169$，$\rho=-1/2$. 试写出 X,Y 联合密度，边缘概率密度并考察 X 与 Y 独立性.

13. 设 (X,Y) 有联合概率密度

$$f(x,y)=\begin{cases}cx\mathrm{e}^{-y}, & 0<x<y,\\ 0, & \text{其它}.\end{cases}$$

(1) 求常数 c；   (2) 考察 X 与 Y 独立性；

(3) 求 $f_{X|Y}(x\,|\,y)$，$f_{Y|X}(y\,|\,x)$；   (4) 求 $P\{\min(X,Y)<1\}$；

(5) 求 (X,Y) 的联合分布函数；   (6) 求 $Z=X+Y$ 的概率密度函数；

(7) 求 $P\{X<1\,|\,Y<2\}$，$P\{X<1\,|\,Y=2\}$.

14. 设 (X,Y) 有联合密度

$$f(x,y)=\begin{cases}\mathrm{e}^{-(x+y)}, & x>0,y>0,\\ 0, & \text{其它}.\end{cases}$$

试求 $Z=X+Y$ 的概率密度 $f_Z(z)$ 及 $P\{Z>3\}$.

15. 将一枚硬币连掷三次，以 X 表示在三次中出现正面的次数，以 Y 表示三次中出现正面次数与反面次数之差的绝对值，试分别求出 X 与 Y 的联合分布律和边缘分布律.

16. 假设随机变量 Y 服从参数 $\lambda=1$ 的指数分布，随机变量

$$X_k=\begin{cases}0, & \text{若 } Y\leqslant k,\\ 1, & \text{若 } Y>k.\end{cases}$$

其中 $k=1,2$，求 X_1 和 X_2 的联合概率分布.

第五节 练习与测试参考答案

1. 1/4.

2. 5/7.（提示：$\{\max(X,Y) \geqslant 0\} = \{X \geqslant 0, Y < 0\} \cup \{X < 0, Y \geqslant 0\} \cup \{X \geqslant 0, Y \geqslant 0\}$）

3. 1/4. 4. $\sqrt[3]{4}$. 5. 1/2. 6. C.

7. (1) $B = C = \dfrac{\pi}{2}$，$A = \dfrac{1}{\pi^2}$.

(2) $F_X(x) = \lim\limits_{y \to \infty} F(x, y) = \dfrac{1}{\pi}\left(\dfrac{\pi}{2} + \arctan\dfrac{x}{2}\right)$，

$F_Y(y) = \dfrac{1}{\pi}\left(\dfrac{\pi}{2} + \arctan\dfrac{y}{3}\right)$；$X$ 与 Y 相互独立.

注 也可用概率密度来讨论独立.

(3) $f(x, y) = \dfrac{\partial^2(F(x,y))}{\partial x \partial y} = \dfrac{6}{\pi^2(4 + x^2)(9 + y^2)}$.

(4) $f_X(x) = \displaystyle\int_{-\infty}^{+\infty} f(x, y)\,\mathrm{d}y = \dfrac{2}{\pi(4 + x^2)}$ $(-\infty < x < +\infty)$，

$f_Y(y) = \displaystyle\int_{-\infty}^{+\infty} f(x, y)\,\mathrm{d}y = \dfrac{3}{\pi(9 + y^2)}$ $(-\infty < x < +\infty)$.

8. $f_X(x) = \begin{cases} 24x^2(2 - x), & 0 \leqslant x \leqslant 1, \\ 0, & \text{其它.} \end{cases}$ $f_Y(y) = \begin{cases} 72y - 96y^2 + 24y^3, & 0 \leqslant y \leqslant 1, \\ 0, & \text{其它.} \end{cases}$

9. $F_X(x) = \lim\limits_{y \to +\infty} F(x, y) = 1 - \mathrm{e}^{-2x}, x > 0$；

$F_Y(y) = \lim\limits_{y \to +\infty} F(x, y) = 1 - \mathrm{e}^{-3y}, y > 0$；$X$ 与 Y 相互独立；

$F(1, 1) = (1 - \mathrm{e}^{-2})(1 - \mathrm{e}^{-3}) = 0.8216$；$f(x, y) = 6\mathrm{e}^{-(2x + 3y)}, x > 0, y > 0$；

$P\{2X + 3Y \leqslant 6\} = 6 \displaystyle\iint\limits_{2x + 3y \leqslant 6} \mathrm{e}^{-(2x + 3y)}\,\mathrm{d}x\mathrm{d}y$

$= 6\displaystyle\int_0^2 \mathrm{e}^{-3y}\,\mathrm{d}y \int_0^{\frac{1}{2}(6 - 3y)} \mathrm{e}^{-2x}\,\mathrm{d}x = 1 - 7\mathrm{e}^{-6} = 0.9826$.

10. (1) $f(x, y) = \begin{cases} \dfrac{3}{4}, & 0 \leqslant x \leqslant 1, y^2 \leqslant x, \\ 0, & \text{其它.} \end{cases}$

(2) $f_X(x) = \begin{cases} \dfrac{3}{2}, & 0 \leqslant x \leqslant 1, \\ 0, & \text{其它.} \end{cases}$ $f_Y(y) = \begin{cases} \dfrac{3}{4}(1 - y^2), & -1 \leqslant y \leqslant 1, \\ 0, & \text{其它.} \end{cases}$

X 与 Y 不独立.

11. (1) $k = 1$；

(2) X 与 Y 不独立，

$f_X(x) = \displaystyle\int_x^{+\infty} \mathrm{e}^{-y}\,\mathrm{d}y = \mathrm{e}^{-x}$ $(x > 0)$，$f_Y(y) = \displaystyle\int_0^y \mathrm{e}^{-y}\,\mathrm{d}y = y\mathrm{e}^{-y}$ $(y > 0)$；

(3) $P\{X + Y \leqslant 1\} = \displaystyle\int_0^{\frac{1}{2}} \mathrm{d}x \int_x^{1 - x} \mathrm{e}^{-y}\,\mathrm{d}y = 0.1548$.

12. $f(x, y) = \dfrac{1}{182\sqrt{3}\pi} \mathrm{e}^{-\frac{2}{3}\left[\left(\frac{x - 13}{14}\right)^2 + \frac{(x - 13)(y + 6)}{182} + \left(\frac{y + 6}{13}\right)^2\right]}$；

$f_X(x) = \dfrac{1}{14\sqrt{2\pi}} \mathrm{e}^{-\frac{(x - 13)^2}{392}}$，$f_Y(x) = \dfrac{1}{13\sqrt{2\pi}} \mathrm{e}^{-\frac{(y + 6)^2}{338}}$；

X 与 Y 不相互独立 $\left[\rho \neq 0\right.$, 或 $\left.f(x,y)\neq f_X(x)f_Y(y)\right]$.

13. (1) $c=1$.

(2) $f_X(x)=\begin{cases} x\mathrm{e}^{-x}, & x>0, \\ 0, & x\leqslant 0. \end{cases}$ $\quad f_Y(y)=\begin{cases} \dfrac{1}{2}y^2\mathrm{e}^{-y}, & y>0, \\ 0, & y\leqslant 0. \end{cases}$

(3) $f_{X\mid Y}(x\mid y)=\dfrac{f(x,y)}{f_Y(y)}=\begin{cases} \dfrac{2x}{y^2}, & 0<x<y, \\ 0, & \text{其它}. \end{cases}$

$f_{Y\mid X}(y\mid x)=\dfrac{f(x,y)}{f_X(x)}=\begin{cases} \mathrm{e}^{x-y}, & 0<x<y, \\ 0, & \text{其它}. \end{cases}$

(4) $1-\dfrac{5}{2}\mathrm{e}^{-1}$.

(5) $F(x,y)=\begin{cases} 1-\left(\dfrac{1}{2}y^2+y+1\right)\mathrm{e}^{-y}, & 0\leqslant y<x, \\ 1-(x+1)\mathrm{e}^{-x}-\dfrac{1}{2}x^2\mathrm{e}^{-y}, & 0\leqslant x<y, \\ 0, & \text{其它}. \end{cases}$

(6) $f_Z(z)=\begin{cases} \mathrm{e}^{-z}+\left(\dfrac{z}{2}-1\right)\mathrm{e}^{-\frac{z}{2}}, & z\geqslant 0, \\ 0, & z<0. \end{cases}$

(7) $P\{X<1\mid Y<2\}=\dfrac{P\{X<1,Y<2\}}{P\{Y<2\}}=\dfrac{1-2\mathrm{e}^{-1}-\dfrac{1}{2}\mathrm{e}^{-2}}{1-5\mathrm{e}^{-2}}$, $\dfrac{1}{4}$.

14. $f_Z(z)=\begin{cases} \displaystyle\int_0^z \mathrm{e}^{-x}\mathrm{e}^{-(z-x)}\mathrm{d}x=z\mathrm{e}^{-z}, & z>0, \\ 0, & z\leqslant 0. \end{cases}$ $\quad P\{Z>3\}=\displaystyle\int_3^\infty z\mathrm{e}^{-z}\mathrm{d}z=4\mathrm{e}^{-3}=0.1991.$

15.

Y \ X	0	1	2	3	$p_{\cdot j}$
1	0	$\dfrac{3}{8}$	$\dfrac{3}{8}$	0	$\dfrac{6}{8}$
3	$\dfrac{1}{8}$	0	0	$\dfrac{1}{8}$	$\dfrac{2}{8}$
$p_{i\cdot}$	$\dfrac{1}{8}$	$\dfrac{3}{8}$	$\dfrac{3}{8}$	$\dfrac{1}{8}$	1

16. 提示：连续型随机变量 Y 的函数是离散型随机变量 $X_k(k=1,2)$，先由 Y 的分布再求出 X_1 与 X_2 的联合分布，由题设有

$$P\{Y\leqslant y\}=F_Y(y)=\begin{cases} 1-\mathrm{e}^{-y}, & y>0, \\ 0, & y\leqslant 0. \end{cases}$$

(X_1,X_2) 的联合分布律为

X_2 \ X_1	0	1
0	$1-\mathrm{e}^{-1}$	$\mathrm{e}^{-1}-\mathrm{e}^{-2}$
1	0	e^{-2}

第四章　随机变量的数字特征

第一节　基 本 要 求

（1）理解数学期望与方差的概念，熟练掌握它们的性质与计算.

（2）会计算随机变量函数的数学期望.

（3）熟练掌握二项分布、泊松分布、正态分布的数学期望与方差. 了解均匀分布、指数分布等分布的数学期望与方差. 熟记一些常用的结果，并能灵活运用.

（4）理解随机变量的独立性与不相关性之间关系，了解矩、协方差、相关系数等的概念与性质，熟练掌握其计算公式及应用.

第二节　内 容 提 要

一、数学期望

1. 离散型随机变量的数学期望

设 X 是离散型随机变量，它的分布律为 $P\{X = x_i\} = p_i$，$i = 1, 2, \cdots$. 若级数 $\sum\limits_{i=1}^{\infty} x_i p_i$ 绝对收敛，则称级数 $\sum\limits_{i=1}^{\infty} x_i p_i$ 的和为随机变量 X 的数学期望或简称为期望（均值），记作 EX，即

$$EX = \sum_{i=1}^{\infty} x_i p_i .$$

2. 连续型随机变量的数学期望

设连续型随机变量 X 具有概率密度 $f(x)$，若积分 $\int_{-\infty}^{+\infty} x f(x) \mathrm{d}x$ 绝对收敛，则称积分 $\int_{-\infty}^{+\infty} x f(x) \mathrm{d}x$ 为随机变量 X 的数学期望，记为 EX，即

$$EX = \int_{-\infty}^{+\infty} x f(x) \mathrm{d}x$$

3. 随机变量函数的数学期望

设 $Y = g(X)$ 是随机变量 X 的函数 $[y = g(x)$ 是连续函数$]$.

（1）若 X 是离散型随机变量，它的分布律为：$P\{X = x_i\} = p_i (i = 1, 2, \cdots)$，且 $\sum\limits_{i=1}^{\infty} g(x_i) p_i$ 绝对收敛，则有

$$EY = E[g(X)] = \sum_{i=1}^{\infty} g(x_i)p_i.$$

（2）若 X 是连续型随机变量，它的概率密度为 $f(x)$，且 $\int_{-\infty}^{+\infty} g(x)f(x)\mathrm{d}x$ 绝对收敛，则

$$EY = E[g(X)] = \int_{-\infty}^{+\infty} g(x)f(x)\mathrm{d}x.$$

（3）对于二元连续函数 $g(x,y)$，若 (X,Y) 为二维离散型随机变量，且联合分布律为 $p_{ij} = P\{X=x_i, Y=y_j\}$ $(i,j=1,2,\cdots)$，则

$$E[g(X,Y)] = \sum_{i=1}^{\infty} \sum_{j=1}^{\infty} g(x_i,y_j)p_{ij},$$

这里假定上式右边的级数绝对收敛.

若 (X,Y) 为连续型随机变量，且联合概率密度为 $f(x,y)$，则

$$E[g(X,Y)] = \int_{-\infty}^{+\infty} \int_{-\infty}^{+\infty} g(x,y)f(x,y)\mathrm{d}x\mathrm{d}y,$$

这里同样假定上式右边的积分绝对收敛.

至于二维随机变量中某一分量的数字特征，可以在求出边缘分布后按一维情形处理，也可以令 $g(X,Y)=X$ 或 $g(X,Y)=Y$ 直接由随机变量函数的数学期望得到.

特别需要指出的是，上面列举的公式以及以后的讨论中，凡是涉及无穷级数或广义积分时，理论上都应有绝对收敛的要求. 然而，在实际应用中，条件收敛或发散的情形并不多见，因而在处理具体计算问题时一般对绝对收敛可以不予考察.

4. 数学期望的性质

（1）设 C 为任意常数，则 $EC=C$；

（2）设 k,C 为任意常数，则 $E(kX+C)=kEX+C$；

（3）设 X,Y 为任意随机变量，则 $E(X+Y)=EX+EY$. 可推广为，设 X_1，$X_2,\cdots,X_n$ 是任意 n 个随机变量，则 $E\left(\sum_{i=1}^{n} a_iX_i\right) = \sum_{i=1}^{n} a_iEX_i$；

（4）设 X 与 Y 是相互独立的随机变量，则 $E(XY)=EX \cdot EY$. 可推广为，设 $X_1,X_2,\cdots,X_n$ 是相互独立的随机变量，则 $E\left(\prod_{i=1}^{n} a_iX_i\right) = \prod_{i=1}^{n} a_iEX_i$.

熟练掌握数学期望的性质，可以使求数学期望的计算简化.

二、方差

1. 方差的定义

设 X 是一随机变量，如果 $E(X-EX)^2$ 存在，则称 $E(X-EX)^2$ 为 X 的**方差**，记为 DX，即

$$DX = E(X-EX)^2.$$

而方差的算术平方根 $\sqrt{DX}$，称为标准差或均方差，记为 σ_X. 在实际问题中常使用

标准差，其优点是它与随机变量 X 具有相同的量纲.

2. 方差意义

如同数学期望那样，方差 DX 也是由分布确定的一个常数. 这个常数描述了随机变量离开均值的偏离程度. 较大的方差 DX 说明 X 取值相对于 EX 较分散. 实用上，以显示差异性为目的的试验希望有较大的方差，例如，选拔人才的考试，只有在其成绩有较大方差时，才能实现好中选优的目的；较小的方差 DX 说明 X 取值相对于 EX 较为集中. 以考察稳定性为目的的试验希望有较小的方差，例如，对于质量指标的控制总是以较高的数学期望和较小的方差作为努力的目标.

3. 方差的计算

（1）由定义可知，方差实际上就是随机变量函数 $g(X)=(X-EX)^2$ 的数学期望，于是，若 X 是离散型随机变量，则

$$DX = \sum_{i=1}^{\infty}(x_i - EX)^2 p_i.$$

其中 $P\{X=x_i\}=p_i(i=1,2,\cdots)$ 是随机变量 X 的分布律.

若 X 是连续型随机变量，则

$$DX = \int_{-\infty}^{+\infty}(x - EX)^2 f(x)\mathrm{d}x$$

其中 $f(x)$ 是 X 的概率密度.

（2）方差计算的另一个重要公式

$$DX = EX^2 - (EX)^2.$$

当然方差定义本身也是计算方差的一种方法，但利用上述公式计算方差往往要简便些.

4. 方差的性质

（1）设 C 为任意常数，$DC=0$.

（2）设 k,C 为任意常数，$D(kX+C)=k^2DX$.

（3）$D(X\pm Y)=\begin{cases}DX+DY, & X,Y \text{ 为不相关的随机变量,} \\ DX+DY\pm 2\mathrm{cov}(X,Y), & X,Y \text{ 为任意随机变量.}\end{cases}$

特别地，性质（3）可以推广为，设 $X_1,X_2,\cdots,X_n$ 是相互独立的随机变量，则

$$D\left(\sum_{i=1}^{n}X_i\right) = \sum_{i=1}^{n}DX_i.$$

（4）$DX \geqslant 0$，且 $DX=0$ 的充要条件是 $P\{X=EX\}=1$.

三、协方差和相关系数

1. 协方差

设 (X,Y) 是二维随机变量，如果 $E[(X-EX)(Y-EY)]$ 存在，则称其为 X 与 Y 的协方差. 记作 $\mathrm{cov}(X,Y)$，即

$$\mathrm{cov}(X,Y) = E[(X-EX)(Y-EY)].$$

（1）当 (X,Y) 是二维离散型随机变量时，其联合分布律为
$$p_{ij} = P\{X = x_i, Y = y_j\} \quad (i,j = 1,2,\cdots),$$
则
$$\operatorname{cov}(X,Y) = \sum_{i=1}^{\infty} \sum_{j=1}^{\infty} (x_i - EX)(y_j - EY) p_{ij}.$$

（2）当 (X,Y) 是二维连续型随机变量时，且联合概率密度为 $f(x,y)$，则
$$\operatorname{cov}(X,Y) = \int_{-\infty}^{+\infty} \int_{-\infty}^{+\infty} (x - EX)(y - EY) f(x,y) \mathrm{d}x \mathrm{d}y.$$

2. 协方差的性质

（1）$\operatorname{cov}(X,Y) = E(XY) - EX \cdot EY$（常常用此式来计算协方差）；

（2）$\operatorname{cov}(X,Y) = \operatorname{cov}(Y,X)$；

（3）设 a,b 为任意两个常数，则
$$\operatorname{cov}(aX,bY) = ab\operatorname{cov}(X,Y);$$

（4）$\operatorname{cov}(X_1 + X_2, Y) = \operatorname{cov}(X_1, Y) + \operatorname{cov}(X_2, Y)$.

3. 相关系数

（1）定义　设 (X,Y) 是一个二维随机变量，若 $\operatorname{cov}(X,Y)$ 存在，且 DX, DY 大于零，则称
$$\rho_{XY} = \frac{\operatorname{cov}(X,Y)}{\sqrt{DX}\sqrt{DY}}$$

为随机变量 X 与 Y 的**相关系数**. 当 $\rho_{XY} = 0$，则称 X 与 Y 是不相关的.

（2）相关系数的意义　相关系数 ρ_{XY} 刻画了 X 与 Y 之间的线性相关程度，特别地，当 $\rho_{XY} = 1$ 时称为正相关，当 $\rho_{XY} = -1$ 时称为负相关. 当 $|\rho_{XY}| < 1$ 时，这种线性相关程度将随着 $|\rho_{XY}|$ 的减小而减弱. 当 $\rho_{XY} = 0$ 时，就称 X 与 Y 是不相关的.

若 X 与 Y 独立时，且 $\operatorname{cov}(X,Y)$ 存在，则必有 $\operatorname{cov}(X,Y) = 0$，因而此时 $\rho_{XY} = 0$，即 X 与 Y 相互独立时，X 与 Y 一定不相关. 但反之不一定成立. 但当 (X,Y) 服从二维正态分布时，X 与 Y 的不相关性与独立性是一致的.

注意下面几个等式是等价的，即
$$\rho_{XY} = 0 \Leftrightarrow \operatorname{cov}(X,Y) = 0 \Leftrightarrow E(XY) = EX \cdot EY \Leftrightarrow D(X \pm Y) = DX + DY.$$

（3）相关系数的性质

① $|\rho_{XY}| \leqslant 1$；

② $|\rho_{XY}| = 1$ 的充分必要条件是 X 与 Y 以概率 1 线性相关. 即存在常数 a,b，使得 $P\{Y = aX + b\} = 1$.

四、矩

矩是一类具有广泛意义的数字特征.

设 X 是随机变量，对任意的正整数 k，若 EX^k 存在，则称 EX^k 为 X 的 k 阶原

点矩；若 $E(X-EX)^k$ 存在，则称 $E(X-EX)^k$ 为 X 的 k 阶中心矩.

二维情形下，若 $E(X^kY^k)$ 和 $E[(X-EX)^k(Y-EY)^l]$ 存在，其中 k，l 是两正整数，则分别称它们为 X,Y 的 $k+l$ 阶混合原点矩和 $k+l$ 阶混合中心矩.

由此可知，数学期望 EX 是 X 的一阶原点矩，方差 $DX=E(X-EX)^2$ 是 X 的二阶中心矩. 协方差 $\mathrm{cov}(X,Y)=E[(X-EX)(Y-EY)]$ 是 X 和 Y 的二阶混合中心矩.

五、几个常用随机变量的数学期望与方差

为了便于应用，现将六个常用的随机变量连同超几何分布、Γ 分布的参数、分布律或概率密度以及数学期望、方差等一并列举在表 4-1 中，供必要时查用.

表 4-1　常用随机变量的数学期望与方差

分　布	参　数	分布律或概率密度	数学期望	方　差
0—1 分布 （两点分布）	$0<p<1$	$P\{X=0\}=q,$ $P\{X=1\}=p,$ $p+q=1$	p	pq
二项分布 $B(n,p)$	$0<p<1$ n 正整数	$P\{X=k\}=C_n^k p^k q^{n-k},$ $k=0,1,\cdots,n,$ $q=1-p$	np	npq
泊松分布 $\pi(\lambda)$	$\lambda>0$	$P\{X=k\}=\dfrac{\lambda^k}{k!}\mathrm{e}^{-\lambda},$ $k=0,1,2,\cdots$	λ	λ
超几何分布 $H(n,N,M)$	n,N,M 正整数	$P\{X=k\}=\dfrac{C_M^k C_{N-M}^{n-k}}{C_N^n},$ $k=0,1,\cdots,\min(n,M)$	$\dfrac{nM}{N}$	$\dfrac{nM}{N}\left(1-\dfrac{M}{N}\right)\dfrac{N-n}{N-1}$
均匀分布 $U[a,b]$	$a<b$	$f(x)=\begin{cases}\dfrac{1}{b-a}, & a<x<b,\\ 0, & \text{其它}\end{cases}$	$\dfrac{a+b}{2}$	$\dfrac{(b-a)^2}{12}$
正态分布 $N(\mu,\sigma^2)$	$\mu,\sigma>0$	$f(x)=\dfrac{1}{\sqrt{2\pi}\sigma}\mathrm{e}^{-\frac{(x-\mu)^2}{2\sigma^2}}$	μ	σ^2
指数分布 $E(\lambda)$	$\lambda>0$	$f(x)=\begin{cases}\lambda\mathrm{e}^{-\lambda x}, & x\geqslant0,\\ 0, & x<0\end{cases}$	$\dfrac{1}{\lambda}$	$\dfrac{1}{\lambda^2}$
Γ 分布 $P(\alpha,\beta)$	$\alpha>0$ $\beta>0$	$f(x)=\begin{cases}\dfrac{\beta^\alpha}{\Gamma(\alpha)}x^{\alpha-1}\mathrm{e}^{-\beta x}, & x>0,\\ 0, & x\leqslant0\end{cases}$	$\dfrac{\alpha}{\beta}$	$\dfrac{\alpha}{\beta^2}$

第三节　典型例题分析

【例1】 已知随机变量 X 的分布律为

X	-2	-1	0	3
p_i	0.2	0.4	0.3	0.1

试求 EX，$E(2X-3)$，EX^2，$E(1+X)^2$.

解　$EX=(-2)\times0.2+(-1)\times0.4+0\times0.3+3\times0.1=-0.5$，

$E(2X-3)=[2\times(-2)-3]\times0.2+[2\times(-1)-3]\times0.4+$

$\qquad (2\times0-3)\times0.3+(2\times3-3)\times0.1$

$\qquad =-4.$

或者　$E(2X-3)=2\times EX-3=-4$，

$EX^2=(-2)^2\times0.2+(-1)^2\times0.4+0^2\times0.3+3^2\times0.1=2.1$，

$E(1+X)^2=[1+(-2)]^2\times0.2+[1+(-1)]^2\times0.4+$

$\qquad (1+0)^2\times0.3+(1+3)^2\times0.1$

$\qquad =2.1.$

或者　$E(1+X)^2=E(1+2X+X^2)=1+2\times EX+EX^2=2.1.$

【例2】 已知随机变量 X 有概率密度

$$f(x)=\begin{cases}2x, & 0<x<1,\\ 0, & 其它.\end{cases}$$

试求 EX，$E(2-3X)$，EX^2，$E(X^2-2X+3)$.

解　$EX=\displaystyle\int_{-\infty}^{+\infty}xf(x)\mathrm{d}x=\int_0^1 x\cdot2x\mathrm{d}x=\frac{2}{3}x^3\Big|_0^1=\frac{2}{3}$，

$E(2-3X)=\displaystyle\int_0^1(2-3x)\cdot2x\mathrm{d}x=0$，

$EX^2=\displaystyle\int_0^1 x^2\cdot2x\mathrm{d}x=\frac{1}{2}$，

$E(X^2-2X+3)=\displaystyle\int_0^1(x^2-2x+3)\cdot2x\mathrm{d}x=\frac{13}{6}.$

　　注　以上两题除计算 EX 外，其余都是随机变量函数的数学期望. 可以按随机变量函数的数学期望公式计算，也可以先求出随机变量函数的分布，再求数学期望，或是应用数学期望的性质来计算.

【例3】 设随机变量 $X\sim\begin{pmatrix}a & 2 & b\\ 0.2 & p & 0.5\end{pmatrix}$ $(a<b)$，且 $EX=2.3$，$DX=0.61$.
试求待定系数 a,b,p.

　　解　首先，由分布律的性质可求得　$p=1-(0.2+0.5)=0.3$，
其次，由数学期望及方差的计算公式可得

$\qquad 2.3=EX=a\times0.2+2\times0.3+b\times0.5\Rightarrow2a+5b=17$，

$$0.61=DX=EX^2-(EX)^2=a^2\times0.2+2^2\times0.3+b^2\times0.5-2.3^2$$

得 $$2a^2+5b^2=47.$$

从而解得 $a=1$ 或 $\dfrac{27}{7}$，$b=3$ 或 $\dfrac{13}{7}$.

由于题设 $a<b$，因此 $a=1$，$b=3$，$p=0.3$.

【例 4】 若连续型随机变量 X 的概率密度是

$$f(x)=\begin{cases}ax^2+bx+c, & 0<x<1,\\ 0, & \text{其它}.\end{cases}$$

且已知 $EX=0.5$，$DX=0.15$，求系数 a,b,c.

解 因为 $\displaystyle\int_{-\infty}^{+\infty}f(x)\mathrm{d}x=1$，即有

$$\int_0^1(ax^2+bx+c)\mathrm{d}x=1,\ 即\ \frac{a}{3}+\frac{b}{2}+c=1. \tag{①}$$

又 $EX=0.5$，故

$$\int_0^1 x(ax^2+bx+c)\mathrm{d}x=0.5,\ 即\ \frac{a}{4}+\frac{b}{3}+\frac{c}{2}=0.5. \tag{②}$$

又 $EX=0.5$，$DX=0.15$，因而 $EX^2=DX+(EX)^2=0.4$，因此

$$\int_0^1 x^2(ax^2+bx+c)\mathrm{d}x=0.4,\ 即\ \frac{a}{5}+\frac{b}{4}+\frac{c}{3}=0.4. \tag{③}$$

解①，②，③组成的方程组，得 $a=12$，$b=-12$，$c=3$.

注 以上两道题是有关一维随机变量数字特征的综合题. 对于随机变量分布律或概率密度中的待定参数，要学会综合考虑.

【*例 5】 设随机变量 X 和 Y 同分布，X 的概率密度为

$$f(x)=\begin{cases}\dfrac{3}{8}x^2, & 0<x<2,\\ 0, & \text{其它}.\end{cases}$$

(1) 已知事件 $A=\{X>a\}$ 和 $B=\{Y>a\}$ 独立，且 $P(A\cup B)=\dfrac{3}{4}$，求常数 a；

(2) 求 $\dfrac{1}{X^2}$ 的数学期望.

解 (1) 由条件知 $P(A)=P(B)$，$P(AB)=P(A)P(B)$，

$$P(A\cup B)=P(A)+P(B)-P(AB)=2P(A)-[P(A)]^2=\frac{3}{4}.$$

由此得 $P(A)=\dfrac{1}{2}$ 并且知 $0<a<2$.

由于 $$P\{X>a\}=\int_a^{+\infty}f(x)\mathrm{d}x=\int_a^2\frac{3}{8}x^2\mathrm{d}x=\frac{x^3}{8}\Big|_a^2=1-\frac{1}{8}a^3,$$

从而有 $1-\dfrac{1}{8}a^3=\dfrac{1}{2}$，于是得 $a=\sqrt[3]{4}$.

（2）$E\left(\dfrac{1}{X^2}\right)=\displaystyle\int_{-\infty}^{+\infty}\dfrac{1}{x^2}f(x)\mathrm{d}x=\int_0^2\dfrac{1}{x^2}\cdot\dfrac{3}{8}x^2\mathrm{d}x=\dfrac{3}{8}\int_0^2\mathrm{d}x=\dfrac{3}{4}$.

【例6】（1）在下列句子中随机地取一单词，以 X 表示取到的单词所包含的字母个数，写出 X 的分布律并求 EX.

"THE GIRL PUT ON HER BEAUTIFUL RED HAT"

（2）在上述句子的 30 个字母中随机地取一字母，以 Y 表示取到的字母所在的单词所包含的字母数，写出 Y 的分布律并求 EY.

解（1）X 的所有可能取值为 $2,3,4,9$. 8 个单词中含 $2,4,9$ 个字母的各一个，含 3 个字母的 5 个.

因此 X 的分布律为

X	2	3	4	9
p_k	$\dfrac{1}{8}$	$\dfrac{5}{8}$	$\dfrac{1}{8}$	$\dfrac{1}{8}$

故 $EX=2\times\dfrac{1}{8}+3\times\dfrac{5}{8}+4\times\dfrac{1}{8}+9\times\dfrac{1}{8}=3.75$.

（2）将 30 个字母作可分辨处理，则取到每个字母的概率为 $\dfrac{1}{30}$，含有 2 个字母的单词的字母被取到的概率为 $\dfrac{1}{30}+\dfrac{1}{30}=\dfrac{2}{30}$.

即 $P\{Y=2\}=\dfrac{2}{30}$；同理 $P\{Y=3\}=\dfrac{15}{30}$；$P\{Y=4\}=\dfrac{3}{40}$；$P\{Y=9\}=\dfrac{9}{30}$.

因此 Y 的分布律为

Y	2	3	4	9
p_k	$\dfrac{2}{30}$	$\dfrac{15}{30}$	$\dfrac{4}{30}$	$\dfrac{9}{30}$

故 $EY=2\times\dfrac{2}{30}+3\times\dfrac{15}{30}+4\times\dfrac{4}{30}+9\times\dfrac{9}{30}=\dfrac{73}{15}$.

【例7】一民航送客车载有 20 位旅客自机场开出，旅客有 10 个车站可以下车，如到达一个车站没有旅客下车就不停车. 以 X 表示停车的次数，求 EX（设每位旅客在各个车站下车是等可能的，并设各旅客是否下车是相互独立的）.

解引入随机变量

$$X_i=\begin{cases}0, & \text{在第 } i \text{ 站没有人下车,}\\ 1, & \text{在第 } i \text{ 站有人下车}\end{cases}$$

易知，$X=X_1+X_2+\cdots+X_{10}$，现在求 EX.

由题设，任一旅客在第 i 站不下车的概率为 $\dfrac{9}{10}$，因此 20 位旅客都不在第 i 站

下车的概率为 $\left(\dfrac{9}{10}\right)^{20}$，在第 i 站有人下车的概率为 $1-\left(\dfrac{9}{10}\right)^{20}$．也就是

$$P\{X_i=0\}=\left(\dfrac{9}{10}\right)^{20},\quad P\{X_i=1\}=1-\left(\dfrac{9}{10}\right)^{20},$$

因此
$$EX_i=1-\left(\dfrac{9}{10}\right)^{20}\quad(i=1,2,\cdots,10).$$

故
$$EX=E\left(\sum_{i=1}^{10}X_i\right)=\sum_{i=1}^{10}EX_i=10\times\left[1-\left(\dfrac{9}{10}\right)^{20}\right]=8.784\,(次).$$

注 求解过程表明，当直接求某个随机变量的数学期望不很方便时，一个较为有效的解题技巧是把它"分解"成若干个易求数学期望的随机变量的和，然后运用运算法则完成计算．

思考 能否循此思路解决方差的计算呢？

【例8】 某流水线上每个产品不合格的概率为 $p(0<p<1)$，各产品合格与否相互独立，当出现一个不合格产品时即停机检修，设开机后第一次检修时已生产的产品个数为 X，求 X 的数学期望 EX 和方差 DX．

解 记 $q=1-p$，X 的分布列为
$$P\{X=k\}=pq^{k-1},\ k=1,2,\cdots,$$

X 的数学期望为

$$EX=\sum_{k=1}^{\infty}kpq^{k-1}=p\sum_{k=1}^{\infty}(q^k)'=p\left(\sum_{k=1}^{\infty}q^k\right)'=p\cdot\left(\dfrac{q}{1-q}\right)'=\dfrac{1}{p}.$$

因为
$$EX^2=\sum_{k=1}^{\infty}k^2pq^{k-1}=p\left[q\left(\sum_{k=1}^{\infty}q^k\right)'\right]'=p\left[\dfrac{q}{(1-q)^2}\right]'=\dfrac{2-p}{p^2},$$

所以 X 的方差为

$$DX=EX^2-(EX)^2=\dfrac{2-p}{p^2}-\dfrac{1}{p^2}=\dfrac{1-p}{p^2}.$$

【*例9】 假设由自动生产线加工的某种零件的内径 X（mm）服从正态分布 $N(\mu,1)$，内径小于 10 或大于 12 为不合格品，其余为合格品．销售每件合格品获利，销售每件不合格品亏损，已知销售利润 T（单位：元）与销售零件的内径 X 有如下关系：

$$T=\begin{cases}-1, & X<10,\\ 20, & 10\leqslant X\leqslant12,\\ -5, & X>12.\end{cases}$$

问平均内径 μ 取何值时销售一个零件的平均利润最大？

解 平均利润
$$\begin{aligned}ET&=20P\{10\leqslant X\leqslant12\}-P\{X<10\}-5P\{X>12\}\\&=20[\Phi(12-\mu)-\Phi(10-\mu)]-\Phi(10-\mu)-5[1-\Phi(12-\mu)]\\&=25\Phi(12-\mu)-21\Phi(10-\mu)-5,\end{aligned}$$

$$\dfrac{\mathrm{d}(ET)}{\mathrm{d}\mu}=-25\varphi(12-\mu)+21\varphi(10-\mu).$$

[其中 $\Phi(x)$ 和 $\varphi(x)$ 分别为标准正态分布的分布函数和密度函数]

令上式为 0 得
$$\frac{-25}{\sqrt{2\pi}}e^{-\frac{(12-\mu)^2}{2}}+\frac{21}{\sqrt{2\pi}}e^{-\frac{(10-\mu)^2}{12}}=0,$$

即
$$25e^{-\frac{(12-\mu)^2}{2}}=21e^{-\frac{(10-\mu)^2}{2}}.$$

解此方程得 $\mu=11-\dfrac{1}{2}\ln\dfrac{25}{21}\approx10.9$. 由此知当 $\mu=10.9\,\mathrm{mm}$ 时，平均利润最大.

注 该例中的销售利润 T 是一个离散型随机变量，其取值的概率由连续型随机变量 X 落入相应区间的概率决定，如 $P\{T=-1\}=P\{X<-10\}$. 故该题是离散型随机变量与连续型随机变量的综合应用题，这类题在考研题中较为常见，应引起考研读者足够的重视.

【例 10】 一游客欲从某中转站乘车前往某旅游景点. 该中转站从早上 8 点开始每逢整点的 05 分钟、25 分钟、45 分钟有班车准时发出. 今有一游客于中午 12 点的第 X 分钟到达该车站，且 X 在 $[0,60]$ 上服从均匀分布. 试求该游客平均候车时间（单位：min）.

解 由题设知，随机变量 X 有概率密度
$$f(x)=\begin{cases}\dfrac{1}{60}, & 0\leqslant x\leqslant60, \\ 0, & \text{其它}.\end{cases}$$

设随机变量 Y 是游客在车站上的候车时间，它与 X 的关系是
$$Y=g(X)=\begin{cases}5-X, & 0<X\leqslant5, \\ 25-X, & 5<X\leqslant25, \\ 45-X, & 25<X\leqslant45, \\ 60-X+5, & 45<X\leqslant60.\end{cases}$$

对于游客到达车站的不同时刻 X，候车时间 Y 也是不同的. 平均候车时间即为数学期望 EY. 故
$$EY=Eg(X)=\int_{-\infty}^{+\infty}g(x)f(x)\mathrm{d}x=\frac{1}{60}\int_0^{60}g(x)\mathrm{d}x$$
$$=\frac{1}{60}\left[\int_0^5(5-x)\mathrm{d}x+\int_5^{25}(25-x)\mathrm{d}x+\int_{25}^{45}(45-x)\mathrm{d}x+\int_{45}^{60}(65-x)\mathrm{d}x\right]$$
$$=10(\min).$$

【例 11】 轮船横向摇摆的随机振幅 X 的概率密度为
$$f(x)=\begin{cases}Axe^{-\frac{x^2}{2\sigma^2}}, & x>0, \\ 0, & x\leqslant0.\end{cases}$$

其中 $\sigma>0$，（1）确定系数 A；（2）求遇到大于其振幅均值的概率是多少？

解 （1）由密度函数性质知
$$\int_{-\infty}^{+\infty}f(x)\mathrm{d}x=1,\ \text{即}\int_0^{+\infty}Axe^{-\frac{x^2}{2\sigma^2}}\mathrm{d}x=1,\ \text{所以}\quad A=\frac{1}{\sigma^2}.$$

即
$$f(x)=\begin{cases} \dfrac{x}{\sigma^2}\mathrm{e}^{-\frac{x^2}{2\sigma^2}}, & x>0, \\ 0, & x\leqslant 0. \end{cases}$$

（2）$EX=\displaystyle\int_{-\infty}^{+\infty}xf(x)\mathrm{d}x=\int_0^{+\infty}x\,\dfrac{x}{\sigma^2}\mathrm{e}^{-\frac{x^2}{2\sigma^2}}\mathrm{d}x$

$\qquad=\left[-x\mathrm{e}^{-\frac{x^2}{2\sigma^2}}\right]_0^{+\infty}-\displaystyle\int_0^{+\infty}-\mathrm{e}^{-\frac{x^2}{2\sigma^2}}\mathrm{d}x$

$\qquad=\displaystyle\int_0^{+\infty}\sqrt{2}\sigma\mathrm{e}^{-\left(\frac{x}{\sqrt{2}\sigma}\right)^2}\mathrm{d}\left(\dfrac{x}{\sqrt{2}\sigma}\right)=\sqrt{2}\sigma\cdot\dfrac{\sqrt{\pi}}{2}=\sqrt{\dfrac{\pi}{2}}\sigma,$

$P\{X>EX\}=\displaystyle\int_{\sqrt{\frac{\pi}{2}}\sigma}^{+\infty}\dfrac{x}{\sigma^2}\mathrm{e}^{-\frac{x^2}{2\sigma^2}}\mathrm{d}x=\left[-\mathrm{e}^{-\frac{x^2}{2\sigma^2}}\right]_{\sqrt{\frac{\pi}{2}}\sigma}^{+\infty}=\mathrm{e}^{-\frac{\pi}{4}}.$

【例 12】 由分子物理学可知，分子运动的速度 X 服从以 α 为参数的麦克斯韦分布，即 X 有概率密度

$$f(x)=\begin{cases} \dfrac{4x^2}{\alpha^3\sqrt{\pi}}\mathrm{e}^{-\frac{x^2}{\alpha^2}}, & x\geqslant 0, \\ 0, & x<0. \end{cases}$$

（1）试求 EX,DX；（2）分子动能 $Y=\dfrac{1}{2}mX^2$（$m>0$ 为常数），求 EY,DY.

解 （1）$EX=\displaystyle\int_0^{+\infty}x\,\dfrac{4x^2}{\alpha^3\sqrt{\pi}}\mathrm{e}^{-\frac{x^2}{\alpha^2}}\mathrm{d}x$

$\qquad=\dfrac{2\alpha}{\sqrt{\pi}}\displaystyle\int_0^{+\infty}\dfrac{x^2}{\alpha^2}\mathrm{e}^{-\frac{x^2}{\alpha^2}}\mathrm{d}\left(\dfrac{x^2}{\alpha^2}\right)=\dfrac{2\alpha}{\sqrt{\pi}}\Gamma(2)=\dfrac{2\alpha}{\sqrt{\pi}}.$

$EX^2=\displaystyle\int_0^{+\infty}x^2\,\dfrac{4x^2}{\alpha^3\sqrt{\pi}}\mathrm{e}^{-\frac{x^2}{\alpha^2}}\mathrm{d}x=\dfrac{2\alpha^2}{\sqrt{\pi}}\int_0^{+\infty}\left(\dfrac{x^2}{\alpha^2}\right)^{\frac{3}{2}}\mathrm{e}^{-\frac{x^2}{\alpha^2}}\mathrm{d}\left(\dfrac{x^2}{\alpha^2}\right)$

$\qquad=\dfrac{2\alpha^2}{\sqrt{\pi}}\Gamma\left(\dfrac{5}{2}\right)=\dfrac{2\alpha^2}{\sqrt{\pi}}\cdot\dfrac{3}{2}\cdot\dfrac{1}{2}\cdot\Gamma\left(\dfrac{1}{2}\right)=\dfrac{3\alpha^2}{2}.$

故 $\qquad DX=EX^2-(EX)^2=\dfrac{3\alpha^2}{2}-\left(\dfrac{2\alpha}{\sqrt{\pi}}\right)^2=\left(\dfrac{3}{2}-\dfrac{4}{\pi}\right)\alpha^2.$

（2）$EY=E\left(\dfrac{1}{2}mX^2\right)=\dfrac{1}{2}mEX^2=\dfrac{1}{2}m\cdot\dfrac{3\alpha^2}{2}=\dfrac{3}{4}m\alpha^2,$

$EY^2=E\left(\dfrac{1}{2}mX^2\right)^2=\displaystyle\int_0^{+\infty}\dfrac{m^2x^4}{4}\dfrac{4x^2}{\alpha^3\sqrt{\pi}}\mathrm{e}^{-\frac{x^2}{\alpha^2}}\mathrm{d}x$

$\qquad=\dfrac{m^2\alpha^4}{2\sqrt{\pi}}\displaystyle\int_0^{+\infty}\left(\dfrac{x^2}{\alpha^2}\right)^{\frac{5}{2}}\mathrm{e}^{-\frac{x^2}{\alpha^2}}\mathrm{d}\left(\dfrac{x^2}{\alpha^2}\right)$

$\qquad=\dfrac{m^2\alpha^4}{2\sqrt{\pi}}\Gamma\left(\dfrac{7}{2}\right)=\dfrac{m^2\alpha^4}{2\sqrt{\pi}}\cdot\dfrac{5}{2}\cdot\dfrac{3}{2}\cdot\dfrac{1}{2}\sqrt{\pi}=\dfrac{15}{16}m^2\alpha^4.$

$DY=EY^2-(EY)^2=\dfrac{15}{16}m^2\alpha^4-\left(\dfrac{3}{4}m\alpha^2\right)^2=\dfrac{3}{8}m^2\alpha^4.$

注 形如 $\int_0^{+\infty} x^\alpha \mathrm{e}^{-x}\mathrm{d}x(\alpha>-1$ 为参数）的积分是概率统计中经常会遇到的. 当 α 取较小整数时, 通常可利用分部积分. 但当 α 取较大整数或非整数时, 积分起来并不轻松, 此时常常需要引入 Γ 函数 $\left(\Gamma(s)=\int_0^{+\infty} x^{s-1}\mathrm{e}^{-x}\mathrm{d}x, s>0\right)$ 以简化计算. 有兴趣的读者可以查阅有关资料.

【*例 13】 设二维随机变量 (X,Y) 的联合分布律如下表所示

X \ Y	-1	0	1	$p_i.$
0	0.1	0.1	0.1	0.3
1	0.3	0.1	0.3	0.7
$p._j$	0.4	0.2	0.4	

（1）判断随机变量 X 与 Y 的独立性；（2）计算 X 与 Y 的协方差；（3）计算 $D(X+Y)$.

解 （1）对各行、各列分别求和, 得到关于 X 和 Y 的边际分布律, 见上表的最后一列和最后一行.

从 $P\{X=0,Y=-1\}=0.1$, 而 $P\{X=0\}\cdot P\{Y=-1\}=0.12$ 知 X 与 Y 不独立.

（2）先计算 $EX, EY, E(XY)$.

$$EX=0.7, EY=(-1)\times 0.4+1\times 0.4=0,$$
$$E(XY)=\sum_{i=1}^2\sum_{j=1}^3 x_iy_jp_{ij}=1\times(-1)\times 0.3+1\times 1\times 0.3=0.$$

因此 $\mathrm{cov}(X,Y)=E(XY)-EX\cdot EY=0.$

（3）**解法一** 因 $\mathrm{cov}(X,Y)=0$, 所以
$$D(X+Y)=DX+DY=EX^2-(EX)^2+EY^2-(EY)^2$$
$$=0.7-0.7^2+0.8-0^2=1.01.$$

解法二 应用公式
$$D(X+Y)=DX+2\mathrm{cov}(X,Y)+DY=0.7-0.7^2+0.8+0=1.01.$$

解法三 先求出分布律, 再计算 $D(X+Y)$.

$X+Y$	-1	0	1	2
p_i	0.1	0.4	0.2	0.3

$$E(X+Y)=EX+EY=0.7,$$
$$E(X+Y)^2=(-1)^2\times 0.1+1^2\times 0.2+2^2\times 0.3=1.5,$$
$$D(X+Y)=1.5-0.7^2=1.01.$$

注 在已知 (X,Y) 的联合分布律时, 求协方差 $\mathrm{cov}(X,Y)$, 可以直接用定义
$$\mathrm{cov}(X,Y)=E[(X-EX)(Y-EY)],$$

也可以用公式 $\mathrm{cov}(X,Y)=E(XY)-EX\cdot EY$. 同时, 该例也说明了虽然 X 与 Y 不相关 [因为 $\mathrm{cov}(X,Y)=0$], 但 X 与 Y 并不独立.

【*例 14】 设两个随机变量 X 与 Y 相互独立，且都服从均值为 0，方差为 $\dfrac{1}{2}$ 的正态分布，求随机变量 $|X-Y|$ 的方差.

解 令 $Z=X-Y$，由于 $X\sim N\left(0,\dfrac{1}{2}\right)$，$Y\sim N\left(0,\dfrac{1}{2}\right)$，且 X 与 Y 相互独立，

故 $$Z\sim N(0,1).$$

因为 $$D(|X-Y|)=D(|Z|)=E(|Z|^2)-[E(|Z|)]^2=E(Z^2)-[E(|Z|)]^2,$$

而 $$EZ^2=DZ=1,$$

$$E(|Z|)=\int_{-\infty}^{+\infty}|z|\frac{1}{\sqrt{2\pi}}\mathrm{e}^{-\frac{z^2}{2}}\mathrm{d}z=\frac{2}{\sqrt{2\pi}}\int_0^{+\infty}z\mathrm{e}^{-\frac{z^2}{2}}\mathrm{d}z=\sqrt{\frac{2}{\pi}}.$$

所以 $$D(|X-Y|)=1-\frac{2}{\pi}.$$

【例 15】 设 A 和 B 是试验 E 的两个事件，且 $P(A)>0,P(B)>0$. 并定义随机变量 X,Y 如下

$$X=\begin{cases}1, & \text{若 }A\text{ 发生,}\\0, & \text{若 }A\text{ 不发生.}\end{cases}\qquad Y=\begin{cases}1, & \text{若 }B\text{ 发生,}\\0, & \text{若 }B\text{ 不发生.}\end{cases}$$

证明：若 $\rho_{XY}=0$，则 X 和 Y 必定相互独立.

证 X,Y 的分布律为

X	0	1
p_k	$1-P(A)$	$P(A)$

Y	0	1
p_k	$1-P(B)$	$P(B)$

XY 的分布律为

XY	0	1
p_k	$1-P(AB)$	$P(AB)$

即得 $$EX=P(A),EY=P(B),E(XY)=P(AB),$$

由于 $\rho_{XY}=0$，$E(XY)=EX\cdot EY$，即

$$P(AB)=P(A)P(B).$$

故 A 与 B 相互独立,则 $\overline{A}$ 与 B，A 与 $\overline{B}$，$\overline{A}$ 与 $\overline{B}$ 也相互独立. 所以

$$P\{X=0,Y=0\}=P(\overline{A}\ \overline{B})=P(\overline{A})P(\overline{B})=[1-P(A)][1-P(B)]$$
$$=P\{X=0\}\cdot P\{Y=0\};$$

$$P\{X=0,Y=1\}=P(\overline{A}\ \overline{B})=P(\overline{A})P(B)=[1-P(A)]P(B)$$
$$=P\{X=0\}\cdot P\{Y=1\};$$

$$P\{X=1,Y=0\}=P(A\overline{B})=P(A)P(\overline{B})=P(A)[1-P(B)]=P\{X=1\}\cdot P\{Y=0\};$$

$$P\{X=1,Y=1\}=P(AB)=P(A)P(B)=P\{X=1\}\cdot P\{Y=1\}.$$

因此 X 与 Y 相互独立.

【*例 16】 设二维随机变量(X,Y)的概率分布为

X \\ Y	-1	0	1
-1	a	0	0.2
0	0.1	b	0.2
1	0	0.1	c

其中 a,b,c 为常数，且 X 的数学期望 $EX=-0.2$，$P\{Y\leqslant 0\mid X\leqslant 0\}=0.5$，记 $Z=X+Y$. 求（1）a,b,c 的值；（2）Z 的概率分布；（3）$P\{X=Z\}$.

解 （1）由概率分布律性质知

$$a+0+0.2+0.1+b+0.2+0+0.1+c=1\Rightarrow a+b+c=0.4.$$

又由 $EX=-0.2$，可得

$$(-1)\times(a+0+0.2)+0\times(0.1+b+0.2)+1\times(0+0.1+c)=-0.2\Rightarrow a-c=0.1.$$

再由 $P\{Y\leqslant 0\mid X\leqslant 0\}=\dfrac{P\{Y\leqslant 0,\ X\leqslant 0\}}{P\{X\leqslant 0\}}=\dfrac{a+b+0.1}{a+b+0.5}=0.5\Rightarrow a+b=0.3.$

解以上关于 a,b,c 的三个方程得

$$a=0.2,\quad b=0.1,\quad c=0.1$$

（2）由于

(X,Y)	$(-1,-1)$	(-1.0)	$(-1,1)$	$(0,-1)$	(0.0)	$(0,1)$	$(1,-1)$	(1.0)	$(1,1)$
$Z=X+Y$	-2	-1	0	-1	0	1	0	1	2
p_{ij}	0.2	0	0.2	0.1	0.1	0.2	0	0.1	0.1

故 $Z=X+Y$ 的分布律为

Z	-2	-1	0	1	2
p_{ij}	0.2	0.1	0.3	0.3	0.1

（3）$P\{X=Z\}=P\{Y=0\}=0+0.1+0.1=0.2.$

【例 17】 设二维随机变量 (X,Y) 有联合概率密度

$$f(x,y)=\begin{cases}\dfrac{3xy}{16}, & (x,y)\in G,\\[2mm] 0, & (x,y)\notin G.\end{cases}$$

其中 G 为 $0\leqslant x\leqslant 2$ 及 $0\leqslant y\leqslant x^2$ 所围的区域. 试求 $EX,EY,DX,DY,\mathrm{cov}(X,Y),\rho_{XY}$ 并考察 X 与 Y 独立性.

解 为求解，先求边缘分布密度

$$f_X(x)=\begin{cases}\displaystyle\int_0^{x^2}\dfrac{3xy}{16}\mathrm{d}y=\dfrac{3x^2}{32}, & 0\leqslant x\leqslant 2,\\[3mm] 0, & \text{其它}.\end{cases}$$

$$f_Y(y) = \begin{cases} \displaystyle\int_{\sqrt{y}}^2 \frac{3xy}{16}\,\mathrm{d}x = \frac{3y(4-y)}{32}, & 0 \leqslant y \leqslant 4. \\ 0, & \text{其它.} \end{cases}$$

于是
$$EX = \int_0^2 x\,\frac{3}{32}x^5\,\mathrm{d}x = \frac{3}{32}\int_0^2 x^6\,\mathrm{d}x = \frac{12}{7},$$

$$EX^2 = \int_0^2 x^2\,\frac{3}{32}x^5\,\mathrm{d}x = \frac{3}{32}\int_0^2 x^7\,\mathrm{d}x = 3,$$

$$DX = EX^2 - (EX)^2 = 3 - \left(\frac{12}{7}\right)^2 = \frac{3}{49},$$

$$EY = \int_0^4 y\,\frac{3}{32}y(4-y)\,\mathrm{d}y = \frac{3}{32}\int_0^4(4y^2 - y^3)\,\mathrm{d}y = 2,$$

$$EY^2 = \int_0^4 y^2\,\frac{3}{32}y(4-y)\,\mathrm{d}y = \frac{3}{32}\int_0^4(4y^3 - y^4)\,\mathrm{d}y = \frac{24}{5},$$

$$DY = EY^2 - (EY)^2 = \frac{24}{5} - 2^2 = \frac{4}{5}.$$

又
$$E(XY) = \int_0^2 \mathrm{d}x \int_0^{x^2} xy \cdot \frac{3}{16}xy\,\mathrm{d}y = \frac{1}{16}\int_0^2 x^8\,\mathrm{d}x = \frac{32}{9},$$

故
$$\mathrm{cov}(X,Y) = E(XY) - EX \cdot EY = \frac{32}{9} - \frac{24}{7} = \frac{8}{63}.$$

于是
$$\rho_{XY} = \frac{\mathrm{cov}(X,Y)}{\sqrt{DX \cdot DY}} = \frac{\dfrac{8}{63}}{\sqrt{\dfrac{3}{49} \times \dfrac{4}{5}}} = \frac{4}{9}\sqrt{\frac{5}{3}} = 0.5738.$$

由于 $\rho_{XY} = 0.5738 \neq 0$，故 X 与 Y 不独立.

注 也可不先求边缘分布而直接利用随机变量函数的数学期望公式计算. 如

$$EX = \int_{-\infty}^{+\infty}\int_{-\infty}^{+\infty} xf(x,y)\,\mathrm{d}x\mathrm{d}y = \int_0^2 \mathrm{d}x \int_0^{x^2} x\,\frac{3xy}{16}\,\mathrm{d}y = \frac{12}{7}.$$

读者可自行验证其余结论，并作一比较.

【例 18】 设 X 是取值在 $[a,b]$ 上任一随机变量. 试证：

（1）$a \leqslant EX \leqslant b$；　　　　（2）$DX \leqslant \left(\dfrac{b-a}{2}\right)^2$.

证 证明仅就连续型场合进行. 设随机变量的概率密度为 $f(x)$.

（1）由于 $a \leqslant X \leqslant b$，因此

当 $a \leqslant x \leqslant b$ 时，$f(x) \geqslant 0$；当 $x \notin [a,b]$ 时，$f(x) = 0$，且 $\displaystyle\int_a^b f(x)\,\mathrm{d}x = 1$，

故
$$af(x) \leqslant xf(x) \leqslant bf(x).$$

从而
$$a = a\int_a^b f(x)\,\mathrm{d}x \leqslant \int_a^b xf(x)\,\mathrm{d}x \leqslant b\int_a^b f(x)\,\mathrm{d}x = b,$$

故有
$$a \leqslant EX \leqslant b.$$

（2）对于任一常数 c，有

$$E(X-c)^2 = E[(X-EX)+(EX-c)]^2$$
$$= E(X-EX)^2 + E(EX-c)^2 + 2(EX-c)E(X-EX)$$
$$= DX - (EX-c)^2.$$

由于常数 $(EX-c)^2$ 的非负性，知
$$DX \leqslant E(X-c)^2.$$

取 $c = \dfrac{a+b}{2}$ 代入上式，得

$$DX \leqslant E\left(X - \frac{a+b}{2}\right)^2 = \int_a^b \left(x - \frac{a+b}{2}\right)^2 f(x)\,\mathrm{d}x$$
$$\leqslant \int_a^b \left(b - \frac{a+b}{2}\right)^2 f(x)\,\mathrm{d}x = \left(b - \frac{a+b}{2}\right)^2 \int_a^b f(x)\,\mathrm{d}x$$
$$= \left(\frac{b-a}{2}\right)^2.$$

注 题中的两个不等式对离散型随机变量也同样成立，只要将证明中的积分换成求和即可. 具体推导由读者自行完成.

第二个不等式在 0—1 分布下，有 $DX \leqslant \dfrac{1}{4}$. 这是一个非常有用的结论.

【例 19】 设 X_1,X_2 为独立的随机变量，且都服从 $N(0,\sigma^2)$，记
$$Y_1 = \alpha X_1 + \beta X_2, \quad Y_2 = \alpha X_1 - \beta X_2.$$
试求 $\rho_{Y_1 Y_2}$.

解 因为 $\rho_{Y_1 Y_2} = \dfrac{\mathrm{cov}(Y_1,Y_2)}{\sqrt{DY_1}\sqrt{DY_2}} = \dfrac{E(Y_1 Y_2) - EY_1 \cdot EY_2}{\sqrt{DY_1}\sqrt{DY_2}}$，

而
$$EY_1 = E(\alpha X_1 + \beta X_2) = \alpha EX_1 + \beta EX_2 = 0,$$
$$EY_2 = E(\alpha X_1 - \beta X_2) = \alpha EX_1 - \beta EX_2 = 0;$$
$$E(Y_1 Y_2) = E[(\alpha X_1 + \beta X_2)(\alpha X_1 - \beta X_2)] = E[(\alpha X_1)^2 - (\beta X_2)^2]$$
$$= \alpha^2 \cdot DX_1 - \beta^2 \cdot DX_2 = \alpha^2 \cdot \sigma^2 - \beta^2 \cdot \sigma^2 = (\alpha^2 - \beta^2)\sigma^2,$$
$$DY_1 = D(\alpha X_1 + \beta X_2) = \alpha^2 DX_1 + \beta^2 DX_2 = (\alpha^2 + \beta^2)\sigma^2,$$
$$DY_2 = D(\alpha X_1 - \beta X_2) = \alpha^2 DX_1 + \beta^2 DX_2 = (\alpha^2 + \beta^2)\sigma^2.$$

故
$$\rho_{Y_1 Y_2} = \frac{E(Y_1 Y_2) - EY_1 \cdot EY_2}{\sqrt{DY_1}\sqrt{DY_2}} = \frac{(\alpha^2 - \beta^2)\sigma^2 - 0}{(\alpha^2 + \beta^2)\sigma^2} = \frac{\alpha^2 - \beta^2}{\alpha^2 + \beta^2}.$$

【例 20】 若 X_1,X_2,X_3 为相互独立的随机变量，且
$$EX_1 = 9, \quad EX_2 = 20, \quad EX_3 = 12;$$
$$EX_1^2 = 83, \quad EX_2^2 = 401, \quad EX_3^2 = 148.$$
试求：$Y = X_1 - 2X_2 + 5X_3$ 的数学期望和方差.

解 $EY = E(X_1 - 2X_2 + 5X_3) = EX_1 - 2EX_2 + 5EX_3$
$$= 9 - 2 \times 20 + 5 \times 12 = 29,$$
$$EY^2 = E(X_1 - 2X_2 + 5X_3)^2$$

$$=EX_1^2+4EX_2^2+25EX_3^2-4EX_1 \cdot EX_2+10EX_1 \cdot EX_3-20EX_2 \cdot EX_3$$

$$=83+4\times401+25\times148-4\times9\times20+10\times9\times12-20\times20\times12=947,$$

故　　　　$DY=EY^2-(EY)^2=947-29^2=106.$

【*例 21】　设随机变量 X 与 Y 独立，且 X 服从均值为 1，标准差（均方差）为 $\sqrt{2}$ 的正态分布，而 Y 服从标准正态分布，试求随机变量 $Z=2X-Y+3$ 的概率密度函数.

　　解　由于 Z 为独立正态随机变量 X 与 Y 的线性组合，Z 仍然服从正态分布，故只需确定 Z 的均值 EZ 和方差 DZ.

$$EZ=2EX-EY+3=5,$$

$$DZ=2^2DX+(-1)^2DY=4\times(\sqrt{2})^2+1=9.$$

所以 Z 服从正态分布 $N(5,9)$，从而得 Z 的概率密度函数为

$$f_Z(z)=\frac{1}{3\sqrt{2\pi}}e^{-\frac{(z-5)^2}{18}}\quad(-\infty<z<+\infty).$$

【例 22】　已知随机变量 X,Y 以及 XY 的分布律如下表所示：

X	0	1	2
p_i	1/2	1/3	1/6

Y	0	1	2
p_i	1/3	1/3	1/3

XY	0	1	2	4
p_i	7/12	1/3	0	1/12

　　求（1）$P\{X=2Y\}$；（2）$\mathrm{cov}(X-Y,Y)$ 及 ρ_{XY}.

　　解（1）显然，$P\{X=2,Y=1\}=0$，$P\{X=1,Y=2\}=0$. 又

$$P\{XY=2\}=P\{X=2,Y=1\}+P\{X=1,Y=2\}=0,$$

故　$P\{X=2,Y=1\}=0$，$P\{X=1,Y=2\}=0$，而

$$P\{XY=4\}=P\{X=2,Y=2\}=\frac{1}{12},\quad P\{XY=1\}=P\{X=1,Y=1\}=\frac{1}{3}.$$

　　再由边缘分布律与联合分布的关系可得

$$P\{X=0,Y=2\}=P\{Y=2\}-P\{X=2,Y=2\}-P\{X=1,Y=2\}=\frac{1}{3}-\frac{1}{12}=\frac{1}{4}.$$

$$P\{X=2,Y=0\}=P\{X=2\}-P\{X=2,Y=2\}-P\{X=2,Y=1\}=\frac{1}{6}-\frac{1}{12}=\frac{1}{12}.$$

　　最后　　　　$P\{X=0,Y=0\}=1-\frac{1}{4}-\frac{1}{3}-\frac{1}{12}-\frac{1}{12}=\frac{1}{4}.$

　　所以 (X,Y) 联合分布律及边缘分布律为

X \ Y	0	1	2	$p_i.$
0	1/4	0	1/4	1/2
1	0	1/3	0	1/3
2	1/12	0	1/12	1/6
$P._j$	1/3	1/3	1/3	1

$$P\{X=2Y\}=P\{X=0,Y=0\}+P\{X=2,Y=1\}$$
$$=\frac{1}{4}+0=\frac{1}{4}.$$

（2） $\text{cov}(X-Y,Y)=\text{cov}(X,Y)-DY=E(XY)-EX\cdot EY-DY.$

而
$$EX=\frac{2}{3},\ EY=1,\ EY^2=\frac{5}{3},\ E(XY)=\frac{2}{3}.$$

故
$$\text{cov}(X-Y,\ Y)=\frac{2}{3}-\frac{2}{3}\times 1-\left(\frac{5}{3}-1\right)=-\frac{2}{3}.$$

由于 $\text{cov}(X,\ Y)=E(XY)-EX\cdot EY=0$，故 $\rho_{XY}=0.$

【例 23】 已知随机变量 X,Y 分别服从正态分布 $N(1,3^2)$ 和 $N(0,4^2)$，X 与 Y 的相关系数 $\rho_{XY}=-\frac{1}{2}$，设 $Z=\frac{X}{3}-\frac{Y}{2}$. 求（1） Z 的数学期望 EZ 和方差 DZ；

（2） X 与 Z 的相关系数 ρ_{XZ}.

解 （1）由题设 $EX=1$，$DX=3^2$；$EY=0$，$DY=4^2$. 故
$$EZ=E\left(\frac{X}{3}-\frac{Y}{2}\right)=\frac{1}{3}EX-\frac{1}{2}EY=\frac{1}{3}.$$

又 $\text{cov}(X,Y)=\rho_{XY}\sqrt{DX}\sqrt{DY}=\left(-\frac{1}{2}\right)\times 3\times 4=-6$，故
$$DZ=D\left(\frac{X}{3}-\frac{Y}{2}\right)=\frac{1}{9}DX+\frac{1}{4}DY+2\times\frac{1}{3}\left(-\frac{1}{2}\right)\text{cov}(X,Y)=1+4+2=7.$$

（2） $\text{cov}(X,Z)=\text{cov}\left(X,\ \frac{X}{3}-\frac{Y}{2}\right)=\text{cov}\left(X,\ \frac{X}{3}\right)-\text{cov}\left(X,\ \frac{Y}{2}\right)$
$$=\frac{1}{3}\text{cov}(X,X)-\frac{1}{2}\text{cov}(X,Y)=\frac{1}{3}DX-\frac{1}{2}\text{cov}(X,Y)$$
$$=\frac{1}{3}\times 3^2-\frac{1}{2}\times(-6)=6.$$

所以
$$\rho_{XZ}=\frac{\text{cov}(X,Z)}{\sqrt{DX}\sqrt{DZ}}=\frac{6}{3\times\sqrt{7}}=\frac{2\sqrt{7}}{7}.$$

【*例 24】 已知二维随机变量 (X,Y) 有联合概率密度为
$$f(x,y)=\frac{1}{2}\left[\varphi_1(x,y)+\varphi_2(x,y)\right].$$

其中 $\varphi_1(x,y)$ 和 $\varphi_2(x,y)$ 都是二维正态密度函数，且它们对应的二维随机变量的相关系数分别为 $\rho_1=\frac{1}{3}$ 和 $\rho_2=-\frac{1}{3}$，它们的边缘概率密度所对应的随机变量的数

学期望都是 0，方差都是 1.

（1）求 X 与 Y 的相关系数；（2）问 X 与 Y 是否独立？为什么？

解 （1）先求边缘概率密度

$$f_X(x) = \int_{-\infty}^{+\infty} f(x,y)\mathrm{d}y = \frac{1}{2}\left(\int_{-\infty}^{+\infty} \varphi_1(x,y)\mathrm{d}y + \int_{-\infty}^{+\infty} \varphi_2(x,y)\mathrm{d}y\right)$$

$$= \frac{1}{2}\left(\frac{1}{\sqrt{2\pi}}\mathrm{e}^{-\frac{x^2}{2}} + \frac{1}{\sqrt{2\pi}}\mathrm{e}^{-\frac{x^2}{2}}\right) = \frac{1}{\sqrt{2\pi}}\mathrm{e}^{-\frac{x^2}{2}} \quad （直接利用二维正态密度函数的性质）.$$

同理
$$f_Y(y) = \frac{1}{\sqrt{2\pi}}\mathrm{e}^{-\frac{y^2}{2}}.$$

所以 $X\sim N(0,1)$，$Y\sim N(0,1)$，可见 $EX=0$，$EY=0$，$DX=1$，$DY=1$，由此可知随机变量 X 与 Y 的相关系数

$$\rho_{XY} = E(XY) - 0 = \int_{-\infty}^{+\infty}\int_{-\infty}^{+\infty} xy f(x,y)\mathrm{d}x\mathrm{d}y$$

$$= \frac{1}{2}\left(\int_{-\infty}^{+\infty}\int_{-\infty}^{+\infty} xy\varphi_1(x,y)\mathrm{d}x\mathrm{d}y + \int_{-\infty}^{+\infty}\int_{-\infty}^{+\infty} xy\varphi_2(x,y)\mathrm{d}x\mathrm{d}y\right)$$

$$= \frac{1}{2}(\rho_1 + \rho_2) = \frac{1}{2}\left(\frac{1}{3} - \frac{1}{3}\right) = 0.$$

（2）由题设 $\varphi_1(x,y)$ 和 $\varphi_2(x,y)$ 都是二维正态密度函数，因此可以由对应的 $\varphi_1(x,y)$ 和 $\varphi_2(x,y)$ 直接写出 $f(x,y)$

$$f(x,y) = \frac{3}{8\pi\sqrt{3}}\left(\mathrm{e}^{-\frac{9}{16}\left(x^2 - \frac{2}{3}xy + y^2\right)} + \mathrm{e}^{-\frac{9}{16}\left(x^2 + \frac{2}{3}xy + y^2\right)}\right)$$

而
$$f_X(x) \cdot f_Y(y) = \frac{1}{\sqrt{2\pi}}\mathrm{e}^{-\frac{x^2}{2}} \cdot \frac{1}{\sqrt{2\pi}}\mathrm{e}^{-\frac{y^2}{2}} = \frac{1}{2\pi}\mathrm{e}^{-\frac{x^2+y^2}{2}}.$$

因此
$$f_X(x) \cdot f_Y(y) \neq f(x,y).$$

所以 X 与 Y 不独立。

【* 例 25】 设随机变量 (X,Y) 在矩形区域 $G=\{(x,y)\mid 0\leqslant x\leqslant 2, 0\leqslant y\leqslant 1\}$ 上服从均匀分布，即联合概率密度为

$$f(x,y) = \begin{cases} 0.5, & 0\leqslant x\leqslant 2, 0\leqslant y\leqslant 1 \\ 0, & 其它. \end{cases}$$

记
$$\xi = \begin{cases} 0, & X\leqslant Y, \\ 1, & X>Y. \end{cases} \quad \eta = \begin{cases} 0, & X\leqslant 2Y, \\ 1, & X>2Y. \end{cases}$$

求 （1）(ξ, η) 的联合分布；（2）ξ 与 η 的相关系数 $\rho_{\xi\eta}$.

解 （1）首先由题设条件知，ξ 与 η 的可能取值均为 0,1，其次计算联合分布列如下

$$P\{\xi=0, \eta=0\} = P\{X\leqslant Y, X\leqslant 2Y\} = P\{X\leqslant Y\}$$

$$= \iint_{x\leqslant y} f(x,y)\mathrm{d}x\mathrm{d}y = \int_0^1 \mathrm{d}x \int_x^1 0.5\mathrm{d}y = 0.25.$$

类似的计算可得

$$P\{\xi=0, \eta=1\}=0, \ P\{\xi=1, \eta=0\}=0.25, \ P\{\xi=1, \eta=1\}=0.5.$$

即（ξ, η）的联合分布律为

ξ \ η	0	1
0	0.25	0
1	0.25	0.5

（2）计算 ξ 与 η 的边缘分布

$$P\{\xi=0\}=0.25, \ P\{\xi=1\}=0.75, \ P\{\eta=0\}=0.5, \ P\{\eta=1\}=0.5.$$

因此 $E\xi=\dfrac{3}{4}$, $D\xi=\dfrac{3}{16}$; $E\eta=\dfrac{1}{2}$, $D\xi=\dfrac{1}{4}$, $E(\xi\eta)=\dfrac{1}{2}$,

$$\rho_{\xi\eta}=\frac{\mathrm{cov}\ (\xi, \ \eta)}{\sqrt{D\xi}\sqrt{D\eta}}=\frac{E\ (\xi\eta)-E\xi\cdot E\eta}{\sqrt{D\xi}\sqrt{D\eta}}=\frac{\dfrac{1}{2}-\dfrac{3}{4}\times\dfrac{1}{2}}{\sqrt{\dfrac{3}{16}}\times\sqrt{\dfrac{1}{4}}}=\frac{1}{\sqrt{3}}.$$

【例 26】 设 $W=(aX+3Y)^2$, $EX=EY=0$, $DX=4$, $DY=16$, $\rho_{XY}=-0.5$. 求常数 a 使 EW 为最小，并求 EW 的最小值.

解 由于 $W=(aX+3Y)^2=a^2X^2+6aXY+9Y^2$, 故

$$EW=E(a^2X^2+6aXY+9Y^2)=a^2E(X^2)+6aE(XY)+9E(Y^2).$$

又 $\quad \mathrm{cov}(X,Y)=\rho_{XY}\sqrt{DX}\sqrt{DY}=-0.5\times\sqrt{4}\sqrt{16}=-4$,

$$E(XY)=\mathrm{cov}(X,Y)+EX\cdot EY=-4+0=-4,$$

$$E(X^2)=DX+(EX)^2=4+0=4, \ E(Y^2)=DY+(EY)^2=16+0=16.$$

故

$$EW=a^2E(X^2)+6aE(XY)+9E(Y^2)=4a^2-24a+9\times16=4[(a-3)^2+27].$$

由此可见，当 $a=3$ 时，EW 最小，且最小值为 108.

注 随机变量 X 与 Y 不相关性与独立性，就其概念的形成及其判别方法是有区别的：前者由数字特征定义（X 与 Y 不相关 $\Leftrightarrow \rho_{XY}=0$）；后者借助分布来考察 $[X$ 与 Y 相互独立 $\Leftrightarrow f(x,y)=f_X(x)f_Y(y)]$. 但是它们还是有一定联系的：若 X 与 Y 相互独立，则 X 与 Y 一定不相关. 其等价命题是：若 X 与 Y 相关（$\rho_{XY}\neq0$），则 X 与 Y 一定不独立.

由此，如果对于上述命题运用得当，有时会给问题的求解带来一定方便. 如例 16，由于已经算得 $\rho_{XY}=0.5738\neq0$, 由此即知 X 与 Y 相关，从而 X,Y 不独立性也就不必另加证明而显然成立.

但量，如果仅证得 X,Y 不独立，而没有给出判断 X 与 Y 不相关的任何信息，则 X 与 Y 的不相关需要另行判断. 同样，不能以 X 与 Y 的不相关作为独立性判断的依据，如例 24.

当然，在二维正态条件下，X 与 Y 不相关性与独立性是等价的. 但例 24 由于不知 (X,Y) 服从二维正态分布，因此不能由 $\rho_{XY}=0$ 得出 X 与 Y 独立. 事实上，从上面求出的 $f(x,y)$ 的表达式也可知 (X,Y) 并不服从二维正态分布.

第四节　练习与测试

1. 设随机变量 X 的概率密度为

$$f(x) = \frac{1}{\sqrt{\pi}} e^{-x^2 + 2x - 1}, \quad -\infty < x < +\infty.$$

则 X 的数学期望 $EX = \underline{\hspace{2cm}}$，方差 $DX = \underline{\hspace{2cm}}$.

*2. 已知离散型随机变量 X 服从参数为 2 的泊松（Poisson）分布，即 $P\{X=k\} = \dfrac{2^k e^{-2}}{k!}$，$k = 0,1,2,\cdots$，则随机变量 $Y = 3X - 2$ 的数学期望 $EY = \underline{\hspace{2cm}}$.

3. 设随机变量 (X,Y) 的联合概率密度为

$$f(x,y) = \begin{cases} a, & 0 < x < 1,\ 0 < y < x, \\ 0, & \text{其它}. \end{cases}$$

则 $a = \underline{\hspace{2cm}}$，$E(XY) = \underline{\hspace{2cm}}$.

*4. 设随机变量 X_1, X_2, X_3 相互独立，其中 X_1 在 $[0,6]$ 上服从均匀分布，X_2 服从正态分布 $N(0, 2^2)$，X_3 服从参数为 $\lambda = 3$ 的泊松分布，记 $Y = X_1 - 2X_2 + 3X_3$，则 $DY = \underline{\hspace{2cm}}$.

*5. 设 X 是一随机变量，$EX = \mu$，$DX = \sigma^2$（$\mu, \sigma > 0$ 常数），则对任意常数 C，必有（　　）.

(A) $E(X-C)^2 = EX^2 - C^2$;　　　　　　(B) $E(X-C)^2 = E(X-\mu)^2$;

(C) $E(X-C)^2 < E(X-\mu)^2$;　　　　　　(D) $E(X-C)^2 \geqslant E(X-\mu)^2$.

6. 已知随机变量 X 服从二项分布，且 $EX = 2.4$，$DY = 1.44$，则二项分布的参数 n, p 的值为（　　）.

(A) $n=4$，$p=0.6$;　　(B) $n=6$，$p=0.4$;　　(C) $n=8$，$p=0.3$;　　(D) $n=24$，$p=0.1$.

*7. 对于任意两个随机变量 X 和 Y，若 $E(XY) = EX \cdot EY$，则（　　）.

(A) $D(XY) = DX \cdot DY$;　　　　　　　(B) $D(X+Y) = DX + DY$;

(C) X 和 Y 独立;　　　　　　　　　　(D) X 和 Y 不独立.

8. 设随机变量 X_1 和 X_2 独立同分布，记 $Y_1 = X_1 - X_2$，$Y_2 = X_1 + X_2$，则随机变量 Y_1 与 Y_2 必然（　　）.

(A) 不独立;　　(B) 独立;　　(C) 相关系数不为零;　　(D) 相关系数为零.

9. 连续型随机变量 X 的概率密度为

$$f(x) = \begin{cases} kx^a, & 0 < x < 1, \\ 0, & \text{其它}. \end{cases}$$

其中 $k, a > 0$，又知 $EX = 0.75$，求 k, a 之值.

*10. 设随机变量 X 和 Y 独立，都在区间 $[1,3]$ 上服从均匀分布. 引进事件 $A = \{X \leqslant a\}$，$B = \{Y > a\}$.

(1) 已知 $P(A \cup B) = \dfrac{7}{9}$，求常数 a;　　(2) 求 $\dfrac{1}{X}$ 的数学期望.

11. 某新生入学报到后拟给 10 位好友写信通报情况，信封和内页分别编上了 1 至 10 的顺序号，接着将内页随机地插入信封中寄出. 这样收信人收到的信其内页未必属于他本人. 记 X 是收到的信其内页确系收信人的人数，试求 EX.

12. 已知某电子元件的寿命 X（单位：h）有概率密度

$$f(x) = \begin{cases} a^2 x e^{-ax}, & x \geqslant 0, \\ 0, & x < 0. \end{cases}$$

其中 $a > 0$ 为常数. 试求电子元件的平均寿命.

*13. 设二维随机变量 (X,Y) 在区域 D：$0 < x < 1$，$|y| < x$ 内服从均匀分布, 试求关于 X 的边缘概率密度函数及随机变量 $Z = 2X + 1$ 的方差 DZ.

14. 设二维随机变量 (X,Y) 的联合概率密度为

$$f(x,y) = \begin{cases} 4xy e^{-(x^2+y^2)}, & x > 0, y > 0, \\ 0, & \text{其它}. \end{cases}$$

试求 $E(\sqrt{X^2 + Y^2})$.

*15. 设随机变量 X 的概率密度为 $f(x) = \dfrac{1}{2} e^{-|x|}$，$-\infty < x < +\infty$.

(1) 试求 X 的数学期望 EX 和方差 DX;

(2) 试求 X 与 $|X|$ 的协方差, 并问 X 与 $|X|$ 是否不相关?

(3) 问 X 与 $|X|$ 是否相互独立? 为什么?

16. 设二维随机变量 (X,Y) 联合分布律如下表所示

X \ Y	1	2	4	X 的分布律
0	1/12	0	1/12	2/12
1	1/4	1/6	0	5/12
3	0	1/12	1/6	2/12
6	1/12	0	1/12	2/12
Y 的分布律	5/12	3/12	4/12	1

试求 $E(XY^2)$，EX，EY.

17. 设二维随机变量 $(X,Y) \sim N(\mu_1, \sigma_1^2; \mu_2, \sigma_2^2; \rho)$，其中

$$\mu_1 = 1, \ \sigma_1^2 = 16, \ \mu_2 = -2, \ \sigma_2^2 = 9, \ \rho = \frac{1}{2}.$$

试求：(1) $E(X-Y+1)$; (2) $D(X-Y+1)$; (3) $E(X-Y)^2$.

*18. 从学校乘汽车到火车站的途中有 3 个交通岗, 假设在各个交通岗遇到红灯的事件是相互独立的, 并且概率都是 $\dfrac{2}{5}$, 设 X 为途中遇到红灯的次数, 试求随机变量 X 的分布律、分布函数和数学期望.

*19. 假设一部机器在一天内发生故障的概率为 0.2, 机器发生故障时全天停止工作, 若一周 5 个工作日里无故障, 可获利润 10 万元; 发生一次故障仍可获利润 5 万元; 发生二次故障所获利润 0 元; 发生三次或三次以上故障就要亏损 2 万元, 求一周内期望利润是多少?

*20. 设某种商品每周的需求量 X 是服从区间 $[10,30]$ 上均匀分布的随机变量, 而经销商店进货数量为区间 $[10,30]$ 中的某一整数, 商店每销售 1 单位商品可获利 500 元; 若供大于求则削价处理, 每处理 1 单位商品亏损 100 元; 若供不应求, 则可从外部调剂供应, 此时每 1 单位商品仅获利 300 元. 为使商店所获利润期望值不少于 9280 元, 试确定最少进货量.

21. 某箱装有 100 件产品, 其中一、二和三等品分别为 80,10 和 10 件, 现在从中随机抽取一件, 记

$$X_i = \begin{cases} 1, & \text{若抽到 } i \text{ 等品}, \\ 0, & \text{其它}. \end{cases}$$

其中 $i=1,2,3$，试求：（1）随机变量 X_1 与 X_2 的联合分布律；（2）随机变量 X_1 与 X_2 的相关系数 $\rho_{X_1 X_2}$.

22. 已知二维随机变量 (X,Y) 在区域 G 上服从均匀分布．其中 G 由 $0<x<1,x<y<1$ 所围．试讨论随机变量 X 与 Y 的独立性与不相关性.

23. 设随机变量 $X_1,X_2,\cdots,X_n$ 相互独立，且均在区间 $[0,\theta]$ 上服从均匀分布，令

$$Y_1=\max(X_1,X_2,\cdots,X_n), \qquad Y_2=\min(X_1,X_2,\cdots,X_n).$$

试分别求 Y_1,Y_2 的数学期望和方差.

第五节　练习与测试参考答案

1.1；1/2.　　2. 4.　　3. 2；1/4.　　4. 46. 5. D.　　6. B.　　7. B.　　8. D.

9. $k=3,a=2$.　　10. （1） $a_1=\dfrac{5}{3}$，$a_2=\dfrac{7}{3}$；（2） $\dfrac{1}{2}\ln3$. 11.1.　　12. $\dfrac{2}{a}$.

13. $f_Z(z)=\begin{cases}2z, & 0<z<1,\\ 0, & \text{其它}.\end{cases}DZ=\dfrac{2}{9}$.　　14. $\dfrac{3}{4}\sqrt{\pi}$.　　15. （1） 2；（2） 不相关；（3） 不独立.

16. 18.42，2.17，2.25.　　　　17. 4，13，22.

18. X 的分布律为

X	0	1	2	3
p_i	27/125	54/125	36/125	8/125

X 的分布函数为

$$F(x)=P\{X\leqslant x\}=\begin{cases}0, & x<0,\\ \dfrac{27}{125}, & 0\leqslant x<1,\\ \dfrac{81}{125}, & 1\leqslant x<2,\\ \dfrac{117}{125}, & 2\leqslant x<3,\\ 1, & x\geqslant1.\end{cases}$$

X 的数学期望为 $EX=\dfrac{6}{5}$.　19.5.216（万元）．20.21 单位.

21.

X_1 \\ X_2	0	1
0	0.1	0.1
1	0.8	0

$\rho_{X_1 X_2}=-\dfrac{2}{3}$.

22. 不独立，线性相关 $\left(\rho_{XY}=\dfrac{1}{2}\right)$.

23. $EY_1=\dfrac{n}{n+1}\theta$，$DY_1=\dfrac{n\theta^2}{(n+1)^2(n+2)}$；　　　　$EY_2=\dfrac{\theta}{n+1}$，$DY_2=\dfrac{n\theta^2}{(n+1)^2(n+2)}$.

第五章　大数定律与中心极限定理

第一节　基本要求

大数定律、中心极限定理及其有关的随机变量序列的极限理论是概率论与数理统计学科的重要组成部分.

（1）了解契贝雪夫不等式的两种表达式的概率意义及其在概率估计方面的应用.

（2）了解契贝雪夫大数定律、伯努利大数定律及辛钦大数定律. 对于大数定律的概率意义以及为数理统计某些法则的奠基作用方面只要求有所了解.

（3）了解棣莫弗—拉普拉斯中心极限定理（二项分布以正态分布为极限分布）和林德伯格—列维定理（独立同分布的中心极限定理）. 要求在了解定理实际背景的基础上，对照定理条件、运用定理结论，较熟练地完成若干同分布随机变量的独立和（频数）落入指定区间内的概率计算.

第二节　内 容 提 要

一、契贝雪夫不等式与概率估计

设随机变量 X 的数学期望 EX 与方差 DX 都存在，则对任意正数 ε，都有

$$P\{|X-EX|\geqslant\varepsilon\}\leqslant\frac{DX}{\varepsilon^2},$$

或

$$P\{|X-EX|<\varepsilon\}\geqslant1-\frac{DX}{\varepsilon^2}.$$

其中 $|X-EX|$ 称为随机变量 X 的离差，契贝雪夫不等式表明了离差与方差的关系.

第一个不等式表明，当方差 DX 越来越小时，事件 $\{|X-EX|\geqslant\varepsilon\}$ 发生的概率更小. 与此等价的是，X 的取值落在邻域 $(EX-\varepsilon, EX+\varepsilon)$ 内的可能性相当大. 这就是说，X 的取值将集中在 EX 的附近，这正是方差概念的本意.

第二个不等式可以用于概率估计. 不论 X 的分布如何，在 DX 存在的前提下，X 取值在以 EX 为中心、任意正数 ε 为半径邻域内的概率不小于 $1-\frac{DX}{\varepsilon^2}$. 据此进行的概率估计虽然精度不是很高，但它的最大优点是这种估计在不知道分布的情况下也可进行，相对而言有较宽的适用面.

二、大数定律及其本质特征

大数定律是表述平均结果稳定性的一系列定理的总称.

1. 依概率收敛的定义

设 $X_1, X_2, \cdots, X_n, \cdots$ 是一个随机变量序列，a 是一个常数，若对任意的正数 ε，都有

$$\lim_{n \to \infty} P\{|X_n - a| < \varepsilon\} = 1.$$

则称序列 $X_1, X_2, \cdots, X_n, \cdots$ 依概率收敛于 a，记为 $X_n \xrightarrow{P} a$.

2. 几个常用的大数定律

（1）契贝雪夫大数定律　假设 $X_1, X_2, \cdots, X_n, \cdots$ 为相互独立的随机变量序列，且 $DX_i \leqslant c$（c 为有限常数），$i = 1, 2, 3, \cdots$. 则对任意正数 ε，都有

$$\lim_{n \to \infty} P\left\{\left|\frac{1}{n}\sum_{i=1}^{n} X_i - \frac{1}{n}\sum_{i=1}^{n} EX_i\right| < \varepsilon\right\} = 1.$$

或

$$\lim_{n \to \infty} P\left\{\left|\frac{1}{n}\sum_{i=1}^{n} X_i - \frac{1}{n}\sum_{i=1}^{n} EX_i\right| \geqslant \varepsilon\right\} = 0.$$

即

$$\frac{1}{n}\sum_{i=1}^{n} X_i - \frac{1}{n}\sum_{i=1}^{n} EX_i \xrightarrow{P} 0.$$

（2）伯努利大数定律　假设事件 A 在一次试验中发生的概率为 p，记随机变量 n_A 为 A 在 n 重伯努利试验中发生的次数. 则对任意正数 ε，都有

$$\lim_{n \to \infty} P\left\{\left|\frac{n_A}{n} - p\right| < \varepsilon\right\} = 1.$$

即

$$\frac{n_A}{n} \xrightarrow{P} p.$$

（3）辛钦大数定律　设 $X_1, X_2, \cdots, X_n, \cdots$ 是一独立同分布的随机变量序列，且数学期望存在

$$EX_i = \mu, \quad i = 1, 2, \cdots.$$

则对任意的 $\varepsilon > 0$，有

$$\lim_{n \to \infty} P\left\{\left|\frac{1}{n}\sum_{i=1}^{n} X_i - \mu\right| < \varepsilon\right\} = 1,$$

即

$$\frac{1}{n}\sum_{i=1}^{n} X_i \xrightarrow{P} \mu.$$

大数定律的本质特征是，大量独立随机变量在变化过程中，它们的算术平均值，在 n 充分大时将依概率收敛于一个确定的常数.

契贝雪夫大数定律说明了平均值具有稳定性；伯努利大数定律以严格的数学形式表达了频率稳定于概率的事实；而辛钦大数定律则说明在实际问题中"平均数法则"的合理性.

大数定律是数理统计中参数估计的理论基础，为以样本为特征去推断相应总体

特征提供了理论依据.

三、中心极限定理与概率计算

中心极限定理是阐述独立随机变量序列 $X_1, X_2, \cdots, X_n, \cdots$, 部分和 $\sum\limits_{i=1}^{n} X_i$ 的极限分布的诸多定理的总称, 在相当宽泛的条件下, 独立同分布的随机变量和的极限分布是正态分布.

1. 棣莫弗—拉普拉斯中心极限定理

假设 $X_1, X_2, \cdots, X_n, \cdots$ 为相互独立且都服从以 p ($0 < p < 1$) 为参数的 0—1 分布, 则其部分和 $Y_n = \sum\limits_{i=1}^{n} X_i$ 服从以 n, p 为参数的二项分布. 且对任意的 x, 有

$$\lim_{n \to \infty} P\left\{ \frac{Y_n - np}{\sqrt{np(1-p)}} < x \right\} = \frac{1}{\sqrt{2\pi}} \int_{-\infty}^{x} e^{-\frac{t^2}{2}} \mathrm{d}t .$$

棣莫弗—拉普拉斯定理主要用于与二项分布有关的概率计算. 经验表明, 当 $0.1 \leqslant p \leqslant 0.9$ 且 $n > 9/[p(1-p)]$ 时, 使用效果较好. 而当 $p < 0.1$ 时因效果不佳可改用第二章的泊松定理近似处理.

定理表明, 若随机变量 $X \sim B(n, p)$, 当 n 很大时 ($n \geqslant 50$), 由棣莫弗—拉普拉斯定理知, X 近似服从正态分布 $N(np, np(1-p))$, 从而为计算 X 取值在 $[k_1, k_2]$ 上的概率提供了有效工具. 其计算公式是

$$P\{k_1 \leqslant X \leqslant k_2\} \approx \Phi\left(\frac{k_2 - np}{\sqrt{np(1-p)}} \right) - \Phi\left(\frac{k_1 - np}{\sqrt{np(1-p)}} \right).$$

于是, 这样概率的计算就转化为正态分布下的概率计算.

2. 独立同分布的林德贝尔格—勒维中心极限定理

设 $X_1, X_2, \cdots, X_n, \cdots$ 是相互独立, 且服从同一分布的随机变量序列, 并具有数学期望和方差

$$EX_i = \mu, \quad DX_i = \sigma^2 \neq 0, \quad i = 1, 2, \cdots.$$

则对任意的 x 有

$$\lim_{n \to \infty} P\left\{ \frac{\sum\limits_{i=1}^{n} X_i - n\mu}{\sqrt{n}\sigma} < x \right\} = \frac{1}{\sqrt{2\pi}} \int_{-\infty}^{x} e^{-\frac{t^2}{2}} \mathrm{d}t .$$

注 根据上述定理, 在实际应用中, 只要 n 充分大, 便可把 n 个独立同分布的随机变量的和当作正态随机变量.

3. 李雅普诺夫中心极限定理

设随机变量 $X_1, X_2, \cdots, X_n, \cdots$ 相互独立, 且 $EX_i = \mu_i$, $DX_i = \sigma_i^2 \neq 0$,

$i=1,2,\cdots,$ 记 $B_n{}^2=\sum\limits_{i=1}^{n}\sigma_i^2$ ，若存在 $\delta>0$，使得

$$\frac{1}{B_n^{2+\delta}}\sum\limits_{i=1}^{n}E\mid X_i-\mu_i\mid^{2+\delta}\to 0\ (n\to\infty),$$

则对任意的 x，有

$$\lim_{n\to\infty}P\left\{\frac{1}{B_n}\sum\limits_{i=1}^{n}(X_i-\mu_i)<x\right\}=\frac{1}{\sqrt{2\pi}}\int_{-\infty}^{x}\mathrm{e}^{-\frac{t^2}{2}}\mathrm{d}t.$$

注 定理说明，当 n 很大时，$Y_n=\frac{1}{B_n}\sum\limits_{i=1}^{n}(X_i-\mu_i)=\frac{1}{B_n}\Big[\sum\limits_{i=1}^{n}X_i-\sum\limits_{i=1}^{n}\mu_i\Big]$ 近似服从标准正态分布 $N(0,1)$，也即 $\sum\limits_{i=1}^{n}X_i=B_nY_n+\sum\limits_{i=1}^{n}\mu_i$ 近似服从正态分布 $N(\sum\limits_{i=1}^{n}\mu_i,B_n^2)$. 这就是说，无论各个随机变量 $X_i(i=1,2,\cdots)$ 服从什么样的分布，只要满足定理的条件，那么它们的和 $\sum\limits_{i=1}^{n}X_i$，当 n 很大时，就近似地服从正态分布. 这也就是为什么正态随机变量在概率论与数理统计中占有重要地位的一个最基本的原因.

中心极限定理不仅有广泛的应用价值，而在进一步的讨论中更有其深远的理论意义. 此外，它还为数理统计中大样本情况下的参数估计和假设检验奠定了基础.

第三节　典型例题分析

【例 1】 （1）已知随机变量 X 有数学期望 $\mu=EX$，方差 $\sigma^2=DX$. 试用契贝雪夫不等式估计概率 $P\{\mid X-\mu\mid<3\sigma\}$；

（2）在增设 $X\sim N(\mu,\sigma^2)$ 的条件下，计算概率 $P\{\mid X-\mu\mid<3\sigma\}$.

解 （1）视 3σ 为 ε，故由契贝雪夫不等式，得
$$P\{\mid X-\mu\mid<3\sigma\}\geqslant 1-DX/(3\sigma)^2=1-1/9=0.8889;$$

（2）在增设 $X\sim N(\mu,\sigma^2)$ 的条件下，有
$$P\{\mid X-\mu\mid<3\sigma\}=P\{\mu-3\sigma<X<\mu+3\sigma\}$$
$$=\Phi(3)-\Phi(-3)=2\Phi(3)-1=0.9974.$$

注 问题（2）的概率计算，所得的结果有较高的精度，但必须以正态分布为前提，因而应用上受到一定的限制.

问题（1）是由契贝雪夫不等式给出的概率估计，其结果是概率值的范围，相比之下精度不高. 其优点在于完成估计不涉及分布，只要 X 明确，DX 存在以及 ε 被认定，概率估计便可进行，因而有较宽的适用面.

【例 2】 已知某随机变量 X 的方差 $DX=1$，但数学期望 $EX=m$ 未知，为估计 m，对 X 进行 n 次独立观测，得样本观察值 $X_1,X_2,\cdots,X_n$. 现用 $\overline{X}=\frac{1}{n}\sum\limits_{i=1}^{n}X_i$ 估计 m，问当 n 多大时才能使 $P\{\mid\overline{X}-m\mid<0.5\}\geqslant p$.

解 因 $E\overline{X} = \frac{1}{n}\sum_{i=1}^{n}EX_i = m$，又 $X_1, X_2, \cdots, X_n$ 相互独立，故

$$D\overline{X} = D\left(\sum_{i=1}^{n}\frac{1}{n}X_i\right) = \frac{1}{n^2}\left(\sum_{i=1}^{n}DX_i\right) = \frac{1}{n},$$

根据契贝雪夫不等式，有

$$P\{|\overline{X} - E\overline{X}| < 0.5\} \leqslant 1 - \frac{D\overline{X}}{0.5^2}, \quad \text{即 } P\{|\overline{X} - m| < 0.5\} \leqslant 1 - \frac{4}{n},$$

再由 $1 - \frac{4}{n} \geqslant p$，得 $n \geqslant \frac{4}{1-p}$.

【例 3】 对于 n 重伯努利试验，事件 A 发生的概率为 0.7，若要使 A 的频率在 0.68 到 0.72 之间的概率不小于 0.90. 试分别用契贝雪夫不等式与中心极限定理估计满足上述要求至少需要试验多少次.

解 设 n_A 表示 A 在 n 重伯努利试验中发生的次数，显然 $n_A \sim B(n, 0.70)$. 此时，$E_{n_A} = n \times 0.70$，$D_{n_A} = n \times 0.7 \times 0.3$. 由题设知，所求的试验次数 n 应使频率 n_A/n 满足不等式

$$P\left\{0.68 < \frac{n_A}{n} < 0.72\right\} \geqslant 0.90$$

的最小正整数.

由契贝雪夫不等式，有

$$P\left\{0.68 < \frac{n_A}{n} < 0.72\right\} = P\{0.68n < n_A < 0.72n\}$$

$$= P\{|n_A - 0.70n| < 0.02n\}$$

$$\geqslant 1 - \frac{D_{n_A}}{(0.02n)^2} = 1 - \frac{n \times 0.7 \times 0.3}{0.0004n^2} = 1 - \frac{525}{n}.$$

从而 $1 - 525/n \geqslant 0.90$，由此解得 $n \geqslant 5250$.

这就是说，在契贝雪夫不等式估计下，至少应做 5250 次试验.

类似地，由于

$$E_{n_A} = 0.70n, \quad D_{n_A} = n \times 0.7 \times 0.3 = 0.21n,$$

以及 n_A 近似服从 $N(0.70n, 0.21n)$，故有

$$P\left\{0.68 < \frac{n_A}{n} < 0.72\right\} = P\{0.68n < n_A < 0.72n\}$$

$$\approx \Phi\left(\frac{0.72n - 0.70n}{\sqrt{0.21n}}\right) - \Phi\left(\frac{0.68n - 0.70n}{\sqrt{0.21n}}\right)$$

$$= 2\Phi\left(\frac{0.02}{\sqrt{0.21}}\sqrt{n}\right) - 1 = 2\Phi(0.0436\sqrt{n}) - 1.$$

从而　　　　　　　　　　$2\Phi(0.0436\sqrt{n}) - 1 \geqslant 0.90$,

即　　　　　　　　　　　$\Phi(0.0436\sqrt{n}) \geqslant 0.95$.

查正态分布表，得　　　　$0.0436\sqrt{n} \geqslant 1.645$,

故有 $$n \geqslant (1.645/0.0436)^2 = (37.7294)^2 = 1423.51.$$

这样，在中心极限定理下，满足题设条件至少应做的试验次数 n 是 1424.

注 演算结果表明，在预定精度下用契贝雪夫不等式进行的概率估计所需试验次数远比利用中心极限定理的结果多得多，这说明由契贝雪夫不等式得到的下界是比较粗糙的. 但由于其要求低，因而在理论和实际中仍有许多应用.

【例 4】 证明泊松定理，即如果事件 A 在第 k 次试验中发生的概率为 $p_k(k=1,2,\cdots,n)$，设 μ 表示事件 A 在 n 次独立试验中发生的次数，则对于任意给定的 $\varepsilon > 0$，恒有

$$\lim_{n \to \infty} P\left\{ \left| \frac{\mu}{n} - \frac{1}{n} \sum_{k=1}^{n} p_k \right| < \varepsilon \right\} = 1.$$

证 令随机变量 $\mu_k = \begin{cases} 1, & \text{在第 } k \text{ 次试验中 } A \text{ 发生}, \\ 0, & \text{在第 } k \text{ 次试验中 } A \text{ 不发生}. \end{cases}$

则由 0—1 分布知

$$E\mu_k = p_k, \quad D\mu_k = p_k(1-p_k) = p_k q_k.$$

因为 $(p_k - q_k)^2 \geqslant 0$，即

$$(p_k - q_k)^2 = (p_k + q_k)^2 - 4p_k q_k \geqslant 0.$$

而 $p_k + q_k = 1$. 故 $$1 - 4p_k q_k \geqslant 0, \quad p_k q_k \leqslant \frac{1}{4},$$

即 $$D\mu_k \leqslant \frac{1}{4}.$$

由题意 $$\mu = \mu_1 + \mu_2 + \cdots + \mu_n = \sum_{k=1}^{n} \mu_k,$$

利用契比雪夫定理有 $$\lim_{n \to \infty} P\left\{ \left| \frac{1}{n} \sum_{k=1}^{n} \mu_k - \frac{1}{n} \sum_{k=1}^{n} E\mu_k \right| < \varepsilon \right\} = 1.$$

【*例 5】 某保险公司多年的统计资料表明，在索赔户中被盗索赔户占 20%，以 X 表示在随意抽查的 100 个索赔户中因被盗向保险公司索赔的户数.

(1) 写出 X 的概率分布；

(2) 利用棣莫弗—拉普拉斯定理，求被盗索赔户不少于 14 户且不多于 30 户的概率的近似值.

解 (1) X 服从二项分布，参数 $n = 100$，$p = 0.2$.
$$P\{X = k\} = C_{100}^k \cdot 0.2^k \cdot 0.8^{100-k}, \quad k = 0, 1, \cdots, 100.$$

(2) $EX = np = 20$，$DX = np(1-p) = 16$.

根据棣莫弗—拉普拉斯定理

$$P\{14 \leqslant X \leqslant 30\} = P\left\{ \frac{14-20}{4} \leqslant \frac{X-20}{4} \leqslant \frac{30-20}{4} \right\}$$

$$= P\left\{ -1.5 \leqslant \frac{X-20}{4} \leqslant 2.5 \right\} \approx \Phi(2.5) - \Phi(-1.5)$$

$$= \Phi(2.5) - [1 - \Phi(1.5)] = \Phi(2.5) + \Phi(1.5) - 1$$

$$=0.944+0.933-1=0.927.$$

【例 6】 一个养鸡场购进一万只良种鸡蛋，已知每只鸡蛋孵化成雏鸡的概率为 0.84，每只雏鸡育成种鸡的概率为 0.9，试计算由这些鸡蛋得到种鸡不少于 7500 只的概率.

解 定义随机变量

$$X_k = \begin{cases} 1, & \text{第 } k \text{ 只鸡蛋能育成种鸡}, \\ 0, & \text{第 } k \text{ 只鸡蛋不能育成种鸡}. \end{cases}$$

其中 $k=1,2,\cdots,10000$，则 X_k 是独立同分布的，且

$$P\{X_k=1\}=0.84\times0.9=0.756,$$

$$P\{X_k=0\}=1-0.756=0.224.$$ 显然 $X=\sum_{k=1}^{10000}X_k$ 表示 10000 只鸡蛋中能育成种鸡的个数. 此为 $n=10000$，$p=0.756$ 的二项分布问题，由棣莫弗—拉普拉斯定理可得

$$P\{X\geqslant7500\}=P\left\{\frac{X-np}{\sqrt{np(1-p)}}\geqslant\frac{7500-np}{\sqrt{np(1-p)}}\right\}$$

$$=1-\Phi\left(\frac{7500-np}{\sqrt{np(1-p)}}\right)=0.92.$$

【例 7】 某厂断言，该厂生产的某种仪器对于医治一种疑难病的治愈率为 0.8. 医院检验员任意抽查 100 个使用此仪器的人，如果其中多于 75 人治愈，就接受这一断言，否则就拒绝这一断言.

(1) 若实际上此仪器对这种疾病的治愈率是 0.8，问接受这一断言的概率是多少？

(2) 若实际上此仪器对这种疾病的治愈率为 0.7，问接受这一断言的概率是多少？

解 (1) 以 X 表示 100 人中治愈人数，则 $X\sim B(100,0.8)$. 所求概率为

$$P\{X>75\}=P\left\{\frac{X-100\times0.8}{\sqrt{100\times0.8\times0.2}}>\frac{75-100\times0.8}{\sqrt{100\times0.8\times0.2}}\right\}$$

$$\approx1-\Phi(-1.25)=0.8944;$$

(2) 依题意 $X\sim B(100,0.7)$，

则

$$P\{X>75\}=P\left\{\frac{X-100\times0.70}{\sqrt{100\times0.7\times0.3}}>\frac{75-100\times0.7}{\sqrt{100\times0.7\times0.3}}\right\}$$

$$\approx1-\Phi(1.09)=1-0.8621=0.1379.$$

注 该例很有实际意义. 计算看出，当治愈率降低 10 个百分点时，该仪器被接受的概率却下降了近 76 个百分点. 这说明医药仪器对疾病的治愈率对该仪器能否被医院所接受是非常关键的.

【例 8】 某货车代客送水泥，设每袋重量（单位：kg）为随机变量 X，且在 [45.67，54.33] 上服从均匀分布. 试问该车最多装多少袋，使总重量超过 2000kg

的概率不大于 0.05（袋装水泥重量相互独立）.

解 记最多装水泥 n 袋、每袋重量为 X_i，$i = 1, 2, \cdots, n$. 于是

$$EX_i = \frac{45.67 + 54.33}{2} = 50, \quad DX_i = \frac{(54.33 - 45.67)^2}{12} = 2.5^2.$$

另记 n 袋水泥总重量为 Y，即 $Y = \sum_{i=1}^{n} X_i$，故有

$$EY = \sum_{i=1}^{n} EX_i = 50n, \quad DY = \sum_{i=1}^{n} DX_i = 2.5^2 n.$$

按题意，所求的 n 应是满足不等式 $P\{Y > 2000\} \leqslant 0.05$ 的最大正整数.

因为 Y 近似服从 $N(50n, (2.5\sqrt{n})^2)$，故有

$$P\{Y > 2000\} \approx 1 - \Phi\left(\frac{2000 - 50n}{2.5\sqrt{n}}\right) \leqslant 0.05,$$

此即

$$\Phi\left(\frac{4000 - 100n}{5\sqrt{n}}\right) \geqslant 0.95,$$

从而查表得

$$\frac{4000 - 100n}{5\sqrt{n}} \geqslant 1.645,$$

由此解得 $\sqrt{n} \leqslant 6.2836$，即

$$n \leqslant 39.4836.$$

于是，货车最多装水泥袋数 $n = [39.4836] = 39$.

【例 9】 某公司有 300 员工，每个员工有 6% 的概率借某套资料（每人每次只能借一套），假设每个员工借某套资料是独立的. 试问该公司至少应准备该套资料多少份，才能有 95% 的把握确保各个员工同时需要使用某套资料时不必等候.

解 设 X_i 为第 i 个员工需要使用某套资料的套数，$i = 1, 2, \cdots, 300$. 显然，X_i 是服从以 $p = 0.06$ 为参数的两点分布，故

$$EX_i = 0.06, \quad DX_i = 0.94 \times 0.06 = 0.0564.$$

记 X 为 300 员工同时需要使用某套资料的套数，于是 $X = \sum_{i=1}^{300} X_i$，且

$$EX = 300 \times 0.06 = 18, \quad DX = 300 \times 0.0564 = 16.92.$$

从而 X 近似服从 $N(18, 16.92)$.

另记最少应准备的资料为 k 套. 于是，k 应是满足不等式

$$P\{0 \leqslant X \leqslant k\} \geqslant 0.95$$

的最小正整数. 这样，有

$$P\{0 \leqslant X \leqslant k\} \approx \Phi\left(\frac{k - 18}{\sqrt{16.92}}\right) - \Phi\left(\frac{0 - 18}{\sqrt{16.92}}\right) \geqslant 0.95,$$

从而有

$$\frac{k - 18}{\sqrt{16.92}} \geqslant 1.645, \quad \Phi\left(\frac{0 - 18}{\sqrt{16.92}}\right) = \Phi(-4.376) \approx 0.$$

故

$$k \geqslant 18 + 1.645\sqrt{16.92} \approx 25.2.$$

于是，该公司至少应准备该套资料 26 份.

注 本例连同前面几例，都是运用中心极限定理求解的常见题型. 本例中把服从二项分布的随机变量 X 表示成独立同分布的 0—1 分布的和是常用技巧. 而确定符合题意的最大或最小正整数问题更接近于应用实际，相对而言有一定的难度. 读者应从上述示范求解中，摸索解题规律，正确解题.

【* 例 10】 假设 $X_1, X_2, \cdots, X_n$ 是来自总体 X 的简单随机样本；已知 $EX^k = \alpha_k$ ($k = 1, 2, 3, 4$). 证明当 n 充分大时，随机变量 $Z_n = \dfrac{1}{n} \sum\limits_{i=1}^{n} X_i^2$ 近似服从正态分布，并指出其分布参数.

解 依题意 $X_1, X_2, \cdots, X_n$ 独立同分布，可知 $X_1^2, X_2^2, \cdots, X_n^2$ 也独立同分布且有

$$EX_i^2 = EX^2 = \alpha_2, \quad DX_i^2 = EX_i^4 - (EX_i^2)^2 = \alpha_4 - \alpha_2^2, \quad i = 1, 2, \cdots$$

由林德伯格—勒维中心极限定理，有

$$V_n = \frac{\sum\limits_{i=1}^{n} X_i^2 - E\left(\sum\limits_{i=1}^{n} X_i^2\right)}{\sqrt{D\left(\sum\limits_{i=1}^{n} X_i^2\right)}} = \frac{\sum\limits_{i=1}^{n} X_i^2 - n\alpha_2}{\sqrt{n(\alpha_4 - \alpha_2^2)}}$$

$$= \frac{\dfrac{1}{n} \sum\limits_{i=1}^{n} X_i^2 - \alpha_2}{\sqrt{(\alpha_4 - \alpha_2^2)/n}} = \frac{Z_n - \alpha_2}{\sqrt{(\alpha_4 - \alpha_2^2)/n}}$$

的极限分布是标准正态分布，即

$$\lim_{n \to \infty} P\left\{ \frac{Z_n - \alpha_2}{\sqrt{(\alpha_4 - \alpha_2^2)/n}} \leqslant x \right\} = \Phi(x).$$

所以，当 n 充分大时 V_n 近似服从标准正态分布，从而 $Z_n = \sqrt{\dfrac{\alpha_4 - \alpha_2^2}{n}} \cdot V_n + \alpha_2$ 近似服从参数为 $\mu = \alpha_2$，$\sigma^2 = \dfrac{\alpha_4 - \alpha_2^2}{n}$ 的正态分布. 即 $Z_n \sim N\left(\alpha_2, \dfrac{\alpha_4 - \alpha_2^2}{n}\right)$.

【例 11】 设某市场某商品每日价格的变化是均值为 0，方差为 $\sigma^2 = 2$ 的随机变量，即有关系式.

$$Y_n = Y_{n-1} + X_n \quad (n \geqslant 1),$$

其中，Y_n 表示第 n 天该商品的价格，$X_1, X_2, \cdots$ 为均值为 0，方差为 $\sigma^2 = 2$ 的独立同分布随机变量（X_n 表示第 n 天该商品的价格变化值），如果今天该商品的价格为 100，求 18 天后该商品的价格在 96 与 104 之间的概率.

分析 设 $Y_0 = 100$ 表示今天该商品的价格，Y_{18} 为 18 天后该商品的价格，则 $Y_{18} = Y_{17} + X_{18} = \cdots = Y_0 + \sum\limits_{i=1}^{18} X_i$，则要求的就是 Y_{18} 在 96 与 104 之间的概率，即 $P\{96 \leqslant Y_{18} \leqslant 104\} = P\{-4 \leqslant \sum\limits_{i=1}^{18} X_i \leqslant 4\}$，此概率可用林德伯格—勒维中心极限定理来确定.

解 由于 $Y_{18} = Y_0 + \sum\limits_{i=1}^{18} X_i$，$Y_0 = 100$，且 $X_1, X_2, \cdots, X_{18}$ 是独立同分布的，$EX_i = 0$，$DX_i = 2\ (i = 1, 2, \cdots, 18)$，于是，由林德伯格—勒维中心极限定理知

$$P\{96 \leqslant Y_{18} \leqslant 104\} = P\{-4 \leqslant \sum\limits_{i=1}^{18} X_i \leqslant 4\}$$

$$= P\left\{\frac{-4}{\sqrt{18 \times 2}} \leqslant \frac{\sum\limits_{i=1}^{18} X_i}{\sqrt{18 \times 2}} \leqslant \frac{4}{\sqrt{18 \times 2}}\right\}$$

$$\approx 2\Phi\left(\frac{2}{3}\right) - 1 = 2 \times 0.747 - 1 = 0.494.$$

注 事实上，本题的关键是要将 Y_n 表示为 $Y_n = Y_0 + \sum\limits_{i=1}^{n} X_i$，从而将问题转化为求独立同分布随机变量和 $\sum\limits_{i=1}^{n} X_i$ 落在某个区间的概率计算，这样利用中心极限定理即可解决. 这也是用中心极限定理求解问题常用的思想方法.

【例 12】 据统计，某城市的市民在一年内遭遇交通事故的概率达到 0.001. 为此，一家保险公司决定在这个城市新开一种交通事故险，每个投保人每年缴保费 16 元，一旦发生事故，投保人将获得 1 万元赔偿. 经调查，预计有 10 万人购买这种保险. 假设保险公司其它成本共 40 万元，问保险公司亏本的概率有多大？平均利润是多少？

解 设 X 表示该城市购买这种保险的市民在一年内遭遇交通事故的人数，则 $X \sim B(10^5, 0.001)$，且 $EX = 100$，$DX = 99.9$.

（1）保险公司亏本的概率为

$$P\{1 \cdot X > 16 \cdot 10 - 40\} = P\{X > 120\} = P\left\{\frac{X - EX}{\sqrt{DX}} > \frac{120 - 100}{\sqrt{99.9}}\right\}$$

$$\approx 1 - \Phi(2) = 1 - 0.9772 = 0.0228.$$

（2）保险公司的利润为 $Y = 160 - 40 - 1 \cdot X = 120 - X$，所以平均利润为

$$EY = E(120 - X) = 120 - EX = 20\ (万元).$$

【例 13】 一份试卷由 99 个题目组成，并按由易到难顺序排列. 某学生答对第 1 题概率为 0.99；答对第 2 题概率为 0.98；一般地，他答对第 i 题概率为 $1 - \dfrac{i}{100}$，$i = 1, 2, \cdots, 99$. 假如该学生回答各题目是相对独立的，并且要正确回答其中 60 个题目以上（包括 60 个）才算通过考试. 试计算该学生通过考试的可能性多大？

解 设

$$X_i = \begin{cases} 1, & \text{若学生答对第 } i \text{ 题,} \\ 0, & \text{若学生答错第 } i \text{ 题.} \end{cases}$$

于是 X_i 相互独立，且服从不同的 0—1 分布

$$P\{X_i=1\}=p_i=1-\frac{i}{100}, \quad P\{X_i=0\}=1-p_i=\frac{i}{100}, \quad i=1,2,\cdots,99.$$

这里需要计算

$$P\left\{\sum_{i=1}^{99}X_i\geqslant 60\right\}.$$

为使用中心极限定理，我们必须验证随机变量序列 $\{X_i\}$ 满足李雅普诺夫条件. 下面取 $\delta=1$ 加以验证. 因为

$$B_n=\sqrt{\sum_{i=1}^{n}DX_i}=\sqrt{\sum_{i=1}^{n}p_i(1-p_i)}\to +\infty \quad (n\to +\infty),$$

$$E(|X_i-p_i|^3)=(1-p_i)^3 p_i+p_i^3(1-p_i)\leqslant p_i(1-p_i),$$

于是

$$\frac{1}{B_n^{2+1}}E(|X_i-p_i|^3)\leqslant \frac{1}{\left[\sum_{i=1}^{n}p_i(1-p_i)\right]^{1/2}}\to 0,$$

故随机变量序列 $\{X_i\}$ 满足李雅普诺夫条件. 所以可以使用中心极限定理.
又因为

$$E\left(\sum_{i=1}^{99}X_i\right)=\sum_{i=1}^{99}EX_i=\sum_{i=1}^{99}p_i=\sum_{i=1}^{99}\left(1-\frac{i}{100}\right)=49.5,$$

$$B_{99}^2=D\left(\sum_{i=1}^{99}X_i\right)=\sum_{i=1}^{99}DX_i=\sum_{i=1}^{99}p_i(1-p_i)=\sum_{i=1}^{99}\frac{i}{100}\left(1-\frac{i}{100}\right)=16.665,$$

所以该学生通过考试的可能性为

$$P\left\{\sum_{i=1}^{99}X_i\geqslant 60\right\}=P\left\{\frac{\sum_{i=1}^{99}X_i-49.5}{\sqrt{B_n^2}}\geqslant \frac{60-49.5}{\sqrt{16.665}}\right\}$$

$$\approx 1-\Phi(2.5735)=0.005.$$

第四节　练习与测试

1. 已知随机变量 X 有分布密度

$$f(x)=x\mathrm{e}^{-x}, \; x>0.$$

试用契贝雪夫不等式估计事件 $P\{|X-EX|\geqslant 9.3\}$ 的概率.

2. 在每次试验中，事件 A 发生的概率为 0.5，利用契贝雪夫不等式估计，在 1000 次试验中事件 A 发生在 $400\sim600$ 之间的概率.

3. 某住宅小区有甲、乙两家电影院，假设该小区有 1000 名观众等可能且独立地选择其中一家影院看电影，为保证以 99% 的概率使观众不会因无座位而离去，问每家影院至少要设多少座位？

4. 对于投掷一枚均匀硬币的试验，为使正面朝上发生的频率在 $0.4\sim0.6$ 之间的概率不小于 0.9. 试用（1）契贝雪夫不等式；（2）中心极限定理分别确定至少应投掷的次数.

5. 抽样检查产品质量时，如果发现次品多于 10 个，则拒绝接受这批产品，设某批产品的次

品率为 10%，问至少应该抽取多少个产品检查才能保证拒绝该批产品的概率达到 0.9？

6. 一个复杂系统，由 100 个相互独立的部件所组成，在系统运行期间每个部件损坏的概率为 0.10，又知为使系统正常运行，至少必须有 85 个部件工作，求系统的可靠度（即系统正常运行的概率）.

7. 设有 30 个电子器件 $D_1, D_2, \cdots, D_{30}$，它们使用情况如下：D_1 损坏，D_2 立即使用；D_2 损坏，D_3 立即使用等．设器件 D_k 的寿命是服从参数为 $\lambda = 0.1$（h）的指数分布的随机变量，记 T 为 30 个器件使用的总时间，问 T 超过 350h 的概率是多少？

8. 某车间有 100 台车床独立地进行工作，每台车床开工率为 0.7，每台车床在每个工作日内耗电 1kW·h．（1）试求正常工作的车床台数在 65 到 75 之间的概率；（2）试问供电所至少要为该车间提供多少 kW·h 的电力才能以 99.7% 的概率保证不因供电不足而影响生产？

9. 一加法器同时收到 20 个噪声电压 $V_k (k = 1, 2, \cdots, 20)$，它们是相互独立的随机变量，且都服从（0, 10）区间上的均匀分布，求 $P\left\{\sum\limits_{k=1}^{20} V_k > 105\right\}$.

10. 运用棣莫弗—拉普拉斯定理证明：在独立试验序列中，当试验次数 n 充分大时，事件 A 发生的频率 $\dfrac{\mu}{n}$ 与其概率之差的绝对值小于正数 ε 的概率

$$P\left\{\left|\frac{\mu}{n} - p\right| < \varepsilon\right\} \approx 2\Phi\left(\varepsilon\sqrt{\frac{n}{pq}}\right) - 1,$$

其中 $p + q = 1$，Φ 是标准正态分布函数.

第五节　练习与测试参考答案

1. $P\{|X - EX| \geqslant 9.3\} \leqslant 0.0231$　$(DX = 2)$.

2. 0.975.　　3. 541.

4. 契贝雪夫不等式下算得至少应投掷 250 次；正态分布下至少应投掷 68 次.

5. 设 n 为至少应抽取的产品次数，X 为其中的次品数.

又设
$$X_k = \begin{cases} 1, & \text{第 } k \text{ 次抽查时出现次品,} \\ 0, & \text{第 } k \text{ 次抽查时出现正品.} \end{cases}$$

则 $X = \sum\limits_{k=1}^{n} X_k$，且 $EX_k = 0.1$；$DX_k = 0.1(1 - 0.1) = 0.09$．根据德莫佛尔—拉普拉斯定理可得 $P\{10 < X \leqslant n\} = 1 - \Phi\left(\dfrac{10 - 0.1n}{0.3\sqrt{n}}\right) = 0.9$，解出 $n = 147$．故至少应检查 147 个产品，才能保证拒绝该批概率达到 0.9.

6. 0.952.　　7. 0.1814.

8. （1）0.7242；（2）至少供电 83kW·h.

9. 0.348.　　10. 略.

第六章　数理统计的基本概念

第一节　基 本 要 求

（1）理解总体、样本（品）、样本容量、简单随机样本的概念．能在总体分布给定情况下，正确无误地写出样本的联合分布，这是本章的难点．

（2）理解样本均值、样本方差、样本矩及统计量等概念．了解样本矩的性质，能借助计算器快速完成样本均值、样本方差观察值的计算．

（3）了解 χ^2 分布、t 分布和 F 分布的概念及性质，了解分位点（临界值）的概念并会查表计算；了解正态总体的某些常用的抽样分布．

第二节　内 容 提 要

一、总体和样本

（1）**总体和个体**　研究对象的某项特征指标值的全体称为总体（或母体），组成总体的每个元素称为个体．总体是一个随机变量，常用 X,Y 等来表示．

（2）**样本**　从总体中随机抽出 n 个个体称为容量为 n 的样本，其中每个个体称为样品，它们都是随机变量．

（3）**简单随机样本**　设 $X_1,X_2,\cdots,X_n$ 是来自总体 X 的容量为 n 的样本，如果这 n 个随机变量 $X_1,X_2,\cdots,X_n$ 相互独立且每个样品 X_i 与总体 X 具有相同的分布，则称 $X_1,X_2,\cdots,X_n$ 为总体 X 的**简单随机样本**．

（4）**样本的联合分布**

若总体 X 具有分布函数 $F(x)$，则样本 $(X_1,X_2,\cdots,X_n)$ 的联合分布函数为

$$F^*(x_1,x_2,\cdots,x_n)=\prod_{i=1}^{n}F(x_i).$$

若总体 X 为连续型随机变量，其概率密度函数为 $f(x)$，则样本的联合概率密度为

$$f^*(x_1,x_2,\cdots,x_n)=\prod_{i=1}^{n}f(x_i). \tag{6.1}$$

若总体 X 为离散型随机变量，其分布律为 $P\{X=a_i\}=p_i(i=1,2,\cdots)$，则样本的联合分布为

$$P\{X_1=x_1,X_2=x_2,\cdots,X_n=x_n\}=\prod_{i=1}^{n}P\{X_i=x_i\} \tag{6.2}$$

其中 $(x_1, x_2, \cdots, x_n)$ 为 $(X_1, X_2, \cdots, X_n)$ 的任一组可能的观察值.

二、统计量及样本矩

（1）**统计量** 设 $(X_1, X_2, \cdots, X_n)$ 为总体 X 的一个样本，$\varphi(X_1, X_2, \cdots, X_n)$ 是 $X_1, X_2, \cdots, X_n$ 的函数，若 $\varphi(x_1, x_2, \cdots, x_n)$ 是连续函数且不含未知参数，则称 $\varphi(X_1, X_2, \cdots, X_n)$ 是一个统计量. 统计量的分布称为抽样分布.

（2）几个常用的统计量——**样本矩**

① 样本均值 $\qquad\qquad \overline{X} = \dfrac{1}{n}\sum\limits_{i=1}^{n} X_i .$

② 样本方差 $\qquad\qquad S^2 = \dfrac{1}{n-1}\sum\limits_{i=1}^{n} (X_i - \overline{X})^2 .$

③ 样本标准差 $\qquad\qquad S = \sqrt{\dfrac{1}{n-1}\sum\limits_{i=1}^{n} (X_i - \overline{X})^2} .$

④ 样本 k 阶原点矩 $\qquad A_k = \dfrac{1}{n}\sum\limits_{i=1}^{n} X_i^k , \quad k = 1, 2, \cdots .$

⑤ 样本 k 阶中心矩 $\qquad B_k = \dfrac{1}{n}\sum\limits_{i=1}^{n} (X_i - \overline{X})^k , \quad k = 2, 3, \cdots .$

（3）**样本矩与总体矩的关系** 由样本的独立性及与总体同分布这一特性出发，运用数字特征的运算法则，可得：若总体 X 的期望、方差存在，即 $EX = \mu$，$DX = \sigma^2$，又 $(X_1, X_2, \cdots, X_n)$ 是取自总体 X 的一个样本，则

$$E\overline{X} = \mu, \; D\overline{X} = \frac{\sigma^2}{n} ; \; ES^2 = \sigma^2, \; EB_2 = \frac{n-1}{n}\sigma^2 . \tag{6.3}$$

上述结论无论总体服从什么样的分布都正确，故它是计算任意总体，特别是非正态总体的样本均值 $\overline{X}$ 和样本方差 S^2 的期望、方差的常用结论.

三、几个重要分布及临界值

1. χ^2 分布

设 $X_1, X_2, \cdots, X_n$ 是相互独立的随机变量，且 $X_i \sim N(0,1)$ $(i = 1, 2, \cdots, n)$，则称随机变量

$$\chi^2 = X_1^2 + X_2^2 + \cdots + X_n^2 = \sum_{i=1}^{n} X_i^2$$

服从自由度为 n 的 χ^2 分布，简记为 $\chi^2 \sim \chi^2(n)$.

χ^2 分布的性质

（1）设 $\chi^2 \sim \chi^2(n)$，则 $E\chi^2 = n$，$D\chi^2 = 2n$；

（2）设 $Y_1 \sim \chi^2(n_1)$，$Y_2 \sim \chi^2(n_2)$，且 Y_1, Y_2 相互独立，则有

$$Y_1 + Y_2 \sim \chi^2(n_1 + n_2) .$$

2. t 分布

设 $X \sim N(0,1)$，$Y \sim \chi^2(n)$，且 X, Y 相互独立，则称随机变量

$$T = \frac{X}{\sqrt{Y/n}}$$

服从自由度为 n 的 t 分布，或称学生氏（Student）分布，简记为 $T \sim t(n)$.

t 分布的性质

(1) $E[t(n)] = 0$，$D[t(n)] = \dfrac{n}{n-2}$　$(n > 2)$；

(2) $\displaystyle\lim_{n \to \infty} f(x) = \frac{1}{\sqrt{2\pi}} e^{-\frac{x^2}{2}}$，这里 $f(x)$ 为 t 分布的概率密度函数.

3. F 分布

设 $X \sim \chi^2(n_1)$，$Y \sim \chi^2(n_2)$，且 X, Y 相互独立，则称随机变量

$$F = \frac{X/n_1}{Y/n_2}$$

服从自由度分别为 n_1, n_2 的 F 分布，简记为 $F \sim F(n_1, n_2)$.

F 分布的性质

(1) 若 $X \sim F(n_1, n_2)$，则

$$EX = \frac{n_2}{n_2 - 2} \quad (n_2 > 2), \quad DX = \frac{2n_2^2(n_1 + n_2 - 2)}{n_1(n_2 - 2)^2(n_2 - 4)} \quad (n_2 > 4);$$

(2) 若 $F \sim F(n_1, n_2)$，则 $\dfrac{1}{F} \sim F(n_2, n_1)$.

4. 临界值

(1) **标准正态分布的临界值**　设 $X \sim N(0,1)$，对给定的正数 α（$0 < \alpha < 1$），若存在实数 z_α 满足

$$P\{X > z_\alpha\} = \frac{1}{\sqrt{2\pi}} \int_{z_\alpha}^{+\infty} e^{-\frac{t^2}{2}} \mathrm{d}t = \alpha.$$

则称点 z_α 为标准正态分布 X 的 α 临界值（或称上 α 分位点或分位数）.

由 $\Phi(z_\alpha) = 1 - \alpha$，若已知 α（$0 \leqslant \alpha \leqslant 0.5$），可通过反查标准正态分布表，求出 α 临界值 z_α. 当 $\alpha > 0.5$ 时，表中无法查出，此时查表 $\Phi(z_{1-\alpha}) = \alpha$，再由 $z_\alpha = -z_{1-\alpha}$ 可求得临界值 z_α.

(2) **χ^2 分布的临界值**　设 $\chi^2 \sim \chi^2(n)$，概率密度为 $f(x)$. 对给定的数 α（$0 < \alpha < 1$），若存在实数 $\chi_\alpha^2(n)$ 满足

$$P\{\chi^2 > \chi_\alpha^2(n)\} = \int_{\chi_\alpha^2(n)}^{+\infty} f(x) \mathrm{d}x = \alpha,$$

则称数 $\chi_\alpha^2(n)$ 为 χ^2 分布的 α 临界值. 已知 n, α，通过查 χ^2 分布表可求得 $\chi_\alpha^2(n)$. 当 $n > 45$ 时，可利用近似公式 $\chi_\alpha^2(n) \approx \dfrac{1}{2}(z_\alpha + \sqrt{2n-1})^2$ 计算，这里 z_α 是标准正态分布的临界值.

（3）**t 分布的临界值** 设 $T \sim t(n)$，概率密度为 $f(x)$．对给定的 $\alpha(0<\alpha<1)$．若存在实数 $t_\alpha(n)$ 满足

$$P\{T > t_\alpha(n)\} = \int_{t_\alpha(n)}^{+\infty} f(x)\mathrm{d}x = \alpha ,$$

则称点 $t_\alpha(n)$ 为 t 分布的 α 临界值．已知 n,α，通过查 t 分布表可求得 $t_\alpha(n)$．

注 （1）类似标准正态分布临界值的性质，对 t 分布亦有 $t_\alpha(n) = -t_{1-\alpha}(n)$；

（2）当 $n>45$ 时，可用标准正态分布近似 $t_\alpha(n) \approx z_\alpha$．

（4）**F 分布的临界值** 设 $F \sim F(n_1, n_2)$，概率密度为 $f(x)$．

对给定的 $\alpha(0<\alpha<1)$，若存在实数 $F_\alpha(n_1, n_2)$ 满足

$$P\{F > F_\alpha(n_1, n_2)\} = \int_{F_\alpha(n_1, n_2)}^{+\infty} f(x)\mathrm{d}x = \alpha,$$

则称数 $F_\alpha(n_1, n_2)$ 为 F 分布的 α 临界值．已知 n_1, n_2, α 通过查 F 分布表可求得 $F_\alpha(n_1, n_2)$．注意公式

$$F_{1-\alpha}(n_1, n_2) = \frac{1}{F_\alpha(n_2, n_1)}.$$

四、正态总体样本均值和样本方差的分布

（1）设总体 $X \sim N(\mu, \sigma^2)$，$(X_1, \cdots, X_n)$ 为样本，$\overline{X}$ 为样本均值，S^2 为样本方差，则有

① $\overline{X} \sim N\left(\mu, \dfrac{\sigma^2}{n}\right)$，或 $\dfrac{\overline{X}-\mu}{\sigma/\sqrt{n}} \sim N(0,1)$； （6.4）

② $\dfrac{\sum\limits_{i=1}^{n}(X_i - \mu)^2}{\sigma^2} \sim \chi^2(n)$ ； （6.5）

③ $\dfrac{(n-1)S^2}{\sigma^2} \sim \chi^2(n-1)$，或 $\dfrac{\sum\limits_{i=1}^{n}(X_i - \overline{X})^2}{\sigma^2} \sim \chi^2(n-1)$ ； （6.6）

④ 样本均值 $\overline{X}$ 与样本方差 S^2 相互独立；

⑤ $\dfrac{\overline{X}-\mu}{S/\sqrt{n}} \sim t(n-1)$． （6.7）

（2）设 $(X_1, \cdots, X_{n_1})$ 是取自总体 X 的一个样本，$(Y_1, \cdots, Y_{n_2})$ 是取自总体 Y 的一个样本，且这两个样本相互独立，即假定 $X_1, \cdots, X_{n_1}, Y_1, \cdots, Y_{n_2}$ 是 $n_1 + n_2$ 个相互独立的随机变量．若总体 $X \sim N(\mu_1, \sigma_1^2)$，$Y \sim N(\mu_2, \sigma_2^2)$，则有

① $\dfrac{(\overline{X}-\overline{Y})-(\mu_1 - \mu_2)}{\sqrt{\dfrac{\sigma_1^2}{n_1}+\dfrac{\sigma_2^2}{n_2}}} \sim N(0,1)$； （6.8）

② $\dfrac{S_1^2/\sigma_1^2}{S_2^2/\sigma_2^2} \sim F(n_1 - 1, n_2 - 1)$； （6.9）

③ 当 $\sigma_1^2 = \sigma_2^2 = \sigma^2$ 时，有

$$\frac{(\overline{X} - \overline{Y}) - (\mu_1 - \mu_2)}{S_W \cdot \sqrt{\dfrac{1}{n_1} + \dfrac{1}{n_2}}} \sim t(n_1 + n_2 - 2); \qquad (6.10)$$

其中 $\quad S_1^2 = \dfrac{1}{n_1 - 1} \sum\limits_{i=1}^{n_1} (X_i - \overline{X})^2, \quad S_2^2 = \dfrac{1}{n_2 - 1} \sum\limits_{i=1}^{n_2} (Y_i - \overline{Y})^2,$

$$S_W^2 = \frac{(n_1 - 1)S_1^2 + (n_2 - 1)S_2^2}{n_1 + n_2 - 2}.$$

第三节　典型例题分析

【例 1】 设 $(X_1, X_2, \cdots, X_n)$ 是取自总体 X 的一个样本．试在下列三种情况下，分别写出样本 $(X_1, X_2, \cdots, X_n)$ 的联合分布律或联合概率密度.

（1） $X \sim B(1, p)$；　　　　（2） X 服从参数为 λ 的指数分布；

（3） X 服从 $(0, \theta)$ $(\theta > 0)$ 上的均匀分布.

分析　解此类题先写出总体 X 的分布律（或概率密度）；再由 X_i 与 X 有相同的分布以及 X_i 之间的相互独立性，由式(6.1)和式(6.2)即可写出样本 $(X_1, X_2, \cdots, X_n)$ 的联合分布律或联合概率密度.

解　（1）因为总体分布律为

$$P\{X = k\} = p^k (1 - p)^{1-k}, \quad k = 0, 1.$$

于是 $\qquad P\{X_i = k_i\} = p^{k_i} (1 - p)^{1-k_i}, \quad k_i = 0, 1.$

样本 $(X_1, X_2, \cdots, X_n)$ 的联合分布律为

$$P\{X_1 = k_1, X_2 = k_2, \cdots, X_n = k_n\}$$
$$= P\{X_1 = k_1\} \cdot P\{X_2 = k_2\} \cdots P\{X_n = k_n\}$$
$$= p^{\sum\limits_{i=1}^{n} k_i} (1 - p)^{n - \sum\limits_{i=1}^{n} k_i} \quad (k_i = 0, 1; \; i = 1, 2, \cdots, n).$$

（2）因为总体概率密度函数为 $f(x) = \begin{cases} \lambda e^{-\lambda x}, & x > 0, \\ 0, & x \leqslant 0. \end{cases}$ 所以，每一个样品 X_i 的概率密度为

$$f(x_i) = \begin{cases} \lambda e^{-\lambda x_i}, & x_i > 0, \\ 0, & x_i \leqslant 0. \end{cases}$$

其中 $i = 1, 2, \cdots, n$，故样本 $(X_1, X_2, \cdots, X_n)$ 的联合概率密度为

$$f^*(x_1, x_2, \cdots, x_n) = f(x_1) f(x_2) \cdots f(x_n) = \begin{cases} \lambda^n e^{-\lambda \sum\limits_{i=1}^{n} x_i}, & x_i > 0, \\ 0, & x_i \leqslant 0 \end{cases} \quad (i = 1, 2, \cdots, n).$$

（3）因为总体概率密度函数为 $f(x) = \begin{cases} \dfrac{1}{\theta}, & 0 < x < \theta, \\ 0, & \text{其它.} \end{cases}$

所以样品 X_i 的概率密度为

$$f(x_i) = \begin{cases} \dfrac{1}{\theta}, & 0 < x_i < \theta, \\ 0, & \text{其它}. \end{cases}$$

故，样本 $(X_1, X_2, \cdots, X_n)$ 的联合概率密度为

$$f^*(x_1, x_2, \cdots, x_n) = \prod_{i=1}^{n} f(x_i) = \begin{cases} \theta^{-n}, & 0 < x_i < \theta, \\ 0, & \text{其它} \end{cases} \quad (i = 1, 2, \cdots, n).$$

【例2】 设 $X \sim N(\mu, \sigma^2)$，(X_1, X_2, X_3) 为来自总体 X 的一个样本. 试求样本 (X_1, X_2, X_3) 的联合概率密度和样本均值 $\overline{X}$ 的概率密度函数.

解 由于
$$f(x) = \frac{1}{\sqrt{2\pi}\sigma} e^{-\frac{(x-\mu)^2}{2\sigma^2}} \quad (-\infty < x < +\infty).$$

故
$$f^*(x_1, x_2, x_3) = \frac{1}{(\sqrt{2\pi}\sigma)^3} e^{-\frac{1}{2\sigma^2}\sum_{i=1}^{3}(x_i-\mu)^2} \quad (-\infty < x_i < +\infty; \ i = 1, 2, 3).$$

又因为 $\overline{X} \sim N\left(\mu, \dfrac{\sigma^2}{3}\right)$，所以 $\overline{X}$ 的概率密度函数为

$$g(x) = \frac{\sqrt{3}}{\sqrt{2\pi}\sigma} e^{-\frac{3(x-\mu)^2}{2\sigma^2}} \quad (-\infty < x < +\infty).$$

注 此题用到结论：若 $X \sim N(\mu, \sigma^2)$，则 $\overline{X} \sim N\left(\mu, \dfrac{\sigma^2}{n}\right)$. 这一结果有十分广泛的应用.

【例3】 设总体服从泊松分布 $X \sim \pi(\lambda)$，$(X_1, X_2, \cdots, X_n)$ 是来自总体的简单随机样本

(1) 计算 $E\overline{X}, D\overline{X}$ 和 ES^2；

(2) 若容量为 10 的一组样本观察值为 $(1, 2, 4, 3, 3, 4, 5, 6, 4, 8)$，试计算样本均值，样本方差.

解 (1) **解法一** 由式(6.3)，因为 $X \sim \pi(\lambda)$，于是 $EX = DX = \lambda$，故

$$E\overline{X} = \lambda, \ D\overline{X} = \frac{\lambda}{n}, \ ES^2 = \lambda.$$

解法二 因为 $X_i \sim \pi(\lambda)$，所以 $EX_i = DX_i = \lambda$.

故
$$E\overline{X} = E\left[\frac{1}{n}\left(\sum_{i=1}^{n} X_i\right)\right] = \frac{1}{n}\left(\sum_{i=1}^{n} EX_i\right) = \frac{1}{n} \cdot n\lambda = \lambda,$$

$$D\overline{X} = D\left[\frac{1}{n}\left(\sum_{i=1}^{n} X_i\right)\right] = \frac{1}{n^2}\left(\sum_{i=1}^{n} DX_i\right) = \frac{\lambda}{n},$$

$$ES^2 = \frac{1}{n-1} E\left[\sum_{i=1}^{n}(X_i - \overline{X})^2\right] = \frac{1}{n-1} E\left(\sum_{i=1}^{n} X_i^2 - n\overline{X}^2\right)$$

$$= \frac{1}{n-1}\left[\sum_{i=1}^{n} E(X_i^2) - nE(\overline{X}^2)\right]$$

$$= \frac{1}{n-1}\Big\{\sum_{i=1}^{n}\big[DX_i + (EX_i)^2\big] - n\big[D\,\overline{X} + (E\,\overline{X})^2\big]\Big\}$$

$$= \frac{1}{n-1}\big[n(\lambda + \lambda^2) - n(\lambda/n + \lambda^2)\big] = \lambda.$$

(2) $\overline{x} = \frac{1}{10}\sum_{i=1}^{10}x_i = 4$,

$$s^2 = \frac{1}{9}\sum_{i=1}^{10}(x_i - \overline{x})^2 = \frac{1}{9}\Big[\sum_{i=1}^{10}x_i^2 - 10\,\overline{x}^2\Big] = 4.$$

注 解法一直接运用样本矩与总体矩之间的关系，即式（6.3）求得；解法二运用样本与总体同分布的特性及数字特征的运算法则求得.

【例 4】 设总体 X 的概率密度为

$$f(x) = \begin{cases} |x|, & |x| < 1, \\ 0, & \text{其它}. \end{cases}$$

$(X_1, X_2, \cdots, X_{50})$ 为样本. 试求：

(1) $\overline{X}$ 数学期望与方差，S^2，B_2 的数学期望；(2) $P\{|\overline{X}| > 0.02\}$.

解 计算总体 X 的数学期望和方差

$$\mu = EX = \int_{-1}^{1} x \cdot |x|\,\mathrm{d}x = 0; \quad \sigma^2 = DX = EX^2 - (EX)^2 = \int_{-1}^{1} x^2|x|\,\mathrm{d}x = \frac{1}{2}.$$

故 (1) $E\overline{X} = 0$, $D\overline{X} = \dfrac{\sigma^2}{n} = \dfrac{1}{100}$,

$$ES^2 = \sigma^2 = \frac{1}{2}, \quad EB_2 = \frac{n-1}{n}\sigma^2 = \frac{49}{100}.$$

(2) 因为 $\overline{X}$ 近似服从 $N\left(0, \dfrac{1}{100}\right)$，所以

$$P\{|\overline{X}| > 0.02\} = 1 - P\{|\overline{X}| \leqslant 0.02\} \approx 1 - P\left\{\left|\frac{\overline{X}}{1/10}\right| \leqslant 0.2\right\}$$

$$= 2 - 2\Phi(0.2) = 0.8414.$$

注 当总体的期望和方差不能直接写出时，要先求总体的期望和方差，再求样本均值 $\overline{X}$、样本方差 S^2 及样本二阶中心矩 B_2 的期望和方差. 另外，要注意 S^2 与 B_2 之间的差异. 由于 $ES^2 = \sigma^2$，即 S^2 是总体方差的无偏估计，而 $EB_2 = \dfrac{n-1}{n}\sigma^2$ 不是总体方差 σ^2 的无偏估计，因此，一般都是以 S^2 作为方差 σ^2 的估计量. 但 $\lim\limits_{n \to \infty} EB_2 = \lim\limits_{n \to \infty}\dfrac{n-1}{n}\sigma^2 = \sigma^2$，故当样本容量很大时，$S^2$ 和 B_2 两者相差很小，此时亦可用 B_2 来估计总体方差 σ^2. 因此，有时把 B_2 称为大样本方差，而 S^2 有的书上也称为样本修正方差.

本题（2）的解答用到了中心极限定理. 由中心极限定理可得，不论总体服从什么分布，只要知道总体的数学期望 $EX = \mu$，方差 $DX = \sigma^2$，则样本均值 $\overline{X}$ 的渐近分布就为正态分布 $N\left(\mu, \dfrac{\sigma^2}{n}\right)$. 即

$$\overline{X}近似服从\ N\left(\mu,\frac{\sigma^2}{n}\right)\quad(n\rightarrow\infty).$$

由此可知 $\dfrac{\overline{X}-\mu}{\sigma/\sqrt{n}}$ 近似服从 $N(0,1)$.

求样本均值落在某个区间内的概率, 就可以利用上述结论近似计算, 这是很重要的结论.

【*例 5】 设总体 X 服从正态分布 $N(\mu_1,\sigma^2)$, 总体 Y 服从正态分布 $N(\mu_2,\sigma^2)$, $X_1,X_2,\cdots,X_{n_1}$ 和 $Y_1,Y_2,\cdots,Y_{n_2}$ 分别是来自总体 X 和 Y 的简单随机样本, 则

$$E\left[\frac{\sum\limits_{i=1}^{n_1}(X_i-\overline{X})^2+\sum\limits_{j=1}^{n_2}(Y_j-\overline{Y})^2}{n_1+n_2-2}\right]=\underline{\hspace{4cm}}.$$

分析 显然要计算期望的统计量与两个总体相应的样本方差的表达式紧密相关, 只要利用样本方差 $S^2=\dfrac{1}{n-1}\sum\limits_{i=1}^{n}(X_i-\overline{X})^2$ 为总体方差 σ^2 的无偏估计, 即 $ES^2=\sigma^2$ 这一事实, 通过简单变形便可得出结果.

答 σ^2.

【*例 6】 设 (X_1,X_2,X_3,X_4) 是来自正态总体 $X\sim N(0,2^2)$ 的简单样本, 且 $\eta=a(X_1-2X_2)^2+b(3X_3-4X_4)^2$, 则当 $a=(\quad)$, $b=(\quad)$ 时, 统计量 η 服从 χ^2 分布, 其自由度为 ( ).

解法一 $\eta=[\sqrt{a}(X_1-2X_2)]^2+[\sqrt{b}(3X_3-4X_4)]^2$, 令

$$\eta_1=\sqrt{a}(X_1-2X_2),\quad \eta_2=\sqrt{b}(3X_3-4X_4),\quad 则\quad \eta=\eta_1{}^2+\eta_2{}^2.$$

欲使 $\eta\sim\chi^2(2)$, 就必须使 $\eta_1\sim N(0,1)$, $\eta_2\sim N(0,1)$, 由于

$$DX_1=DX_2=DX_3=DX_4=4,$$

$$EX_1=EX_2=EX_3=EX_4=0.$$

于是 $E\eta_1=E\eta_2=0$,

$$D\eta_1=D[\sqrt{a}(X_1-2X_2)]=aDX_1+4aDX_2=a(4+4\times4)=20a,$$
$$D\eta_2=D[\sqrt{b}(3X_3-4X_4)]=9bDX_3+16bDX_4$$
$$=b(9\times4+16\times4)=100b.$$

令 $D\eta_1=1$, $D\eta_2=1$, 则 $a=\dfrac{1}{20}$, $b=\dfrac{1}{100}$, 此时 $\eta\sim\chi^2(2)$, 自由度 $n=2$.

解法二 由于 $X_i\sim N(0,2^2)$ $(i=1,2,3,4)$ 且相互独立, 则

$$E(X_1-2X_2)=0,\ D(X_1-2X_2)=20;$$
$$E(3X_3-4X_4)=0,\ D(3X_3-4X_4)=100.$$

从而 $\qquad X_1-2X_2\sim N(0,20),\qquad 3X_3-4X_4\sim N(0,100).$

所以 $\qquad \dfrac{X_1-2X_2}{\sqrt{20}}\sim N(0,1),\qquad \dfrac{3X_3-4X_4}{\sqrt{100}}\sim N(0,1).$

为使
$$\eta = \left(\frac{X_1 - 2X_2}{1/\sqrt{a}}\right)^2 + \left(\frac{3X_3 - 4X_4}{1/\sqrt{b}}\right)^2 \sim \chi^2(2),$$

必须使
$$\frac{X_1 - 2X_2}{1/\sqrt{a}} \sim N(0,1), \quad \frac{3X_3 - 4X_4}{1/\sqrt{b}} \sim N(0,1).$$

同上面两个服从正态分布的随机变量比较可知

$$1/\sqrt{a} = \sqrt{20}, \quad 1/\sqrt{b} = \sqrt{100} \quad 即 \quad a = \frac{1}{20}, \quad b = \frac{1}{100}.$$

注 本题虽用了两种不同的解法，但目的相同且明确，即由 χ^2 分布的定义并由 η 构成的特点，应选择恰当的 a,b 使 η 恰为两个标准正态分布的平方和.

【*例7】 设 $X_1, X_2, \cdots, X_9$ 是来自正态总体 $X \sim N(\mu, \sigma^2)$ 的一个简单随机样本，记

$$Y_1 = \frac{1}{6}(X_1 + X_2 + \cdots + X_6), \quad Y_2 = \frac{1}{3}(X_7 + X_8 + X_9),$$

$$S^2 = \frac{1}{2}\sum_{i=7}^{9}(X_i - Y_2)^2, \quad T = \frac{\sqrt{2}(Y_1 - Y_2)}{S}.$$

证明：统计量 T 服从自由度为 2 的 t 分布.

证 由于 $X \sim N(\mu, \sigma^2)$，$X_i \sim N(\mu, \sigma^2)$，从而

$$Y_1 \sim N\left(\mu, \frac{\sigma^2}{6}\right), \quad Y_2 \sim N\left(\mu, \frac{\sigma^2}{3}\right),$$

所以
$$-Y_2 \sim N\left(-\mu, \frac{\sigma^2}{3}\right),$$

故 $Y_1 - Y_2 \sim N\left(0, \frac{\sigma^2}{6} + \frac{\sigma^2}{3}\right)$，即

$$Y_1 - Y_2 \sim N\left(0, \frac{\sigma^2}{2}\right).$$

于是
$$\frac{Y_1 - Y_2}{\sigma/\sqrt{2}} = \frac{\sqrt{2}(Y_1 - Y_2)}{\sigma} \sim N(0,1).$$

又因为 $\frac{2S^2}{\sigma^2} \sim \chi^2(2)$，且 Y_2 与 S^2 独立，Y_1 与 Y_2，Y_1 与 S^2 独立，所以 $Y_1 - Y_2$ 与 S^2 独立. 从而 $\sqrt{2}(Y_1 - Y_2)/\sigma$ 与 $2S^2/\sigma^2$ 独立. 于是由 t 分布的定义知

$$T = \frac{\sqrt{2}(Y_1 - Y_2)}{S} = \frac{\sqrt{2}(Y_1 - Y_2)/\sigma}{\sqrt{(2S^2/\sigma^2)/2}} \sim t(2).$$

注 本题的关键是熟练掌握 t 分布的定义及正态总体下样本均值、样本方差的分布

$$\frac{\overline{X} - \mu}{\sigma/\sqrt{n}} \sim N(0,1), \quad \frac{(n-1)S^2}{\sigma^2} \sim \chi^2(n-1).$$

【*例8】 设随机变量 X 和 Y 都服从标准正态分布，则（　　）

（A） $X + Y$ 服从正态分布，　　　　　　　（B） $X^2 + Y^2$ 服从 χ^2 分布，

(C) X^2 和 Y^2 都服从 χ^2 分布,   (D) $\dfrac{X^2}{Y^2}$ 服从 F 分布.

分析 解答本题的关键是"独立性". 当且仅当两个正态分布的随机变量 X, Y 相互独立时, 其和函数 $X+Y$ 才服从正态分布; 同时 χ^2 分布及 F 分布都要求相应的"独立性"(见定义). 因此通过分析, 正确的答案应是(C).

答 (C).

【例9】 设 $(X_1,X_2,\cdots,X_n)$ 是来自正态总体 $N(0,1)$ 的样本. 试求统计量 $\dfrac{1}{m}\Big(\sum\limits_{i=1}^{m}X_i\Big)^2+\dfrac{1}{n-m}\Big(\sum\limits_{i=m+1}^{n}X_i\Big)^2 (m<n)$ 的抽样分布.

解 因为 $X_i\sim N(0,1)$, 所以

$$\sum_{i=1}^{m}X_i\sim N(0,m),$$

故

$$\frac{1}{\sqrt{m}}\sum_{i=1}^{m}X_i\sim N(0,1).$$

同理

$$\frac{1}{\sqrt{n-m}}\sum_{i=m+1}^{n}X_i\sim N(0,1).$$

于是

$$\frac{1}{m}\Big(\sum_{i=1}^{m}X_i\Big)^2+\frac{1}{n-m}\Big(\sum_{i=m+1}^{n}X_i\Big)^2\sim\chi^2(2).$$

【例10】 设 $(X_1,X_2,\cdots,X_5)$ 是来自正态总体 $N(0,\sigma^2)$ 的一个样本. 试证:

(1) 当 $k=\dfrac{3}{2}$ 时, $k\cdot\dfrac{(X_1+X_2)^2}{X_3^2+X_4^2+X_5^2}\sim F(1,3)$;

(2) 当 $k=\sqrt{\dfrac{3}{2}}$ 时, $k\cdot\dfrac{X_1+X_2}{\sqrt{X_3^2+X_4^2+X_5^2}}\sim t(3)$.

证 (1) 因为 $X_i\sim N(0,\sigma^2)$, 所以

$$\frac{X_1+X_2}{\sqrt{2}\sigma}\sim N(0,1), \quad \frac{X_i}{\sigma}\sim N(0,1)\quad(i=3,4,5).$$

于是

$$\Big(\frac{X_1+X_2}{\sqrt{2}\sigma}\Big)^2\sim\chi^2(1), \quad \sum_{i=3}^{5}\Big(\frac{X_i}{\sigma}\Big)^2\sim\chi^2(3).$$

由 F 分布的定义, 即得 $\dfrac{3}{2}\cdot\dfrac{(X_1+X_2)^2}{X_3^2+X_4^2+X_5^2}\sim F(1,3).$

(2) 据(1)的分析,

因为

$$\frac{X_1+X_2}{\sqrt{2}\sigma}\sim N(0,1), \quad \sum_{i=3}^{5}\Big(\frac{X_i}{\sigma}\Big)^2\sim\chi^2(3),$$

由 t 分布的定义即得结论.

【例11】 设 $(X_1,X_2,\cdots,X_n,X_{n+1})$ 为总体 $N(\mu,\sigma^2)$ 的一个样本, $\overline{X}=\dfrac{1}{n}\sum\limits_{i=1}^{n}X_i$, $S^2=\dfrac{1}{n-1}\sum\limits_{i=1}^{n}(X_i-\overline{X})^2$. 试求统计量 $\dfrac{X_{n+1}-\overline{X}}{S}\sqrt{\dfrac{n}{n+1}}$ 的抽样分布.

解 由于总体为 $N(\mu,\sigma^2)$，故

$$X_i \sim N(\mu,\sigma^2) \quad (i=1,2,\cdots,n+1), \quad \overline{X} \sim N\left(\mu,\frac{\sigma^2}{n}\right).$$

于是 $\quad X_{n+1}-\overline{X} \sim N\left(0,\frac{n+1}{n}\sigma^2\right), \quad \dfrac{X_{n+1}-\overline{X}}{\sqrt{\dfrac{n+1}{n}}\sigma} \sim N(0,1).$

由于 $\dfrac{(n-1)S^2}{\sigma^2} \sim \chi^2(n-1)$，且

$$(X_{n+1}-\overline{X})\Big/\left(\sqrt{\frac{n+1}{n}}\sigma\right) \quad 与 \quad \frac{(n-1)S^2}{\sigma^2}$$

相互独立，所以由 t 分布的定义得

$$\frac{X_{n+1}-\overline{X}}{S}\sqrt{\frac{n}{n+1}}=\frac{X_{n+1}-\overline{X}}{\sqrt{\dfrac{n+1}{n}}\sigma}\Big/\sqrt{\frac{(n-1)S^2}{\sigma^2(n-1)}} \sim t(n-1).$$

注 这几题仍是关于 χ^2 分布，F 分布和 t 分布的基础训练题.

【例 12】 设 $X_1,X_2,\cdots,X_7$ 为总体 $X \sim N(0,0.5^2)$ 的一个样本，求

$$P\left\{\sum_{i=1}^{7}X_i^2>4\right\}.$$

解 因为 $X_i \sim N(0,0.5^2)$，所以 $X_i/0.5=2X_i \sim N(0,1)$，故

$$\sum_{i=1}^{7}4X_i^2 \sim \chi^2(7).$$

于是 $\quad P\left\{\sum_{i=1}^{7}X_i^2>4\right\}=P\left\{4\sum_{i=1}^{7}X_i^2>16\right\}=P\{\chi^2(7)>16\},$

由 χ^2 分布临界值的定义，查表可知 $\chi^2_{0.025}(7)=16.013$，故

$$P\left\{\sum_{i=1}^{7}X_i^2>4\right\}\approx 0.025.$$

注 本题由于出现了随机变量的平方和，故在寻找 $\sum\limits_{i=1}^{7}X_i^2$ 的分布时自然想到 χ^2 分布. 但 χ^2 分布中的 X_i 均服从 $N(0,1)$，所以要将此处的 X_i 标准化. 由临界值的定义 $P\{\chi^2(n)\geqslant\chi^2_\alpha\}=\alpha$，一般查表是已知 α，找临界值 χ^2_α，而此处则相反，是已知临界值 χ^2_α 找 α，故得到的是近似值.

【* 例 13】 从正态总体 $N(3.4,6^2)$ 中抽取容量为 n 的样本，如果要求其样本均值位于区间 $(1.4,5.4)$ 内的概率不小于 0.95，问样本容量 n 至少应取多少？

解 设正态总体为 X，则 $X \sim N(3.4,6^2)$，从而由式(6.4)得

$$\frac{\overline{X}-3.4}{6/\sqrt{n}} \sim N(0,1).$$

所以 $\quad P\{1.4<\overline{X}<5.4\}=\Phi\left(\dfrac{5.4-3.4}{6/\sqrt{n}}\right)-\Phi\left(\dfrac{1.4-3.4}{6/\sqrt{n}}\right)$

$$= 2\Phi\left(\frac{\sqrt{n}}{3}\right) - 1 \geqslant 0.95.$$

即 $\Phi\left(\frac{1}{3}\sqrt{n}\right) \geqslant 0.975.$ 由此可得 $\frac{\sqrt{n}}{3} \geqslant 1.96$，即 $n \geqslant (1.96 \times 3)^2 \approx 34.57$，故 n 至少应取 35.

【例 14】 设 $X_1, X_2, \cdots, X_n$ 为相互独立且分别服从正态分布 $N(a_i, \sigma_i^2)$ 的随机变量. 设

$$\eta = c_1 X_1 + c_2 X_2 + \cdots + c_n X_n,$$

证明：$\eta \sim N\left(\sum_{i=1}^{n} c_i a_i, \sum_{i=1}^{n} c_i^2 \sigma_i^2\right).$ 特别地，若 $X_i \sim N(\mu, \sigma^2)$ $(i=1,2,\cdots,n)$，则

$$\eta \sim \left(\mu \sum_{i=1}^{n} c_i, \sigma^2 \sum_{i=1}^{n} c_i^2\right).$$

证 因为 $X_1, X_2, \cdots, X_n$ 相互独立.

所以 $E\eta = E(c_1 X_1 + c_2 X_2 + \cdots + c_n X_n) = \sum_{i=1}^{n} c_i E X_i = \sum_{i=1}^{n} c_i a_i,$

$$D\eta = \sum_{i=1}^{n} c_i^2 D X_i = \sum_{i=1}^{n} c_i^2 \sigma_i^2.$$

故 $$\eta \sim N\left(\sum_{i=1}^{n} c_i a_i, \sum_{i=1}^{n} c_i^2 \sigma_i^2\right).$$

同理可证，若 $X_i \sim N(\mu, \sigma^2)$ $(i=1,2,\cdots,n)$，则 $\eta \sim \left(\mu \sum_{i=1}^{n} c_i, \sigma^2 \sum_{i=1}^{n} c_i^2\right).$

注 本例说明 n 个相互独立正态分布随机变量的线性组合仍服从正态分布. 特殊情形：若取 $c_i = \frac{1}{n}$ $(i=1,2,\cdots,n)$，则结论正是正态总体下样本均值的分布式(6.4). 该题结果可作为一般结论直接引用.

【例 15】 设总体 $X \sim N(1000, \sigma^2)$. 现抽取容量为 9 的样本，得到 $\bar{x} = 940$，$s = 100$，问 $P\{\overline{X} < 940\}$ 是多少？

解 因为 $P\{\overline{X} < 940\} = P\left\{\frac{\overline{X} - \mu}{S/\sqrt{n}} < \frac{940 - 1000}{100/\sqrt{9}}\right\} = P\left\{\frac{\overline{X} - \mu}{S/\sqrt{n}} < -1.8\right\},$

而 $T = \frac{\overline{X} - \mu}{S/\sqrt{n}}$ 服从自由度为 $n-1=8$ 的 t 分布，又由于 t 分布的对称性，有

$$P\{T < -t_\alpha(n)\} = P\{T > t_\alpha(n)\} = \alpha.$$

令 $t_\alpha(8) = 1.8$，查表知 $t_{0.10}(8) = 1.396$，$t_{0.05}(8) = 1.8595$，由插值可求得 $\alpha = 0.056$，即 $P\{\overline{X} < 940\} = 0.056.$

注 本题的关键是寻找含有统计量 $\overline{X}$ 的分布. 由于 σ^2 未知，故不能用 $\frac{\overline{X} - \mu}{\sigma/\sqrt{n}} \sim N(0,1)$ 来解题. 但 S 已知，由式(6.7)得 $\frac{\overline{X} - \mu}{S/\sqrt{n}} \sim t(n-1)$，于是由 t 分布临界值的定义即可顺利求得相应的

概率.

【例 16】 设 $X \sim N(\mu, \sigma^2)$，$X_1, X_2, \cdots, X_{10}$ 是来自总体 X 的随机样本，求下列概率.

(1) $P\{0.3\sigma^2 \leqslant \frac{1}{10}\sum_{i=1}^{10}(X_i - \mu)^2 \leqslant 2.1\sigma^2\}$；

(2) $P\{0.3\sigma^2 \leqslant \frac{1}{10}\sum_{i=1}^{10}(X_i - \overline{X})^2 \leqslant 2.1\sigma^2\}$.

解 (1) 由于 $\dfrac{\sum\limits_{i=1}^{n}(X_i - \mu)^2}{\sigma^2} \sim \chi^2(n)$，故

$$P\{0.3\sigma^2 \leqslant \frac{1}{10}\sum_{i=1}^{10}(X_i - \mu)^2 \leqslant 2.1\sigma^2\}$$

$$= P\{3 \leqslant \sum_{i=1}^{10}[(X_i - \mu)/\sigma]^2 \leqslant 21\}$$

$$= P\{3 \leqslant \chi^2(10) \leqslant 21\} = P\{\chi^2(10) \leqslant 21\} - P\{\chi^2(10) \leqslant 3\}$$

$$= 1 - P\{\chi^2(10) \geqslant 21\} - [1 - P\{\chi^2(10) \geqslant 3\}]$$

$$= P\{\chi^2(10) \geqslant 3\} - P\{\chi^2(10) \geqslant 21\}$$

$$\approx 0.98 - 0.02 = 0.96.$$

(2) 利用式(6.6) 得

$$P\{0.3\sigma^2 \leqslant \frac{1}{10}\sum_{i=1}^{10}(X_i - \overline{X})^2 \leqslant 2.1\sigma^2\}$$

$$= P\{3 \leqslant \sum_{i=1}^{10}(X_i - \overline{X})^2/\sigma^2 \leqslant 21\} = P\{3 \leqslant \chi^2(9) \leqslant 21\}$$

$$= P\{\chi^2(9) \geqslant 3\} - P\{\chi^2(9) \geqslant 21\} \approx 0.96 - 0.01 = 0.95.$$

注 本题关键是要注意 $\frac{1}{\sigma^2}\sum\limits_{i=1}^{10}(X_i - \mu)^2$，$\frac{1}{\sigma^2}\sum\limits_{i=1}^{10}(X_i - \overline{X})^2$ 这两个统计量的差异. 它们虽然都服从 χ^2 分布，但由于 μ 与 $\overline{X}$ 的不同使其自由度也不同. 查表时，上述两个随机变量的自由度分别是 10 和 9. 同例 12 由于是反查表，得到的仍是近似值.

【例 17】 求总体 $N(20,3)$ 的容量分别为 $10,15$ 的两个独立样本均值差的绝对值大于 0.3 的概率.

解 设两独立样本分别为 X, Y，其样本均值分别为 $\overline{X}, \overline{Y}$，则

$$\overline{X} \sim N(20, 3/10), \quad \overline{Y} \sim N(20, 3/15).$$

由内容提要中式(6.8) 知

$$\overline{X} - \overline{Y} \sim N(20 - 20, 3/10 + 3/15) = N(0, 1/2).$$

即

$$(\overline{X} - \overline{Y})/\sqrt{1/2} \sim N(0, 1).$$

故 $P\{|\overline{X} - \overline{Y}| > 0.3\} = 1 - P\{|\overline{X} - \overline{Y}| \leqslant 0.3\}$

$$= 1 - P\{|\overline{X} - \overline{Y}| / \sqrt{1/2} \leqslant 0.3/\sqrt{1/2}\}$$

$$= 1 - [2\Phi(0.3\sqrt{2}) - 1] = 2 - 2\Phi(0.42) = 0.6744.$$

注 以上各题（例 12～例 17）是掌握正态总体下几种常用统计量分布的基础训练题.

【例 18】 设总体 $X \sim N(\mu_1, \sigma^2)$，$Y \sim N(\mu_2, \sigma^2)$，从二总体中分别抽样，经整理得到如下数据

$$n_1 = 7, \quad \overline{x} = 54, \quad s_1^2 = 116.7; \quad n_2 = 8, \quad \overline{y} = 42, \quad s_2^2 = 85.7.$$

求概率 $P\{0.9 < \mu_1 - \mu_2 < 3\}$.

解 由于二总体方差相等，现在要估计总体均值之差，因此应选择抽样分布

$$T = \frac{(\overline{X} - \overline{Y}) - (\mu_1 - \mu_2)}{S_W \cdot \sqrt{\dfrac{1}{n_1} + \dfrac{1}{n_2}}} \sim t(n_1 + n_2 - 2), \quad \text{其中 } S_W = \sqrt{\frac{(n_1 - 1)S_1^2 + (n_2 - 1)S_2^2}{n_1 + n_2 - 2}}.$$

计算相关数据如下

$$S_W = \sqrt{\frac{(n_1 - 1)s_1^2 + (n_2 - 1)s_2^2}{n_1 + n_2 - 2}} = \sqrt{\frac{(7 - 1) \times 116.7 + (8 - 1) \times 85.7}{7 + 8 - 2}} = 10,$$

$$\overline{x} - \overline{y} = 54 - 42 = 12, \quad \sqrt{\frac{1}{n_1} + \frac{1}{n_2}} = 0.5175.$$

故 $\quad P\{0.9 < \mu_1 - \mu_2 < 3\} = P\{-3 < -(\mu_1 - \mu_2) < -0.9\}$

$$= P\left\{ \frac{(\overline{x} - \overline{y}) - 3}{S_W \cdot \sqrt{\dfrac{1}{7} + \dfrac{1}{8}}} < \frac{(\overline{X} - \overline{Y}) - (\mu_1 - \mu_2)}{S_W \cdot \sqrt{\dfrac{1}{n_1} + \dfrac{1}{n_2}}} < \frac{(\overline{x} - \overline{y}) - 0.9}{S_W \cdot \sqrt{\dfrac{1}{7} + \dfrac{1}{8}}} \right\}$$

$$= P\left\{ \frac{12 - 3}{10 \times 0.5175} < t(13) < \frac{12 - 0.9}{10 \times 0.5175} \right\}$$

$$= P\{1.7391 < t(13) < 2.1449\}$$

$$= P\{t(13) > 1.7391\} - P\{t(13) \geqslant 2.1449\} = 0.05 - 0.025 = 0.025.$$

【例 19】 设总体 $X \sim B(1, p)$，$X_1, X_2, \cdots, X_n$ 是来自总体的样本，

$$\overline{X} = \frac{1}{n} \sum_{i=1}^{n} X_i, \quad S^2 = \frac{1}{n-1} \sum_{i=1}^{n} (X_i - \overline{X})^2.$$

（1）求 $(X_1, X_2, \cdots, X_n)$ 的分布律；（2）求 $\sum_{i=1}^{n} X_i$ 的分布律；（3）求 $E\overline{X}$，$D\overline{X}$，ES^2.

解 （1）由于总体 X 的分布为 $P\{X = k\} = p^k q^{1-k}$，$k = 0, 1$，故 X_i 的分布律为

$$P\{X_i = x_i\} = p^{x_i} q^{1 - x_i} \quad (x_i = 0, 1; q = 1 - p), \quad i = 1, 2, \cdots, n.$$

所以 $(X_1, X_2, \cdots, X_n)$ 的分布律为

$$P\{X_1 = x_1, X_2 = x_2, \cdots, X_n = x_n\} = \prod_{i=1}^{n} P\{X_i = x_i\}$$

$$= \prod_{i=1}^{n} p^{x_i} q^{1-x_i} = p^{\sum\limits_{i=1}^{n} x_i} q^{n-\sum\limits_{i=1}^{n} x_i},$$

其中 $x_i = 0$ 或 1；$i = 1, 2, \cdots, n.$

(2) 由于 X_i 相互独立，且 $X_i \sim B(1, p)$，所以

$$Y = \sum_{i=1}^{n} X_i \sim B(n, p),$$

故 $\qquad P\{Y = k\} = C_n^k p^k (1-p)^{n-k}, \quad k = 0, 1, 2, \cdots, n.$

(3) 记 $EX = \mu$，$DX = \sigma^2$，则 $\mu = p$，$\sigma^2 = p(1-p)$，且 $EY = np$，$DY = np(1-p)$，故

$$E\overline{X} = E\left(\frac{1}{n}Y\right) = \frac{1}{n}EY = \frac{1}{n} \cdot np = p,$$

$$D\overline{X} = D\left(\frac{1}{n}Y\right) = \frac{1}{n^2}DY = \frac{1}{n^2} \cdot np(1-p) = \frac{p(1-p)}{n}.$$

$$ES^2 = E\left(\frac{1}{n-1}\sum_{i=1}^{n}(X_i-\overline{X})^2\right) = \frac{1}{n-1}E\left(\sum_{i=1}^{n}(X_i-\overline{X})^2\right)$$

$$= \frac{1}{n-1}E\left(\sum_{i=1}^{n}[(X_i-\mu)-(\overline{X}-\mu)]^2\right)$$

$$= \frac{1}{n-1}E\left(\sum_{i=1}^{n}[(X_i-\mu)^2 - 2(X_i-\mu)(\overline{X}-\mu) + (\overline{X}-\mu)]^2\right)$$

$$= \frac{1}{n-1}E\left(\sum_{i=1}^{n}(X_i-\mu)^2 - n(\overline{X}-\mu)^2\right) = \frac{1}{n-1}\left(\sum_{i=1}^{n}E(X_i-\mu)^2 - nE(\overline{X}-\mu)^2\right)$$

$$= \frac{1}{n-1}(n\sigma^2 - nD\overline{X}) = \frac{1}{n-1}\left(n\sigma^2 - n\frac{\sigma^2}{n}\right)$$

$$= \sigma^2 = p(1-p).$$

注 也可利用样本矩与总体矩关系 $ES^2 = \sigma^2$ 直接得到结果：$ES^2 = \sigma^2 = p(1-p).$

【**例 20**】设 $\overline{X}_n$ 和 S_n^2 分别是样本 $(X_1, X_2, \cdots, X_n)$ 的样本均值和样本方差. 现又获得第 $n+1$ 个观察值，证明：

(1) $\overline{X}_{n+1} = \dfrac{n}{n+1}\overline{X}_n + \dfrac{X_{n+1}}{n+1};$ $\qquad$ (2) $S_{n+1}^2 = \dfrac{n-1}{n}S_n^2 + \dfrac{1}{n+1}(X_{n+1} - \overline{X}_n)^2.$

其中 $\overline{X}_n = \dfrac{1}{n}\sum\limits_{i=1}^{n} X_i$，$\quad S_n^2 = \dfrac{1}{n-1}\sum\limits_{i=1}^{n}(X_i - \overline{X}_n)^2.$

证 (1) $\qquad \overline{X}_{n+1} = \dfrac{1}{n+1}(X_1 + X_2 + \cdots + X_n + X_{n+1})$

$$= \frac{n}{n+1} \cdot \frac{1}{n}(X_1 + X_2 + \cdots + X_n) + \frac{X_{n+1}}{n+1}$$

$$= \frac{n}{n+1}\overline{X}_n + \frac{X_{n+1}}{n+1}.$$

(2) $S_{n+1}^2 = \dfrac{1}{n} \displaystyle\sum_{i=1}^{n+1} (X_i - \overline{X}_{n+1})^2 = \dfrac{1}{n} \displaystyle\sum_{i=1}^{n+1} \left(X_i - \dfrac{n}{n+1} \overline{X}_n - \dfrac{X_{n+1}}{n+1} \right)^2$

$\qquad = \dfrac{1}{n} \displaystyle\sum_{i=1}^{n} \left[(X_i - \overline{X}_n) + \left(\dfrac{\overline{X}_n}{n+1} - \dfrac{X_{n+1}}{n+1} \right) \right]^2 + \dfrac{1}{n} \left(X_{n+1} - \dfrac{n\overline{X}_n}{n+1} - \dfrac{X_{n+1}}{n+1} \right)^2$

$\qquad = \dfrac{n-1}{n} \cdot \dfrac{1}{n-1} \displaystyle\sum_{i=1}^{n} (X_i - \overline{X}_n)^2 + \dfrac{2}{n} \cdot \dfrac{1}{n+1} (\overline{X}_n - X_{n+1}) \displaystyle\sum_{i=1}^{n} (X_i - \overline{X}_n) +$

$\qquad \dfrac{(\overline{X}_n - X_{n+1})^2}{(n+1)^2} + \dfrac{n}{(n+1)^2} (\overline{X}_n - X_{n+1})^2$

$\qquad = \dfrac{n-1}{n} S_n^2 + \dfrac{1}{n+1} (X_{n+1} - \overline{X}_n)^2 .$

注　本题是一道综合题，所述结果很重要．它说明，如果样本增加一个，其 $n+1$ 个数据构成新样本的均值和方差的计算无需从头做起，只要根据前 n 个数据已求出的均值和方差，加上新的这个数据便可由（1）和（2）计算出来．证明最后一步时用到结论 $\displaystyle\sum_{i=1}^{n} (X_i - \overline{X}_n) = 0$．

第四节　练习与测试

* 1. 设随机变量 X 和 Y 相互独立，且都服从正态分布 $N(0,3^2)$，而 $X_1, X_2, \cdots, X_9$ 和 $Y_1, Y_2, \cdots, Y_9$ 是分别来自总体 X 和 Y 的简单随机样本，则统计量 $U = (X_1 + X_2 + \cdots + X_9) / \sqrt{Y_1^2 + Y_2^2 + \cdots + Y_9^2}$ 服从_____分布，参数（自由度）为_____．

2. 设 $X_1, X_2, \cdots, X_n, X_{n+1}, \cdots, X_{n+m}$ 是来自总体 $N(0,\sigma^2)$ 的容量为 $n+m$ 的样本，则

（1）统计量 $Y_1 = \dfrac{1}{\sigma^2} \displaystyle\sum_{i=1}^{n+m} X_i^2$ 服从_____分布；

（2）统计量 $Y_2 = m \displaystyle\sum_{i=1}^{n} X_i^2 \Big/ \left(n \displaystyle\sum_{i=n+1}^{n+m} X_i^2 \right)$ 服从_____分布；

（3）统计量 $Y_3 = \sqrt{m} \displaystyle\sum_{i=1}^{n} X_i \Big/ \sqrt{n \displaystyle\sum_{i=n+1}^{n+m} X_i^2}$ 服从_____分布．

3. X 服从正态分布且 $EX = -1$，$EX^2 = 4$，则 $\overline{X} = \dfrac{1}{n} \displaystyle\sum_{i=1}^{n} X_i$ 服从_____分布．

4. 设 $X \sim N(4, 4^2)$，$\overline{X}$ 为 10 个样本的均值，则 $\dfrac{\overline{X} - 4}{4/\sqrt{10}} \sim$ _____．

5. 设随机变量 $X \sim N(\mu, 1)$，$Y \sim \chi^2(n)$，$T = \dfrac{X - \mu}{\sqrt{Y}} \sqrt{n}$，则 T 服从_____分布．

6. 设 $X_1, X_2, \cdots, X_n$ 是来自具有 $\chi^2(n)$ 分布的总体的样本，则 $E\overline{X} =$ _____，$D\overline{X} =$ _____．

7. 设 $X_1, X_2, \cdots, X_8$ 和 $Y_1, Y_2, \cdots, Y_{10}$ 分别来自两个正态总体 $N(-1, 2^2)$ 和 $N(2, 5)$ 的样本，且相互独立，S_1^2 和 S_2^2 分别为两个样本的样本方差，则 $5S_1^2/4S_2^2 \sim$ _____．

* 8. 设 $X_1, X_2, \cdots, X_n$ 是来自正态总体 $N(\mu, \sigma^2)$ 的样本，$\overline{X}$ 为样本均值，记

$$S_1^2 = \frac{1}{n-1}\sum_{i=1}^{n}(X_i-\overline{X})^2, \quad S_2^2 = \frac{1}{n}\sum_{i=1}^{n}(X_i-\overline{X})^2,$$

$$S_3^2 = \frac{1}{n-1}\sum_{i=1}^{n}(X_i-\mu)^2, \quad S_4^2 = \frac{1}{n}\sum_{i=1}^{n}(X_i-\mu)^2.$$

则服从自由度为 $n-1$ 的 t 分布的随机变量是 _____.

(A) $t=\dfrac{\overline{X}-\mu}{S_1/\sqrt{n-1}}$; (B) $t=\dfrac{\overline{X}-\mu}{S_2/\sqrt{n-1}}$;

(C) $t=\dfrac{\overline{X}-\mu}{S_3/\sqrt{n}}$; (D) $t=\dfrac{\overline{X}-\mu}{S_4/\sqrt{n}}$.

9. 已知总体 X 有概率密度

$$f(x)=\begin{cases} \dfrac{x^m}{m!}\mathrm{e}^{-x}, & x>0, \\ 0, & x<0. \end{cases}$$

试求样本 $(X_1,X_2,\cdots,X_n)$ 的联合概率密度,并求 $E\overline{X}$, $D\overline{X}$, ES^2, EB_2.

10. 设 $(X_1,X_2,\cdots,X_n)$ 是总体 X 的样本,而 X 服从区间 $[a,b]$ 上的均匀分布,试求 $E\overline{X}$, $D\overline{X}$, ES^2.

11. 在总体 $X\sim N(12,2^2)$ 中随机地抽取一个容量为 5 的样本 $X_1,X_2,\cdots,X_5$.

(1) 求样本均值 $\overline{X}$ 在 11 到 15 之间取值的概率;

(2) 求概率 $P\{\max(X_1,X_2,\cdots,X_5)>15\}$;

(3) 求概率 $P\{\min(X_1,X_2,\cdots,X_5)<10\}$.

12. 随机观察总体 X,取得 10 个数据为 $3.2,2.5,-4,2.5,0,3,2,2.5,4,2$. 求样本均值、样本方差.

13. 已知 $X\sim N(\mu,\sigma^2)$,从中随机抽取 $n=14$ 的样本,试分别由以下条件求样本均值与总体均值之差的绝对值小于 1.5 的概率.

(1) $\sigma^2=25$; (2) σ^2 未知,但 $s^2=17.26$.

14. 某厂生产的灯泡使用寿命 $X\sim N(2250,250^2)$. 现进行质量检查,方法如下:任选若干个灯泡,若这些灯泡的平均寿命超过 2200h,就认为该厂生产的灯泡质量合格. 若要使检查能通过的概率超过 0.997,问至少应检查多少个灯泡?

15. 设在总体 $N(\mu,\sigma^2)$ 中抽取一容量为 16 的样本,这里 μ,σ^2 均未知:

(1) 求 $P\{S^2/\sigma^2\leqslant 2.04\}$; (2) 求 DS^2.

16. 设总体 $X\sim N(0,1)$,从此总体中取容量为 6 的样本 $(X_1,X_2,\cdots,X_6)$,设 $Y=(X_1+X_2+X_3)^2+(X_4+X_5+X_6)^2$,试决定常数 c,使得随机变量 cY 服从 χ^2 分布.

17. 设 $(X_1,X_2,\cdots,X_6)$ 是正态总体 $N(0,2^2)$ 的一个样本,求 $P\left\{\sum_{i=1}^{6}X_i^2>6.54\right\}$.

18. 设总体 X, Y 相互独立,且都服从 $N(30,3^2)$; $X_1,X_2,\cdots,X_{20}$ 和 $Y_1,Y_2,\cdots,Y_{25}$ 是分别来自 X 和 Y 的样本,求 $P\{|\overline{X}-\overline{Y}|>0.4\}$.

第五节 练习与测试参考答案

1. $U\sim t(9)$,参数为 9.

2. $Y_1 \sim \chi^2(n+m)$. 因为 $\dfrac{1}{\sigma^2}\displaystyle\sum_{i=1}^{n}X_i^2 \sim \chi^2(n)$，$\dfrac{1}{\sigma^2}\displaystyle\sum_{i=n+1}^{m+n}X_i^2 \sim \chi^2(m)$，所以 $Y_2 \sim F(n,m)$.

因为 $\dfrac{1}{\sqrt{n}}\displaystyle\sum_{i=1}^{n}\dfrac{X_i}{\sigma} \sim N(0,1)$，$\dfrac{1}{\sigma^2}\displaystyle\sum_{i=n+1}^{m+n}X_i^2 \sim \chi^2(m)$，所以 $Y_3 \sim t(m)$.

3. $N(-1,3/n)$.   4. $N(0,1)$.   5. $t(n)$.   6. $n,2$.

7. 由式(6.10) 即得 $5S_1^2/4S_2^2 \sim F(7,9)$.   8. (B) 正确.

9. $f(x_1,x_2,\cdots,x_n) = (m!)^{-n}\Big(\displaystyle\prod_{i=1}^{n}x_i\Big)^m \mathrm{e}^{-\sum\limits_{i=1}^{n}x_i}$, $x_1 > 0,\cdots,x_n > 0$.

因为 $EX = \dfrac{1}{m!}\displaystyle\int_0^{+\infty}x^{m+2-1}\mathrm{e}^{-x}\mathrm{d}x = \dfrac{\Gamma(m+2)}{m!} = m+1$,

$\qquad EX^2 = \dfrac{1}{m!}\displaystyle\int_0^{+\infty}x^{m+3-1}\mathrm{e}^{-x}\mathrm{d}x = \dfrac{\Gamma(m+3)}{m!} = (m+2)(m+1)$,

所以 $DX = EX^2 - (EX)^2 = m+1$.   故 $E\overline{X} = m+1$，$D\overline{X} = (m+1)/n$,

$$ES^2 = m+1,\ EB_2 = (n-1)(m+1)/n.$$

10. $E\overline{X} = EX = (a+b)/2$，$D\overline{X} = DX/n = (b-a)^2/12n$，$ES^2 = DX = (b-a)^2/12$.

11. (1) 0.7372；

     (2) $P\{\max(X_1,X_2,\cdots,X_5) > 15\} = 1 - P\{\max(X_1,X_2,\cdots,X_5) \leqslant 15\}$

$$= 1 - (P\{X \leqslant 15\})^5 = 1 - \Big[\Phi\Big(\dfrac{15-12}{2}\Big)\Big]^5 = 0.29;$$

     (3) $P\{\min(X_1,X_2,\cdots,X_5) < 10\} = 1 - P\{\min(X_1,X_2,\cdots,X_5) \geqslant 10\}$

$$= 1 - \prod_{i=1}^{5}\big[1 - P\{X_i < 10\}\big]$$

$$= 1 - \Big[1 - \Phi\Big(\dfrac{10-12}{2}\Big)\Big]^5 = 1 - 0.42 = 0.58.$$

12. 1.77，5.185.

13. (1) 0.7372；

     (2) $P\{|\overline{X} - \mu| < 1.5\} = P\big\{|\overline{X} - \mu|/\sqrt{S^2/n} < 1.5/\sqrt{17.26/14}\big\}$

$$= P\{|t(13)| < 1.35\} = 1 - 2P\{t(13) > 1.35\} = 0.80.$$

14. $n = 189.1 \approx 190$.

15. 因为 $\dfrac{(n-1)}{\sigma^2}S^2 \sim \chi^2(n-1)$.

(1) $P\{S^2/\sigma^2 \leqslant 2.04\} = P\{\chi^2(16-1) \leqslant (16-1)\cdot 2.04\} = 1 - P\{\chi^2(15) > 30.6\} = 0.99$.

(2) $DS^2 = \dfrac{\sigma^4}{{n-1}^2}D\Big[\dfrac{n-1}{\sigma^2}S^2\Big]$,

因 $\dfrac{(n-1)}{\sigma^2}S^2 \sim \chi^2(n-1)$，故 $D\Big[\dfrac{n-1}{\sigma^2}S^2\Big] = 2(n-1)$.

所以 $DS^2 = 2\sigma^4/(n-1)$（这是一个有用的结论）.

16.

因为 $\dfrac{X_1+X_2+X_3}{\sqrt{3}}\sim N(0,1)$,　　$\dfrac{X_4+X_5+X_6}{\sqrt{3}}\sim N(0,1)$,

所以 $\dfrac{(X_1+X_2+X_3)^2}{3}+\dfrac{(X_4+X_5+X_6)^2}{3}\sim\chi^2(2)$. 故 $c=1/3$, $Y\sim\chi^2(2)$.

17. 由于 $X_i/2\sim N(0,1)$, $\displaystyle\sum_{i=1}^{6}(X_i/2)^2\sim\chi^2(6)$,

故 $P\left\{\displaystyle\sum_{i=1}^{6}X_i^2>6.45\right\}=P\{\chi^2(6)>1.635\}=0.95$.

18. $\overline{X}-\overline{Y}\sim N(0,0.9^2)$, $P\{|\overline{X}-\overline{Y}|>0.4\}=0.66$.

第七章 参 数 估 计

第一节 基 本 要 求

（1）理解参数的点估计、估计量与估计值的概念.

（2）掌握矩估计法（一阶、二阶矩）和极大似然估计法.

（3）了解估计量的无偏性、有效性（最小方差性）和一致性（相合性）的概念，并会验证估计量的无偏性、有效性.

（4）了解区间估计的概念，会求单个正态总体的均值和方差的置信区间，会求两个正态总体的均值差和方差比的置信区间.

（5）对于非正态总体，了解参数区间估计的基本原理及方法.

第二节 内 容 提 要

一、点估计

设 θ 为总体 X 的待估参数，$X_1,X_2,\cdots,X_n$ 是 X 的一个样本，$x_1,x_2,\cdots,x_n$ 是相应的样本观察值，所谓**点估计**，就是用一个统计量 $\hat{\theta}=\hat{\theta}(X_1,X_2,\cdots,X_n)$ 的一个具体观察值 $\hat{\theta}(x_1,x_2,\cdots,x_n)$〔这里 θ 的上面加上记号"^"表示 $\hat{\theta}$ 是 θ 的估计量（值），并非 θ 的真值〕来估计未知参数 θ. 称 $\hat{\theta}(X_1,X_2,\cdots,X_n)$ 为 θ 的**估计量**，$\hat{\theta}(x_1,x_2,\cdots,x_n)$ 为 θ 的**估计值**.

估计量、估计值有时不严加区分简记为 $\hat{\theta}$，这时应根据实际含义加以理解.

两种常用的点估计方法是矩估计法和极大似然估计法.

1. 矩估计法

矩是随机变量的数字特征. 它有两种：一是原点矩，二是中心矩. 对总体 X 而言

$$\mu_k = EX^k \quad (k=1,2,\cdots)$$

称为总体 X 的 k 原点矩，它是随机变量 X 的 k 次幂的数学期望.

$$\upsilon_k = E(X-EX)^k \quad (k=2,3,\cdots)$$

称为总体 X 的 k 阶中心矩，它是随机变量离差 k 次幂的数学期望. 显然总体 X 的一阶原点矩就是 X 的期望，二阶中心矩是 X 的方差.

样本 k 阶原点矩是指

$$A_k = \frac{1}{n} \sum_{i=1}^{n} X_i^k \quad (k = 1, 2, \cdots).$$

当 $k=1$ 时，就是样本均值，即 $A_1 = \overline{X}$. 样本 k 阶中心矩是指

$$B_k = \frac{1}{n} \sum_{i=1}^{n} (X_i - \overline{X})^k \quad (k = 2, 3, \cdots).$$

基于样本矩 A_k （或 B_k）依概率收敛到相应的总体矩 μ_k （或 v_k），样本矩的连续函数依概率收敛于相应的总体矩的连续函数，因而可用样本矩的连续函数作为相应总体矩的连续函数的估计量，这种估计方法称为矩估计法. 一般步骤如下

设总体 X 的分布函数为 $F(x; \theta_1, \theta_2 \cdots, \theta_l)$，其中 $\theta_1, \theta_2, \cdots, \theta_l$ 为待估参数. 若总体 X 的 k 阶原点矩 EX^k 存在，记为 $\mu_k(\theta_1, \cdots, \theta_l)$. 现从总体中抽取容量为 n 的样本 $X_1, X_2, \cdots, X_n$，令总体和样本的 k（$k=1, 2, \cdots, l$）原点矩对应相等得

$$\mu_k(\theta_1, \cdots, \theta_l) = A_k \left(= \frac{1}{n} \sum_{i=1}^{n} X_i^k\right) \quad (k = 1, 2, \cdots, l)$$

由此 l 个方程解出 l 个未知数 $\theta_1, \theta_2, \cdots, \theta_l$，便是待估参数 $\theta_1, \theta_2, \cdots, \theta_l$ 的矩估计量，记为 $\hat{\theta}_1, \hat{\theta}_2, \cdots, \hat{\theta}_l$.

矩估计仅从总体的数字特征出发，其思想就是"替换"的思想. 即，用样本原点矩替换相应的总体原点矩，因而即使不知道总体分布，只要知道未知参数与总体各阶矩的关系，就能使用矩估计法求出矩估计量（值）.

2. 极大似然估计法

（1）**似然函数** 设总体的分布形式已知为 $f(x; \theta_1, \cdots, \theta_l)$（对离散的情形理解为分布律，连续的情形理解为概率密度），$\theta_1, \theta_2, \cdots, \theta_l$ 为待估参数，$x_1, x_2, \cdots, x_n$ 是样本观察值，称样本的联合分布

$$L(\theta_1, \theta_2, \cdots, \theta_l) = \prod_{i=1}^{n} f(x_i; \theta_1, \theta_2, \cdots, \theta_l) [(\theta_1, \theta_2, \cdots, \theta_l) \in \Theta]$$

为 $\theta_1, \theta_2, \cdots, \theta_l$ 的似然函数.

（2）**极大似然估计法** 对给定的 $x_1, x_2, \cdots, x_n$，确定 $(\hat{\theta}_1, \hat{\theta}_2, \cdots, \hat{\theta}_l) \in \Theta$ 使 $L(\theta_1, \theta_2, \cdots, \theta_l)$ 取得最大，即

$$L(\hat{\theta}_1, \hat{\theta}_2, \cdots, \hat{\theta}_l) = \max_{(\theta_1, \theta_1, \cdots, \theta_l) \in \Theta} L(\theta_1, \theta_2, \cdots, \theta_l),$$

的方法，叫做极大似然估计法，并称 $\hat{\theta}_i(x_1, x_2, \cdots, x_n)(i=1, 2, \cdots, l)$ 为 $\theta_i(i=1, 2, \cdots, l)$ 极大似然估计值，相应的

$$\hat{\theta}_i(X_1, X_2, \cdots, X_n) \quad (i = 1, 2, \cdots, l)$$

称为 $\theta_i(i=1, 2, \cdots, l)$ 的极大似然估计量.

由多元函数极值的求法，若似然函数 $L(\theta_1, \theta_2, \cdots, \theta_l)$ 关于参数 $\theta_1, \theta_2, \cdots, \theta_l$ 可

微，则可由似然方程组

$$\frac{\partial L(\theta_1,\theta_2,\cdots,\theta_l)}{\partial\theta_i}=0 \quad (i=1,2,\cdots,l)$$

或对数似然方程组

$$\frac{\partial\ln L(\theta_1,\theta_2,\cdots,\theta_l)}{\partial\theta_i}=0 \quad (i=1,2,\cdots,l)$$

求出 θ_i 的极大似然估计.

注 关于 $L(\theta_1,\theta_2,\cdots,\theta_l)$ 的最大值的存在性问题，由实际问题确定是存在的，一般不予讨论. 如果极大似然方程有唯一解，则此解一般就是所求参数的极大似然估计；但如果解不唯一，其解不一定是所求的极大似然估计，需检验；若方程没有解，这时就不能通过解似然方程（组）求得，要寻求其它的方法.

二、估计量的评选标准

（1）**无偏性** 设 $\hat{\theta}=\hat{\theta}(X_1,X_2,\cdots,X_n)$ 是未知参数 θ 的估计量，若 $E\hat{\theta}=\theta$，则称 $\hat{\theta}$ 是参数 θ 的**无偏估计量**或称估计量 $\hat{\theta}$ 是无偏的，否则称 $\hat{\theta}$ 是参数 θ 的**有偏估计量**.

（2）**有效性** 设 $\hat{\theta}_1=\hat{\theta}_1(X_1,X_2,\cdots,X_n)$ 与 $\hat{\theta}_2=\hat{\theta}_2(X_1,X_2,\cdots,X_n)$ 都是 θ 的无偏估计量，若 $D\hat{\theta}_1<D\hat{\theta}_2$，则称 $\hat{\theta}_1$ 较 $\hat{\theta}_2$ 有效.

（3）**一致性** 设 $\hat{\theta}(X_1,X_2,\cdots,X_n)$ 是参数 θ 的估计量，如果对任意的 $\varepsilon>0$ 有

$$\lim_{n\to\infty}P\{|\hat{\theta}(X_1,X_2,\cdots,X_n)-\theta|<\varepsilon\}=1.$$

则称 $\hat{\theta}(X_1,X_2,\cdots,X_n)$ 为参数 θ 的一致估计量.

三、区间估计

1. 置信区间

设 $(X_1,X_2,\cdots,X_n)$ 是总体 X 的样本，θ 是总体分布中的一个未知参数，对于给定 $\alpha(0<\alpha<1)$，如果统计量 $\underline{\theta}(X_1,X_2,\cdots,X_n)$ 和 $\bar{\theta}(X_1,X_2,\cdots,X_n)$ 满足

$$P\{\underline{\theta}<\theta<\bar{\theta}\}=1-\alpha.$$

则称随机区间 $(\underline{\theta},\bar{\theta})$ 为参数 θ 的置信度为 $1-\alpha$ 的**置信区间**，$\underline{\theta}$ 和 $\bar{\theta}$ 分别称为**置信下限**和**置信上限**，$1-\alpha$ 称为**置信度**，α 称为**置信水平**.

2. 正态总体参数的区间估计

区间估计有两种题型

一类是推导未知参数的置信区间公式，其步骤如下

（1）明确问题要求的是什么参数的置信区间，前提条件是什么，置信度是多少；

（2）寻找含有未知参数的样本函数，且要求该样本函数的分布已知；根据样本函数的分布，对给定的置信度 $1-\alpha$ 定出临界值；

（3）利用不等式变型，求出相应参数的置信区间.

对给定的置信水平 α，参数在不同情况下的置信区间公式由表 7-1 给出.

表 7-1　正态总体未知参数的置信区间

未知参数		置信区间	单侧置信下限	单侧置信上限
μ	σ^2 已知	$\overline{X} \pm z_{\frac{\alpha}{2}} \cdot \dfrac{\sigma}{\sqrt{n}}$	$\overline{X} - z_{\alpha} \cdot \dfrac{\sigma}{\sqrt{n}}$	$\overline{X} + z_{\alpha} \cdot \dfrac{\sigma}{\sqrt{n}}$
	σ^2 未知	$\overline{X} \pm t_{\frac{\alpha}{2}}(n-1)\dfrac{S}{\sqrt{n}}$	$\overline{X} - t_{\alpha}(n-1)\dfrac{S}{\sqrt{n}}$	$\overline{X} + t_{\alpha}(n-1)\dfrac{S}{\sqrt{n}}$
σ^2	μ 已知	$\left(\dfrac{\sum\limits_{i=1}^{n}(X_i-\mu)^2}{\chi_{\frac{\alpha}{2}}^2(n)}, \dfrac{\sum\limits_{i=1}^{n}(X_i-\mu)^2}{\chi_{1-\frac{\alpha}{2}}^2(n)} \right)$	$\dfrac{\sum\limits_{i=1}^{n}(X_i-\mu)^2}{\chi_{\alpha}^2(n)}$	$\dfrac{\sum\limits_{i=1}^{n}(X_i-\mu)^2}{\chi_{1-\alpha}^2(n)}$
	μ 未知	$\left(\dfrac{(n-1)S^2}{\chi_{\frac{\alpha}{2}}^2(n-1)}, \dfrac{(n-1)S^2}{\chi_{1-\frac{\alpha}{2}}^2(n-1)} \right)$	$\dfrac{(n-1)S^2}{\chi_{\alpha}^2(n-1)}$	$\dfrac{(n-1)S^2}{\chi_{1-\alpha}^2(n-1)}$
$\mu_1-\mu_2$	σ_1^2,σ_2^2 均已知	$(\overline{X}-\overline{Y}) \pm z_{\frac{\alpha}{2}} \sqrt{\dfrac{\sigma_1^2}{n_1}+\dfrac{\sigma_2^2}{n_2}}$	$\overline{X}-\overline{Y}-z_{\alpha}\sqrt{\dfrac{\sigma_1^2}{n_1}+\dfrac{\sigma_2^2}{n_2}}$	$\overline{X}-\overline{Y}+z_{\alpha}\sqrt{\dfrac{\sigma_1^2}{n_1}+\dfrac{\sigma_2^2}{n_2}}$
	$\sigma_1^2=\sigma_2^2=\sigma^2$ 未知	$(\overline{X}-\overline{Y}) \pm t_{\frac{\alpha}{2}}(n_1+n_2-2)$ $\cdot S_w \sqrt{\dfrac{1}{n_1}+\dfrac{1}{n_2}}$	$\overline{X}-\overline{Y}-t_{\alpha}(n_1+n_2-2)$ $\cdot S_w \sqrt{\dfrac{1}{n_1}+\dfrac{1}{n_2}}$	$\overline{X}-\overline{Y}+t_{\alpha}(n_1+n_2-2)$ $\cdot S_w \sqrt{\dfrac{1}{n_1}+\dfrac{1}{n_2}}$
$\dfrac{\sigma_1^2}{\sigma_2^2}$	μ_1,μ_2 未知	$\left(\dfrac{S_1^2/S_2^2}{F_{\frac{\alpha}{2}}(n_1-1,n_2-1)}, \dfrac{S_1^2/S_2^2}{F_{1-\frac{\alpha}{2}}(n_1-1,n_2-1)} \right)$	$\dfrac{S_1^2/S_2^2}{F_{\alpha}(n_1-1,n_2-1)}$	$\dfrac{S_1^2/S_2^2}{F_{1-\alpha}(n_1-1,n_2-1)}$

另一类题型是给出样本值，具体求出未知参数的置信区间. 这是最常见的题型. 由于其置信区间公式已由表 7-1 给出，故解这类题可归结为如下三步

（1）确定求什么参数的置信区间，前提条件是什么；

（2）由表 7-1 写出此种情况下的置信区间公式；

（3）将已知数据代入计算.

3. 非正态总体参数的区间估计

对于非正态总体 X，当其样本容量较大时，借助于中心极限定理也可对其参数进行区间估计.

（1）非正态总体均值 μ 的置信区间　若 $(X_1,X_2,\cdots,X_n)$ 是取自总体 X 的一个样本，当 n 充分大时，由中心极限定理，下式近似成立

$$\frac{\sum\limits_{i=1}^{n}X_i - n\mu}{\sqrt{n}\sigma} \sim N(0,1) \tag{7.1}$$

其中 μ 为总体均值，σ^2 为总体方差.

若 σ^2 已知，近似地有 μ 的置信度为 $1-\alpha$ 的置信区间为

$$\left(\overline{X}-\frac{\sigma}{\sqrt{n}}z_{\frac{\alpha}{2}}, \overline{X}+\frac{\sigma}{\sqrt{n}}z_{\frac{\alpha}{2}}\right). \tag{7.2}$$

若 σ^2 未知，用样本方差 S 来代替 σ，得近似置信区间

$$\left(\overline{X}-\frac{S}{\sqrt{n}}z_{\frac{\alpha}{2}}, \overline{X}+\frac{S}{\sqrt{n}}z_{\frac{\alpha}{2}}\right). \tag{7.3}$$

（2）（0—1）分布中未知概率 p 的置信区间

$$\left(\overline{X}-\sqrt{\frac{\overline{X}(1-\overline{X})}{n}}z_{\frac{\alpha}{2}}, \overline{X}+\sqrt{\frac{\overline{X}(1-\overline{X})}{n}}z_{\frac{\alpha}{2}}\right). \tag{7.4}$$

（3）泊松分布 $\pi(\lambda)$ 中参数 λ 的置信区间（参见例 22）

$$\left(\overline{X}-\sqrt{\frac{\overline{X}}{n}}z_{\frac{\alpha}{2}}, \overline{X}+\sqrt{\frac{\overline{X}}{n}}z_{\frac{\alpha}{2}}\right). \tag{7.5}$$

第三节 典型例题分析

【例 1】 某种产品的 9 个样品，经测其加工时间（以小时记）分别为 6.0,5.7, 5.8,6.5,7.0,6.3,5.6,6.1,5.0. 试求总体均值 μ 及方差 σ^2 的矩估计值，并求样本方差 s^2.

解 由于无论总体分布是否已知，其期望与方差的矩估计量都是

$$\hat{\mu}=\overline{X}, \quad \hat{\sigma}^2=\frac{1}{n}\sum_{i=1}^{n}(X_i-\overline{X})^2=B_2.$$

于是所求的 μ 及 σ^2 的矩估计值分别为

$$\hat{\mu}=\overline{x}=\frac{1}{9}\sum_{i=1}^{9}x_i=6,$$

$$\hat{\sigma}^2=b_2=\frac{1}{9}\sum_{i=1}^{9}(x_i-\overline{x})^2=\frac{1}{9}\left(\sum_{i=1}^{9}x_i^2-9\,\overline{x}^2\right)=0.293,$$

样本方差为

$$s^2=\frac{1}{9-1}\sum_{i=1}^{9}(x_i-\overline{x})^2=\frac{9}{8}\left[\frac{1}{9}\sum_{i=1}^{2}(x_i-\overline{x})^2\right]=\frac{9}{8}\times0.293=0.33.$$

注 矩估计法的用途之一是用于数字特征的估计. 有时由于对所涉及的总体 X 的分布情况一无所知，为了概括地了解 X 的分布情况，需对 X 的数字特征如数学期望、方差作估计，故估计式 $\hat{\mu}=\overline{x}$，$\hat{\sigma}^2=b_2$，在求总体参数指定样本点上的估计值时，具有广泛应用.

注意到不同情况下处理途径是有差别的，（1）如果总体分布一无所知，那么被估参数只能是总体均值和总体方差，此时按上公式直接计算估计值；（2）如果被估参数并非是总体均值和总体方差，那么通常情况下必须以总体分布已知为前提，利用样本矩等于总体矩，解方程确定被估参数，大部分题目属此类.

【例 2】 设总体 $X\sim B(n,p)$，n 为正整数，$0<p<1$，两者都是未知参数. $(X_1,X_2,\cdots,X_n)$ 是总体 X 的一个样本，试求 n 和 p 的矩估计.

解　因为 $X \sim B(n, p)$，所以　$EX = np$，$DX = np(1 - p)$.

由 $\begin{cases} EX = \overline{X}, \\ DX = B_2. \end{cases}$ 即 $\begin{cases} np = \overline{X}, \\ np(1 - p) = B_2 \end{cases}$

解之，得 n, p 的矩估计量为　$\hat{n} = \left[\dfrac{\overline{X}^2}{\overline{X} - B_2} \right]$，$\hat{p} = 1 - \dfrac{B_2}{\overline{X}}$.

注　（1）题中符号"$[\quad]$"表示取整；

（2）总体含两个及以上的参数时，并不总是用总体原点矩和样本原点矩相等建立方程组来求未知参数的矩估计. 针对具体问题，为使求解简单，有时常用总体中心矩与样本中心矩相等列方程组来求解. 特别若总体分布为常用分布，其方差已知时，更应如此求解. 如本题，因为 DX 可直接写出，故建立方程组 $\begin{cases} EX = \overline{X}, \\ DX = B_2. \end{cases}$ 而不是 $\begin{cases} EX = \overline{X}, \\ EX^2 = A_2. \end{cases}$

【例 3】　设总体 $X \sim N(\mu, \sigma^2)$，其中 μ 已知，而 σ^2 未知，$(x_1, x_2, \cdots, x_n)$ 为来自总体的样本值.（1）试求 σ^2 的矩估计和极大似然估计值；（2）证明此估计是 σ^2 的无偏估计.

解　（1）先求矩估计　由于　$DX = \sigma^2 = EX^2 - (EX)^2$，

令　$EX^2 = A_2 = \dfrac{1}{n} \displaystyle\sum_{i=1}^{n} X_i^2$，即 $DX + (EX)^2 = A_2$，又已知

$$EX = \mu,$$

故 σ^2 的矩估计量为

$$\hat{\sigma}^2 = A_2 - \mu^2 = \frac{1}{n} \sum_{i=1}^{n} X_i^2 - \mu^2 = \frac{1}{n} \sum_{i=1}^{n} (X_i - \mu)^2,$$

矩估计值为　　　　　　　　　$\hat{\sigma}^2 = \dfrac{1}{n} \displaystyle\sum_{i=1}^{n} (x_i - \mu)^2$.

再求极大似然估计　μ 已知时，似然函数为

$$L(\sigma^2) = (2\pi\sigma^2)^{-\frac{n}{2}} \cdot \exp\left\{ -\frac{1}{2\sigma^2} \sum_{i=1}^{n} (x_i - \mu)^2 \right\}$$

因此　　　　　　$\ln L(\sigma^2) = -\dfrac{n}{2} \ln(2\pi\sigma^2) - \dfrac{1}{2\sigma^2} \displaystyle\sum_{i=1}^{n} (x_i - \mu)^2$.

令　　　　$\dfrac{\mathrm{d}\ln L(\sigma^2)}{\mathrm{d}\sigma^2} = -\dfrac{n}{2} \dfrac{1}{\sigma^2} + \dfrac{1}{2\sigma^4} \displaystyle\sum_{i=1}^{n} (x_i - \mu)^2 = 0$,

解得 σ^2 的极大似然估计为　$\hat{\sigma}^2 = \dfrac{1}{n} \displaystyle\sum_{i=1}^{n} (X_i - \mu)^2$.

（2）由于

$$E\hat{\sigma}^2 = E\left[\frac{1}{n} \sum_{i=1}^{n} (X_i - \mu)^2 \right] = \frac{1}{n} \left[\sum_{i=1}^{n} E(X_i - EX_i)^2 \right] = \frac{1}{n} \sum_{i=1}^{n} DX_i = \sigma^2,$$

所以 $\hat{\sigma}^2 = \dfrac{1}{n} \displaystyle\sum_{i=1}^{n} (x_i - \mu)^2$ 是 σ^2 的无偏估计.

注 (1) 因为 $EX = \mu$ 不含参数 σ^2，故用一阶矩方程 $EX = \overline{X}$ 求 σ^2 失效，应采用二阶矩来建立 σ^2 的矩估计方程；

(2) 明确样本与总体独立同分布的特性，是本题获证的关键．证明的思路和技巧有一定的代表性．涉及 σ^2 的估计，归纳总结如下．

在 μ 已知的条件下，σ^2 的无偏估计是 $\hat{\sigma}^2 = \dfrac{1}{n}\sum_{i=1}^{n}(X_i - \mu)^2$．这一结果在统计推断的有关题目中多次应用．

在 μ 未知的条件下，$B_2 = \dfrac{1}{n}\sum_{i=1}^{n}(X_i - \overline{X})^2$ 作为 σ^2 的估计是有偏的．而 $S^2 = \dfrac{1}{n-1}\sum_{i=1}^{n}(X_i - \overline{X})^2$ 才是 σ^2 的无偏估计．

此外，顺便指出 S^2 虽是 σ^2 的无偏估计，S 却不是 σ 的无偏估计．

【* 例 4】 设总体 X 的概率密度为

$$f(x) = \begin{cases} 6x(\theta - x)/\theta^3, & 0 < x < \theta, \\ 0, & \text{其它}. \end{cases}$$

$X_1, X_2, \cdots, X_n$ 是取自总体的简单随机样本．

(1) 求 θ 的矩估计量 $\hat{\theta}$；　　　　　(2) 求 $\hat{\theta}$ 的方差 $D\hat{\theta}$．

解 (1) $EX = \displaystyle\int_{-\infty}^{+\infty} xf(x)\mathrm{d}x = \int_0^\theta \dfrac{6x^2}{\theta^3}(\theta - x)\mathrm{d}x = \dfrac{\theta}{2}$．

令 $\dfrac{\theta}{2} = A_1 = \overline{X}$，则 θ 的矩估计量为 $\hat{\theta} = 2\overline{X}$．

(2) 因 $D\hat{\theta} = D(2\overline{X}) = 4D\overline{X} = \dfrac{4}{n^2}D\Big(\sum_{i=1}^{n}X_i\Big) = \dfrac{4}{n^2}\cdot nDX = \dfrac{4}{n}DX$，

又 $EX^2 = \displaystyle\int_{-\infty}^{+\infty} x^2 f(x)\mathrm{d}x = \int_0^\theta \dfrac{6x^3}{\theta^3}(x - \theta)\mathrm{d}x = \dfrac{6\theta^2}{20}$，

$$DX = EX^2 - (EX)^2 = \dfrac{6\theta^2}{20} - \dfrac{\theta^2}{4} = \dfrac{\theta^2}{20}.$$

所以 $$D\hat{\theta} = \dfrac{4}{n}DX = \dfrac{4}{n}\cdot\dfrac{\theta^2}{20} = \dfrac{\theta^2}{5n}.$$

注 在求 $D\hat{\theta}$ 时仍用到了简单随机样本 $X_1, X_2, \cdots, X_n$ 独立且与总体 X 同分布这一性质，于是经过简单的方差运算，将求 $D\hat{\theta}$ 的问题归结为求总体方差 DX．

【例 5】 设总体 X 服从对数正态分布，其概率密度函数为

$$f(x; \mu, \sigma^2) = \begin{cases} \dfrac{1}{\sqrt{2\pi}\sigma}x^{-1}\mathrm{e}^{-\frac{(\ln x - \mu)^2}{2\sigma^2}}, & x > 0, \\ 0, & x \leqslant 0. \end{cases}$$

其中 $\mu, \sigma^2 > 0$ 是未知参数，$(X_1, X_2, \cdots, X_n)$ 是来自总体 X 的样本．试求 μ，σ^2 的极大似然估计值．

解 似然函数为

$$L(\mu,\sigma^2) = \prod_{i=1}^{n} \frac{1}{\sqrt{2\pi}\sigma} x_i^{-1} e^{-\frac{(\ln x_i - \mu)^2}{2\sigma^2}} = (2\pi\sigma^2)^{-n/2} \left(\prod_{i=1}^{n} x_i\right)^{-1} e^{-\frac{1}{2\sigma^2}\sum_{i=1}^{n}(\ln x_i - \mu)^2},$$

取对数得

$$\ln L(\mu,\sigma^2) = -\frac{n}{2}\ln(2\pi\sigma^2) - \ln\left(\prod_{i=1}^{n} x_i\right) - \frac{1}{2\sigma^2}\sum_{i=1}^{n}(\ln x_i - \mu)^2,$$

由

$$\frac{\partial}{\partial\mu}\ln L(\mu,\sigma^2) = -\frac{1}{2\sigma^2}\sum_{i=1}^{n} 2(\ln x_i - \mu)\cdot(-1) = 0,$$

$$\frac{\partial}{\partial\sigma^2}\ln L(\mu,\sigma^2) = -\frac{n}{2}\cdot\frac{1}{\sigma^2} + \frac{1}{2\sigma^4}\sum_{i=1}^{n}(\ln x_i - \mu)^2 = 0$$

联立解之，μ,σ^2 的极大似然估计值为

$$\hat{\mu} = \frac{1}{n}\sum_{i=1}^{n}\ln x_i, \quad \hat{\sigma^2} = \frac{1}{n}\sum_{i=1}^{n}\left(\ln x_i - \frac{1}{n}\sum_{i=1}^{n}\ln x_i\right)^2.$$

【例 6】 设总体具有概率密度函数

$$f(x) = \begin{cases} \lambda e^{-\lambda(x-\theta)}, & x > \theta, \\ 0, & x \leqslant \theta. \end{cases}$$

其中 $\lambda > 0$，θ 为未知参数，$(X_1, X_2, \cdots, X_n)$ 是来自总体 X 的样本，试求 λ，θ 的矩估计量和极大似然估计量.

解 矩估计.

解法一 因为

$$EX = \int_{-\infty}^{+\infty} x f(x)\mathrm{d}x = \int_{\theta}^{+\infty} x\cdot\lambda e^{-\lambda(x-\theta)}\mathrm{d}x$$

$$\xlongequal{t=x-\theta} \frac{1}{\lambda}\int_0^{+\infty}\lambda(t+\theta)e^{-\lambda t}\mathrm{d}(\lambda t) = \frac{\Gamma(2)}{\lambda} + \theta\Gamma(1) = \frac{1}{\lambda} + \theta,$$

$$DX = \int_{-\infty}^{+\infty}(x - EX)^2\cdot f(x)\mathrm{d}x = \int_{\theta}^{+\infty}\left(x - \theta - \frac{1}{\lambda}\right)^2\lambda e^{-\lambda(x-\theta)}\mathrm{d}x$$

$$\xlongequal{t=x-\theta} \int_0^{+\infty}\left(t - \frac{1}{\lambda}\right)^2 e^{-\lambda t}\mathrm{d}(\lambda t) = \frac{1}{\lambda^2}\int_0^{+\infty}(\lambda t - 1)^2 e^{-\lambda t}\mathrm{d}(\lambda t)$$

$$= \frac{1}{\lambda^2}[\Gamma(3) - 2\Gamma(2) + \Gamma(1)] = \frac{1}{\lambda^2}.$$

所以，由矩估计法得方程组

$$\begin{cases} \theta + \dfrac{1}{\lambda} = \overline{X}, \\ \dfrac{1}{\lambda^2} = B_2. \end{cases}$$

解得 θ，λ 的矩估计量为 $\hat{\lambda} = 1/\sqrt{B_2}$，$\hat{\theta} = \overline{X} - \sqrt{B_2}$.

解法二 令 $X - \theta = Y$，则随机变量函数 Y 的概率密度为

$$f_Y(y) = \begin{cases} \lambda e^{-\lambda y}, & y > 0, \\ 0, & y \leqslant 0. \end{cases}$$

显然 Y 服从参数为 λ 的指数分布. 从而

$$EY = 1/\lambda, \ DY = 1/\lambda^2.$$

因 $\lambda > 0$, 故 $\quad \lambda = 1/\sqrt{DY} = 1/\sqrt{D(X-\theta)} = 1/\sqrt{DX}.$

又由 $EY = 1/\lambda$, 得到 $1/\lambda = E(X-\theta) = EX - \theta$, 即

$$\theta = EX - 1/\lambda = EX - \sqrt{DX}.$$

在 λ 及 θ 的上述表达式中用 $\overline{X}$, B_2 分别替换 EX, DX, 即得 λ 及 θ 的矩估计量

$$\hat{\lambda} = 1/\sqrt{B_2}, \ \hat{\theta} = \overline{X} - \sqrt{B_2}.$$

极大似然估计.

由 $f(x)$ 的表示式易得样本的极大似然函数为

$$L(\lambda, \theta) = \begin{cases} \lambda^n e^{-\sum\limits_{i=1}^{n} \lambda(x_i - \theta)}, & x_i > \theta, \\ 0, & \text{其它}. \end{cases}$$

当 $x_i > \theta$ 时, 取自然对数得

$$\ln L(\lambda, \theta) = n\ln\lambda - \sum_{i=1}^{n} \lambda(x_i - \theta).$$

在上式两端分别对 λ, θ 求导, 并令其等于零, 得到

$$\begin{cases} \dfrac{\partial \ln L(\lambda, \theta)}{\partial \lambda} = \dfrac{n}{\lambda} - \sum_{i=1}^{n}(x_i - \theta) = 0, \\ \dfrac{\partial \ln L(\lambda, \theta)}{\partial \theta} = n\lambda = 0. \end{cases}$$

由第一个方程得 $\theta + \dfrac{1}{\lambda} = \overline{X}$, 但由第二个方程求不出与 λ 有关的表示式, 因而求不出 λ 的极大似然估计, 于是回到似然函数 $L(\lambda, \theta)$. 由似然函数的基本原理, 当 λ 固定时, 要使 $L(\lambda, \theta)$ 最大, 只需 θ 最大. 因 $\theta \leqslant x_1, x_2, \cdots, x_n$, 又要 θ 尽量大, 故 θ 只能取 $x_1, x_2, \cdots, x_n$ 中最小者.

综上, 令 $x_{(1)} = \min\limits_{1 \leqslant i \leqslant n} x_i$, 则 θ 的极大似然估计值及估计量分别为

$$\hat{\theta} = x_{(1)}, \ \hat{\theta} = X_{(1)}.$$

因而 λ 的极大似然估计值及极大似然估计量分别为

$$\hat{\lambda} = \frac{1}{\overline{x} - x_{(1)}}, \ \hat{\lambda} = \frac{1}{\overline{X} - X_{(1)}}.$$

注 (1) 本题在矩估计法中, 反复利用了 Γ 函数的性质, 从而简化了积分计算.

(2) 求极大似然估计最一般的方法是解 (对数) 极大似然方程 (组). 但若此方程无解、或有解, 而其解不在 Θ 中, 这时可按定义求之. 本题 θ 的极大似然估计是由定义

$$L(\hat{\lambda}, \hat{\theta}) = \max L(\lambda, \theta), \quad (\lambda, \theta) \in \Theta$$

求得. 另外极大似然估计还可以通过极大似然的不变性求得 (见例 7 和例 8) 或利用正态总体的数学期望与方差的极大似然估计等于相应的矩估计量的结论求之 (见例 9).

(3) 同一参数用不同的点估计法得出的估计量可能相同（例3），也可能不同（例6）.

【例7】 设 $(X_1, X_2, \cdots, X_n)$ 是来自总体 X 的一个样本，且 $X \sim \pi(\lambda)$（泊松分布）. 求 $P\{X=0\}$ 的极大似然估计.

解 泊松分布的分布律为

$$P\{X=k\} = \frac{\lambda^k \mathrm{e}^{-\lambda}}{k!} \quad (k=0,1,2,\cdots).$$

而 $P\{X=0\} = \mathrm{e}^{-\lambda}$，又函数 $\varphi(\lambda) = \mathrm{e}^{-\lambda}$ 有单值反函数，故由极大似然估计的不变性知 $P\{X=0\}$，即 $\varphi(\lambda)$ 的极大似然估计值为

$$\hat{P}\{X=0\} = \hat{\varphi}(\lambda) = \varphi(\hat{\lambda}) = \mathrm{e}^{-\hat{\lambda}}.$$

又 λ 作为泊松分布的待估参数，由于 $EX = \lambda$，故其极大似然估计值为 $\hat{\lambda} = \bar{x}$，于是 $P\{X=0\}$ 极大似然估计值和估计量分别为

$$\hat{P}\{X=0\} = \mathrm{e}^{-\hat{\lambda}} = \mathrm{e}^{-\bar{x}}, \quad \hat{P}\{X=0\} = \mathrm{e}^{-\hat{\lambda}} = \mathrm{e}^{-\bar{X}}.$$

注 本题即是利用极大似然估计的不变性求之. 其结论叙述如下定理.

定理 若 $\hat{\theta}$ 是 X 的概率密度函数 $f(x, \theta)$（f 的形式已知）中参数 θ 的极大似然估计，θ 的函数 $\varphi(\theta)$ （$\theta \in \Theta$），具有单值反函数，则 $\varphi(\hat{\theta})$ 是 $\varphi(\theta)$ 的极大似然估计，即

$$\hat{\varphi}(\theta) = \varphi(\hat{\theta}).$$

当总体分布中含有多个未知参数时，也有上述类似结论. 但要注意的是，即使 $E(\hat{\theta}) = \theta$，也不一定有 $E[\varphi(\hat{\theta})] = \varphi(\theta)$. 也就是说，由 $\hat{\theta}$ 是 θ 的无偏估计，不能断言 $\varphi(\hat{\theta})$ 是 $\varphi(\theta)$ 的无偏估计（如例 12）.

【例8】 设某厂生产的电子元件的寿命 X 服从参数为 λ 指数分布（$\lambda > 0$），其中 λ 未知. 今随机地抽取 5 只电子元件进行测试，测得它们的寿命（单位：h）如下：518，612，713，388，434. 试求该厂生产的电子元件的平均寿命的极大似然估计值.

解 当 $X \sim E(\lambda)$ 时，平均寿命 $EX = \dfrac{1}{\lambda}$.

而容易求得参数 λ 的极大似然估计值为 $\hat{\lambda} = \dfrac{1}{\bar{x}} = \dfrac{1}{533}$.

所以平均寿命 EX 的极大似然估计值为 $\hat{E}X = \dfrac{1}{\hat{\lambda}} = \bar{x} = 533$.

注 因为 $EX = \dfrac{1}{\lambda}$ 为 λ 的单调函数，故求 EX 的极大似然估计转为求 λ 的极大似然估计，再由不变性即可求得.

【例9】 （1）设 $Z = \ln X \sim N(\mu, \sigma^2)$，即 X 服从对数正态分布. 验证

$$EX = \exp\left\{\mu + \frac{1}{2}\sigma^2\right\}.$$

（2）设自（1）中的总体 X 中取一容量为 n 的样本 $X_1,X_2,\cdots,X_n$. 求 EX 的极大似然估计，此处设 μ,σ^2 均为未知.

（3）已知在某位文学家的《An Intelligent Woman's Guide To Socialism》一书中，一个句子的单词数近似地服从对数正态分布. 设 μ 及 σ^2 为未知. 今自该书中随机地取 20 个句子. 这些句子中的单词数分别为

52 24 15 67 15 22 63 26 16 32 7 33 28 14 7 29 10 6 59 30

问这本书中，一个句子字数均值的极大似然估计值等于多少？

解　（1）由 $Z=\ln X$，得到 $X=e^z$，已知 $Z\sim N(\mu,\sigma^2)$，于是

$$EX = E(e^z) = \int_{-\infty}^{+\infty} e^z f(z)\,\mathrm{d}z.$$

而 Z 的概率密度为

$$f(z)=\frac{1}{\sqrt{2\pi}\sigma}e^{-\frac{(z-\mu)^2}{2\sigma^2}} \quad (-\infty<z<+\infty),$$

所以　$\displaystyle EX = \frac{1}{\sqrt{2\pi}\sigma}\int_{-\infty}^{+\infty} e^{-\frac{1}{2\sigma^2}[(z-\mu)^2-2\sigma^2 z]}\,\mathrm{d}z = \frac{1}{\sqrt{2\pi}\sigma}\int_{-\infty}^{+\infty} e^{\frac{2\mu+\sigma^2}{2}-\frac{1}{2\sigma^2}[z-(\mu+\sigma^2)]^2}\,\mathrm{d}z$

$\displaystyle \qquad = \frac{1}{\sqrt{2\pi}\sigma}e^{(2\mu+\sigma^2)/2}\int_{-\infty}^{+\infty} e^{-\frac{1}{2\sigma^2}[z-(\mu+\sigma^2)]^2}\,\mathrm{d}z$

$\displaystyle \qquad = \frac{1}{\sqrt{2\pi}}e^{(2\mu+\sigma^2)/2}\int_{-\infty}^{+\infty} e^{-\frac{t^2}{2}}\,\mathrm{d}t \quad \left[t=\frac{z-(\mu+\sigma^2)}{\sigma}\right]$

$\displaystyle \qquad = e^{(2\mu+\sigma^2)/2} = \exp\left\{\mu+\frac{1}{2}\sigma^2\right\}.$

（2）因为 EX 为 μ,σ^2 的单调函数，故需先求出 μ,σ^2 的极大似然估计，再由"不变性"即可求出 EX 的极大似然估计.

解法一　注意到 X 服从对数正态分布，其概率密度为

$$f(x;\mu,\sigma^2)=f_z(\ln x)\cdot|(\ln x)'|=\frac{1}{\sqrt{2\pi}\sigma}x^{-1}e^{-\frac{(\ln x-\mu)^2}{2\sigma^2}}.$$

例 5 中已求得 μ,σ^2 的极大似然估计值为

$$\hat{\mu}=\frac{1}{n}\sum_{i=1}^{n}\ln x_i, \quad \hat{\sigma}^2=\frac{1}{n}\sum_{i=1}^{n}\left(\ln x_i-\frac{1}{n}\sum_{i=1}^{n}\ln x_i\right)^2,$$

所以 EX 的极大似然估计为

$$\hat{EX}=e^{\hat{\mu}+\frac{1}{2}\hat{\sigma}^2}.$$

其中 $\hat{\mu},\hat{\sigma}^2$ 由上式给出.

解法二　因为 $Z=\ln X\sim N(\mu,\sigma^2)$，而正态分布其参数 μ,σ^2 的极大似然估计与相应的矩估计相同，于是

$$\hat{\mu}=\overline{Z}=\frac{1}{n}\sum_{i=1}^{n}Z_i=\frac{1}{n}\sum_{i=1}^{n}\ln x_i,$$

$$\hat{\sigma}^2 = B_2 = \frac{1}{n}\sum_{i=1}^{n}(z_i - \bar{z})^2 = \frac{1}{n}\sum_{i=1}^{n}(\ln x_i - \overline{\ln x})^2$$

$$= \frac{1}{n}\sum_{i=1}^{n}\left(\ln x_i - \frac{1}{n}\sum_{i=1}^{n}\ln x_i\right)^2 = \frac{1}{n}\sum_{i=1}^{n}(\ln x_i - \hat{\mu})^2.$$

于是 EX 的极大似然估计为

$$\hat{EX} = e^{\hat{\mu}+\frac{1}{2}\hat{\sigma}^2}.$$

其中
$$\hat{\mu} = \frac{1}{n}\sum_{i=1}^{n}\ln x_i, \quad \hat{\sigma}^2 = \frac{1}{n}\sum_{i=1}^{n}(\ln x_i - \hat{\mu})^2.$$

（3）由所给的样本观察值易求得

$$\hat{\mu} = \frac{1}{20}\sum_{i=1}^{20}\ln x_i = 3.089, \quad \hat{\sigma}^2 = \frac{1}{20}\sum_{i=1}^{20}(\ln x_i - \hat{\mu})^2 = 0.5208,$$

故所求句子字数均值的极大似然估计值为

$$\hat{EX} = e^{\hat{\mu}+\frac{1}{2}\hat{\sigma}^2} = e^{3.089+0.2604} = 28.48.$$

【*例 10】 设总体 X 的概率密度函数为

$$f(x;\lambda) = \begin{cases} \lambda a x^{a-1} e^{-\lambda x^a}, & x>0, \\ 0, & x\leqslant 0. \end{cases}$$

其中 $\lambda > 0$ 未知，$a > 0$ 是已知常数，$(x_1,x_2,\cdots,x_n)$ 为来自总体的样本. 试求 λ 的极大似然估计值.

解 似然函数为

$$L(\lambda) = \begin{cases} \prod_{i=1}^{n}\lambda a x_i^{a-1} e^{-\lambda x_i^a}, & x_i>0, \\ 0, & x_i\leqslant 0. \end{cases}$$

其中 $i=1,2,\cdots,n.$ 只需求 $L_1(\lambda) = \prod_{i=1}^{n}\lambda a x_i^{a-1}e^{-\lambda x_i^a} = \lambda^n a^n \left(\prod_{i=1}^{n}x\right)^{a-1} \cdot e^{-\lambda\sum_{i=1}^{n}x_i^a}$ 的最值点. 取对数得

$$\ln L_1(\lambda) = n\ln\lambda + n\ln a + (a-1)\sum_{i=1}^{n}\ln x_i - \lambda\sum_{i=1}^{n}x_i^a.$$

由 $\dfrac{d}{d\lambda}\ln L_1(\lambda) = \dfrac{n}{\lambda} - \sum_{i=1}^{n}x_i^a = 0$，解之得 $\hat{\lambda} = \dfrac{n}{\sum_{i=1}^{n}x_i^a}.$

【*例 11】 设随机变量 X 的分布函数为

$$F(x;\alpha,\beta) = \begin{cases} 1-\left(\dfrac{\alpha}{x}\right)^{\beta}, & x>\alpha, \\ 0, & x\leqslant\alpha. \end{cases}$$

其中参数 $\alpha>0$，$\beta>0$. 设 $X_1,X_2,\cdots,X_n$ 为来自总体 X 的样本

（1）当 $\alpha=1$ 时，求未知参数 β 的矩估计量；

（2）当 $\alpha=1$ 时，求未知参数 β 的极大似然估计量；

（3）当 $\beta=2$ 时，求未知参数 α 的极大似然估计量.

解 （1）X 的概率密度为

$$f(x;\beta)=\begin{cases}\dfrac{\beta}{x^{\beta+1}}，&x>1，\\0，&x\leqslant 1.\end{cases}$$

故

$$EX=\int_{-\infty}^{+\infty}x\cdot f(x;\beta)\mathrm{d}x=\int_{1}^{+\infty}\frac{\beta}{x^{\beta}}\mathrm{d}x=\frac{\beta}{\beta-1}.$$

由 $EX=\overline{X}$ 得 β 的矩估计量为 $\hat{\beta}=\dfrac{\overline{X}}{\overline{X}-1}$.

（2）当 $x_i>1$（$i=1,2,\cdots,n$）时，似然函数

$$L(\beta)=\frac{\beta^n}{(x_1 x_2\cdots x_n)^{\beta+1}}，$$

对数似然函数

$$\ln L(\beta)=n\ln\beta-(\beta+1)\sum_{i=1}^{n}\ln x_i，$$

求导得

$$\frac{\mathrm{d}\ln L(\beta)}{\mathrm{d}\beta}=\frac{n}{\beta}-\sum_{i=1}^{n}\ln x_i=0.$$

解得 β 的极大似然估计量为 $\hat{\beta}=\dfrac{n}{\displaystyle\sum_{i=1}^{n}\ln X_i}$.

（3）X 的概率密度为

$$f(x;\alpha,\beta)=\begin{cases}\dfrac{\beta\alpha^{\beta}}{x^{\beta+1}}，&x>\alpha，\\0，&x\leqslant\alpha.\end{cases}$$

当 $\beta=2$ 时，上式成为

$$f(x;\alpha)=\begin{cases}\dfrac{2\alpha^2}{x^3}，&x>\alpha，\\0，&x\leqslant\alpha.\end{cases}$$

当 $x_i>\alpha$（$i=1,2,\cdots,n$）时，由于似然函数

$$L(\alpha)=\frac{2^n\alpha^{2n}}{(x_1,x_2,\cdots,x_n)^3}$$

是 α 的单调增加函数，因此当 $\alpha=\min\{x_1,x_2,\cdots,x_n\}$ 时可使 $L(\alpha)$ 取最大值，从而 α 的最大似然估计量为

$$\hat{\alpha} = \min\{X_1, X_2, \cdots, X_n\}.$$

【例 12】 设 $\hat{\theta}$ 是参数 θ 的无偏估计，且有 $D\hat{\theta} > 0$，试证：$\hat{\theta}^2 = (\hat{\theta})^2$ 不是 θ^2 的无偏估计.

证明 欲证 $\hat{\theta}^2$ 不是 θ^2 的无偏估计，只需证 $E(\hat{\theta}^2) \neq \theta^2$（注意：此处 $\hat{\theta}^2$ 是随机变量，而 θ^2 是参数）.

因为 $\hat{\theta}^2 = (\hat{\theta})^2$，故利用随机变量平方的期望公式，注意到 $E\hat{\theta} = \theta$，

得 $$E\hat{\theta}^2 = D\hat{\theta} + (E\hat{\theta})^2 = D\hat{\theta} + \theta^2 > \theta^2 \quad （因为 D\hat{\theta} > 0）$$

所以 $\hat{\theta}^2$ 不是 θ^2 的无偏估计.

注 本题说明，无偏估计不一定具有极大似然估计所具有得那种不变性（见例 7 注释中的补充定理及说明）.

【例 13】 设总体 X 的概率密度函数为

$$f(x, \lambda) = \begin{cases} \lambda e^{-\lambda x}, & x \geq 0, \\ 0, & x < 0. \end{cases}$$

其中 $\lambda > 0$，未知参数 $X_1, X_2, \cdots, X_n$ 是来自 X 的样本，试证 $\overline{X}$ 和 $nZ = n[\min(X_1, X_2, \cdots, X_n)]$ 都是 $1/\lambda$ 的无偏估计量.

解 因为 $EX = 1/\lambda$，所以

$$E\overline{X} = E\left(\frac{1}{n}\sum_{i=1}^{n}X_i\right) = \frac{1}{n}\sum_{i=1}^{n}EX_i = \frac{1}{n}\cdot\sum_{i=1}^{n}\frac{1}{\lambda} = \frac{1}{\lambda},$$

即 $\overline{X}$ 是 $1/\lambda$ 的无偏估计量.

因为 $E(nZ) = nEZ$，故只需求 Z 的数学期望，进而需先求出 Z 的概率密度函数.

注意到 Z 的分布函数为

$$\begin{aligned}
F_Z(x) &= P\{\min(X_1, X_2, \cdots, X_n) \leq x\} \\
&= 1 - P\{\min(X_1, X_2, \cdots, X_n) > x\} \\
&= 1 - \prod_{i=1}^{n}(1 - P\{X_i \leq x\}) = 1 - [1 - F(x)]^n.
\end{aligned}$$

这里 $F(x)$ 是总体 X 的分布函数. 又总体 X 的分布函数为

$$F(x) = \int_{-\infty}^{x} f(t)dt = \begin{cases} 1 - e^{-\lambda x}, & x \geq 0, \\ 0, & x < 0. \end{cases}$$

故 $$F_Z(x) = \begin{cases} 1 - e^{-n\lambda x}, & x \geq 0, \\ 0, & x < 0. \end{cases}$$

于是 Z 的概率密度函数为

$$f_Z(x) = F_Z'(x) = \begin{cases} n\lambda e^{-n\lambda x}, & x \geq 0, \\ 0, & x < 0. \end{cases}$$

因而
$$EZ = \int_{-\infty}^{+\infty} x f_Z(x) \mathrm{d}x = \int_0^{+\infty} n\lambda x \mathrm{e}^{-n\lambda x} \mathrm{d}x = \frac{1}{n\lambda} \cdot \Gamma(2) = \frac{1}{n\lambda}.$$

所以 $E(nZ) = nE(Z) = 1/\lambda$. 即 $nZ = n[\min(X_1, X_2, \cdots, X_n)]$ 是 $1/\lambda$ 的无偏估计量.

注 由定义可知, 无偏性的验证关键在于求出未知参数 θ 的估计量 $\hat{\theta}$ 的期望, 无偏性的验证方法可以说就是估计量 $\hat{\theta}$ 期望的求法. 常用的有以下几种方法.

方法一 若题目中不涉及总体的具体分布, 利用期望的性质求 (如例 12);

方法二 利用常见的分布的期望求 (如本题求 $E\overline{X}$, 例 14 等);

方法三 已知总体的分布, 先求出估计量的概率密度 (或分布律), 再由期望的定义求 (本题求 EZ).

【例 14】 设 $(X_1, X_2, \cdots, X_n)$ 为正态总体 $N(\mu, \sigma^2)$ 的样本, 选择适当常数 c, 使 $c \sum\limits_{i=1}^{n-1} (X_{i+1} - X_i)^2$ 为 σ^2 的无偏估计.

解法一 注意到
$$EX_{i+1}^2 = DX_{i+1} + [EX_{i+1}]^2 = \sigma^2 + \mu^2 \quad (i = 1, 2, \cdots, n),$$
$$E(X_i X_{i+1}) = EX_i EX_{i+1} = \mu^2 \quad (i = 1, 2, \cdots, n-1).$$

所以
$$E\Big[c \sum_{i=1}^{n-1} (X_{i+1} - X_i)^2\Big] = c \sum [EX_{i+1}^2 - 2EX_i X_{i+1} + EX_i^2]$$
$$= c \sum_{i=1}^{n-1} (\sigma^2 + \mu^2 - 2\mu^2 + \sigma^2 + \mu^2) = 2(n-1)c\sigma^2.$$

由无偏性的定义, 需 $2(n-1)c = 1$, 即 $c = 1/[2(n-1)]$.

解法二 因 $X_i \sim N(\mu, \sigma^2)$ $(i = 1, 2, \cdots, n)$, 故
$$X_{i+1} - X_i \sim N(0, 2\sigma^2),$$
于是
$$E(X_{i+1} - X_i) = 0, \ D(X_{i+1} - X_i) = 2\sigma^2$$
因而
$$E(X_{i+1} - X_i)^2 = D(X_{i+1} - X_i) + [E(X_{i+1} - X_i)]^2 = 2\sigma^2.$$
$$E\Big[c \sum_{i=1}^{n-1} (X_{i+1} - X_i)^2\Big] = c \sum_{i=1}^{n-1} E(X_{i+1} - X_i)^2 = 2c(n-1)\sigma^2.$$
故 $c = 1/[2(n-1)]$.

解法三 因 $X_{i+1} - X_i \sim N(0, 2\sigma^2)$ $(i = 1, 2, \cdots, n)$, 故
$$(X_{i+1} - X_i)/(\sqrt{2}\sigma) \sim N(0, 1),$$
$$\sum_{i=1}^{n-1} [(X_{i+1} - X_i)/(\sqrt{2}\sigma)]^2 \sim \chi^2(n-1).$$

由 χ^2 分布的性质知 $E\Big\{\sum\limits_{i=1}^{n-1} [(X_{i+1} - X_i)/(\sqrt{2}\sigma)]^2\Big\} = n-1$.

所以 $E\Big[c \sum\limits_{i=1}^{n-1} (X_{i+1} - X_i)^2\Big] = 2c\sigma^2 E\Big\{\sum\limits_{i=1}^{n-1} [(X_{i+1} - X_i)^2/(\sqrt{2}\sigma)^2]\Big\}$

$$= 2c(n-1)\sigma^2 \xrightarrow{\ \ \diamond\ \ } \sigma^2,$$

故
$$c = 1/[2(n-1)].$$

解法四　由 $X_{i+1} - X_i = (X_{i+1} - \mu) - (X_i - \mu)$，得

$$E\Big[c\sum_{i=1}^{n-1}(X_{i+1} - X_i)^2\Big]$$

$$= c\sum_{i=1}^{n-1}E\big[(X_{i+1} - \mu) - (X_i - \mu)\big]^2$$

$$= c\sum_{i=1}^{n-1}E\big[(X_{i+1} - \mu)^2 - 2(X_{i+1} - \mu)(X_i - \mu) + (X_i - \mu)^2\big]$$

$$= c\sum_{i=1}^{n-1}\{E(X_{i+1} - \mu)^2 - 2E\big[(X_{i+1} - \mu)(X_i - \mu)\big] + E(X_i - \mu)^2\}$$

$$= c\sum_{i=1}^{n-1}\{DX_{i+1} - 2E(X_{i+1} - \mu)E(X_i - \mu) + DX_i\}$$

$$= c\sum_{i=1}^{n-1}(\sigma^2 - 0 + \sigma^2) = 2c(n-1)\sigma^2,$$

故
$$c = 1/[2(n-1)].$$

注　上例方法四的运算看似复杂，但其思想方法很重要．一般地，当题目中出现随机变量之差的平方时，常将此差变形为

$$X_{i+1} - X_i = (X_{i+1} - \mu) - (X_i - \mu).$$

从而将差的平方 $(X_{i+1} - X_i)^2$ 与方差（的定义）联系起来．

【例 15】　设总体 X 服从二项分布 $B(n, p)$，$X_1, X_2, \cdots, X_n$ 是它的一个样本，试证

(1) $\hat{\theta}_1 = X_i/n (i = 1, 2, \cdots, n)$，$\hat{\theta}_2 = \overline{X}/n$ 均是 p 的无偏估计量；

(2) $\hat{\theta}_3 = \dfrac{X_i^2 - X_i}{n(n-1)}$ 是 p^2 的无偏估计．

证　因为 X 服从二项分布 $B(n, p)$，所以 $EX = np$，$EX_i = np$．

于是　$E\hat{\theta}_1 = E(X_i/n) = EX_i/n = p$，　$E\hat{\theta}_2 = E(\overline{X}/n) = (E\overline{X})/n = p$，

$$E\hat{\theta}_3 = \frac{E(X_i^2 - X_i)}{n(n-1)} = \frac{DX_i + (EX_i)^2 - EX_i}{n(n-1)} = \frac{np(1-p) + n^2p^2 - np}{n(n-1)} = p^2.$$

命题得证．

【例 16】　设有 k 台仪器，已知用第 i 台仪器测量时，测定值总体的标准差为 σ_i $(i = 1, 2, \cdots, k)$．用这些仪器独立地对某一物理量 θ 各观察一次，分别得到 X_1，$X_2, \cdots, X_k$．设仪器都没有系统误差，即 $EX_i = \theta$ $(i = 1, 2, \cdots, k)$．问 $a_1, a_2, \cdots, a_k$ 应取何值，方能使用 $\hat{\theta} = \sum\limits_{i=1}^{k} a_i X_i$ 估计 θ 时，$\hat{\theta}$ 是无偏的，并且 $D\hat{\theta}$ 最小？

解　(1) 由 $E\hat{\theta} = E\Big(\sum\limits_{i=1}^{k} a_i X_i\Big) = \sum\limits_{i=1}^{k} a_i EX_i = \Big(\sum\limits_{i=1}^{k} a_i\Big)\theta = \theta$，知 $\sum\limits_{i=1}^{k} a_i = 1$ 时，$\hat{\theta}$

是无偏的.

(2) 求 $a_1,a_2,\cdots,a_k$ 应取何值使 $D\hat{\theta}$ 最小.

因为 $X_1,X_2,\cdots,X_k$ 独立，故

$$D\hat{\theta} = D\Big(\sum_{i=1}^{k}a_iX_i\Big) = \sum_{i=1}^{k}a_i^2DX_i = \sum_{i=1}^{k}a_i^2\sigma_i^2.$$

令 $g(a_1,a_2,\cdots,a_k)=\sum_{i=1}^{k}a_i^2\sigma_i^2$，于是问题归结为求多元函数 $g(a_1,a_2,\cdots,a_k)$ 在条件 $\sum_{i=1}^{k}a_i=1$ 之下的最小值.

作拉格朗日函数

$$G(a_1,a_2,\cdots,a_k;\lambda)=g(a_1,a_2,\cdots,a_k)+\lambda(a_1+a_2+\cdots+a_k-1).$$

由
$$\begin{cases} G'_{a_1} = 2a_1\sigma_1^2 + \lambda = 0, \\ G'_{a_2} = 2a_2\sigma_2^2 + \lambda = 0, \\ \cdots\cdots\cdots\cdots\cdots\cdots \\ G'_{a_k} = 2a_k\sigma_k^2 + \lambda = 0, \\ G'_{\lambda} = \sum_{i=1}^{k}a_k - 1 = 0. \end{cases}$$
得到
$$\begin{cases} a_1 = -\lambda/(2\sigma_1^2), \\ a_2 = -\lambda/(2\sigma_2^2), \\ \cdots\cdots\cdots\cdots\cdots \\ a_k = -\lambda/(2\sigma_k^2), \\ 1 = \sum_{i=1}^{k}a_i = -\dfrac{\lambda}{2}\sum_{i=1}^{k}\dfrac{1}{\sigma_i^2}. \end{cases}$$

令 $\sigma_0^2 = 1\Big/\Big(\sum_{i=1}^{k}\dfrac{1}{\sigma_i^2}\Big)$，则 $\lambda = -2\sigma_0^2$，于是

$$a_1 = \sigma_0^2/\sigma_1^2, \quad a_2 = \sigma_0^2/\sigma_2^2, \quad \cdots, \quad a_k = \sigma_0^2/\sigma_k^2.$$

即为所求.

注 在估计量有效性讨论的过程中，有一类求无偏估计方差最小的问题（如此例）. 一般该方差含有一个或几个待定常数，提问这些常数取何值时，该方差最小. 为求这些待定常数，常将方差表示式看成是待定常数的一元或多元函数. 利用一元函数极值的求法或多元函数条件极值的求法（拉格朗日乘数法）即可求出这些待定常数.

【﹡例 17】 设总体 X 的概率密度为

$$f(x,\theta)=\begin{cases} \dfrac{1}{1-\theta}, & \theta \leqslant x \leqslant 1, \\ 0, & \text{其它}, \end{cases}$$

其中 θ 为未知参数，$X_1,X_2,\cdots,X_n$ 为来自该总体的简单随机样本.

(1) 求 θ 的矩估计量；　　　(2) 求 θ 的极大似然估计量.

解 (1) 矩估计.

$$EX = \int_{-\infty}^{+\infty}xf(x,\theta)\mathrm{d}x = \int_{\theta}^{1}x\cdot\dfrac{1}{1-\theta}\mathrm{d}x = \dfrac{1+\theta}{2},$$

解得 $\theta=2EX-1$，令 $EX=\overline{X}$，得 θ 的矩估计量

$$\hat{\theta}=2\overline{X}-1.$$

（2）极大似然估计．

似然函数 $L(\theta)=\prod\limits_{i=1}^{n}f(x_i;\theta)$，当 $\theta\leqslant x_i\leqslant 1$ 时

$$L(\theta)=\prod\limits_{i=1}^{n}\frac{1}{1-\theta}=(\frac{1}{1-\theta})^n,$$

则 $$\ln L(\theta)=-n\ln(1-\theta).$$

从而 $\dfrac{\mathrm{d}\ln L\ (\theta)}{\mathrm{d}\theta}=\dfrac{n}{1-\theta}>0$，因此 $\ln\theta$ 关于 θ 单调增加，所以 θ 的极大似然估计量为

$$\hat{\theta}=\min\{X_1,X_2,\cdots,X_n\}.$$

【* 例 18】 设总体 X 的分布函数 $F(x)=\begin{cases}0,&x<0,\\1-\mathrm{e}^{-\frac{x^2}{\theta}},&x\geqslant 0.\end{cases}$ 其中 $\theta>0$ 为未知

参数，$X_1,X_2,\cdots,X_n$ 为来自总体 X 的简单随机样本．

（1）求 EX 及 EX^2；　　　　（2）求 θ 的极大似然估计量 $\hat{\theta}$；

（3）是否存在实数 a，使得对任意的 $\varepsilon>0$，都有 $\lim\limits_{n\to\infty}P\{\ |\ \hat{\theta}-a\ |\geqslant\varepsilon\}=0$？

解 （1）先求密度函数

$$f(x)=F'(x)=\begin{cases}0,&x\leqslant 0,\\\dfrac{2x}{\theta}\mathrm{e}^{-\frac{x^2}{\theta}},&x>0.\end{cases}$$

$$EX=\int_{-\infty}^{+\infty}xf(x)\mathrm{d}x=2\int_0^{+\infty}\frac{x^2}{\theta}\mathrm{e}^{-\frac{x^2}{\theta}}\mathrm{d}x\xlongequal{\frac{x^2}{\theta}=t}2\int_0^{+\infty}te^{-t}\cdot\frac{\sqrt{\theta}}{2\sqrt{t}}\mathrm{d}t$$

$$=\sqrt{\theta}\int_0^{+\infty}\sqrt{t}\mathrm{e}^{-t}\mathrm{d}t=\sqrt{\theta}\Gamma(\frac{1}{2}+1)=\frac{\sqrt{\pi\theta}}{2}.$$

$$EX^2=\int_{-\infty}^{+\infty}x^2f(x)\mathrm{d}x=2\int_0^{+\infty}\frac{x^3}{\theta}\mathrm{e}^{-\frac{x^2}{\theta}}\mathrm{d}x=\theta\int_0^{+\infty}\frac{x^2}{\theta}\mathrm{e}^{-\frac{x^2}{\theta}}\mathrm{d}(\frac{x^2}{\theta})=\theta\Gamma(2)=\theta.$$

（2）极大似然函数

$$L(\theta)=\frac{2^n x_1 x_2\cdots x_n}{\theta^n}\mathrm{e}^{-\frac{x_1^2+x_2^2+\cdots+x_n^2}{\theta}},\ x_i>0,\ i=1,2,\cdots,n,$$

则 $$\ln L(\theta)=n\ln 2+\sum\limits_{i=1}^{n}\ln x_i-n\ln\theta-\frac{x_1^2+x_2^2+\cdots+x_n^2}{\theta},$$

令 $\dfrac{\mathrm{d}}{\mathrm{d}\theta}\ln L(\theta)=-\dfrac{n}{\theta}+\dfrac{x_1^2+x_2^2+\cdots+x_n^2}{\theta^2}=0$，得 θ 的极大似然估计值为 $\hat{\theta}=$

$\dfrac{1}{n}\sum\limits_{i=1}^{n}x_i^2$，故 θ 的极大似然估计量为

$$\hat{\theta} = \frac{1}{n} \sum_{i=1}^{n} X_i^2.$$

（3）由大数定律得 $\hat{\theta} = \frac{1}{n} \sum_{i=1}^{n} X_i^2$ 依概率收敛于 $EX^2 = \theta$，故存在 $a = \theta$，使得对任意的 $\varepsilon > 0$，有

$$\lim_{n \to \infty} P\{\mid \hat{\theta} - a \mid \geqslant \varepsilon\} = 0.$$

【*例 19】 由来自正态总体 $X \sim N(\mu, 0.9^2)$，容量为 9 的简单随机样本，若已知 $\bar{x} = 5$. 试求未知参数 μ 的置信度为 0.95 的置信区间.

解 由题意，此题属 $\sigma^2 = 0.9^2$ 已知，估计参数 μ，故置信区间上下限为

$$\overline{X} \pm \frac{\sigma}{\sqrt{n}} Z_{\alpha/2}.$$

又 $\qquad\qquad \bar{x} = 5, \ n = 9, \ \sigma = 0.9, \ \alpha = 0.05.$

查标准正态分布表知 $z_{\alpha/2} = z_{0.025} = 1.96$，代入计算，得所求置信区间为 (4.412, 5.588).

【例 20】 已知总体 $X \sim N(\mu, \sigma^2)$. 试分别在下列条件下求指定参数的置信区间

（1）σ^2 未知，$n = 21$，$\bar{x} = 13.2$，$s^2 = 5$，$\alpha = 0.05$. 求 μ 的置信区间.

（2）μ 未知，$n = 12$，$s^2 = 1.356$，$\alpha = 0.02$. 求 σ^2 的置信区间.

解 （1）由题设 σ^2 未知，故 μ 的置信度为 $1 - \alpha$ 的置信区间为

$$\overline{X} \pm t_{\alpha/2}(n-1) \frac{S}{\sqrt{n}}.$$

又 $\alpha = 0.05$ 查 t 分布表得临界值

$$t_{\alpha/2}(n-1) = t_{0.025}(20) = 2.0860.$$

于是，算得置信下限、置信上限分别为

$$\underline{\mu} = \bar{x} - t_{0.025}(20) \frac{s}{\sqrt{n}} = 13.2 - 2.0860 \sqrt{5/21} = 13.2 - 1.018 = 12.182,$$

$$\overline{\mu} = \bar{x} + t_{0.025}(20) \frac{s}{\sqrt{n}} = 13.2 + 1.018 = 14.218.$$

由此便得置信度为 $1 - \alpha = 0.95$ 的 μ 的置信区间为 (12.182, 14.218).

（2）因题设 μ 未知，故 σ^2 的置信度为 $1 - \alpha$ 的置信区间为

$$\left(\frac{(n-1)S^2}{\chi_{\alpha/2}^2(n-1)}, \ \frac{(n-1)S^2}{\chi_{1-\alpha/2}^2(n-1)} \right).$$

由 $\alpha = 0.02$ 查 χ^2 分布表得临界值

$$\chi_{\alpha/2}^2(n-1) = \chi_{0.01}^2(11) = 24.725,$$

$$\chi_{1-\alpha/2}^2(n-1) = \chi_{0.99}^2(11) = 3.053.$$

代入公式算得置信下限、置信上限分别为

$$\underline{\sigma^2} = (n-1)s^2/24.725 = 11 \times 1.356/24.725 = 0.60,$$
$$\overline{\sigma^2} = (n-1)s^2/3.053 = 11 \times 1.356/3.053 = 4.89.$$

由此便得置信度为 $1-\alpha=0.98$ 的 σ^2 的置信区间是 $(0.60, 4.89)$.

【例 21】 为了比较甲、乙两类试验田的收获量，随机抽取甲类试验田 8 块，乙类试验田 10 块，测得收获量为（单位：kg）

甲：12.6，10.2，11.7，12.3，11.1，10.5，10.6，12.2；

乙：8.6，7.9，9.3，10.7，11.2，11.4，9.8，9.5，10.1，8.5.

假定这两类试验田的收获量均服从正态分布且方差相同. 试求均值差 $\mu_1 - \mu_2$ 的置信度为 0.95 的置信区间.

解 此题为 $\sigma_1^2 = \sigma_2^2 = \sigma^2$ 未知，估计 $\mu_1 - \mu_2$，其置信区间上下限为

$$(\overline{X} - \overline{Y}) \pm t_{\alpha/2}(n_1 + n_2 - 2) \cdot S_W \cdot \sqrt{\frac{1}{n_1} + \frac{1}{n_2}},$$

其中

$$S_W^2 = \frac{(n_1-1)S_1^2 + (n_2-1)S_2^2}{n_1 + n_2 - 2}.$$

计算得

$$\overline{x} = 11.400, \quad \overline{y} = 9.700, \quad s_1^2 = 0.851, \quad s_2^2 = 1.375,$$
$$n_1 = 8, \quad n_2 = 10, \quad s_w = 1.146.$$

又查表得 $t_{0.025}(16) = 2.120$，所以置信区间为

$$1.7 \pm 2.12 \times 1.146 \times 0.474 = 1.7 \pm 1.152, \quad 即 \quad (0.548, 2.852).$$

注 由于求均值差的置信区间公式有两个，其前提分别是

(1) σ_1^2, σ_2^2 均已知；　　　　(2) $\sigma_1^2 = \sigma_2^2 = \sigma^2$ 未知.

因此在求之前应确定是哪一种前提，该用哪一个公式. 本题已知为方差相同，故属第二种情况，确定公式后直接代之. 但在实际应用中往往不给出这个条件（或前提条件不清），所以，应首先使用假设检验的方法加以判断，然后再选择恰当的公式进行区间估计. 另外，当两个总体方差未知且不等时，在大样本前提下仍有置信区间公式，见有关教材.

【例 22】 从二正态总体 X, Y 中分别抽取容量为 16 和 10 的两个样本，算得 $\sum_{i=1}^{16}(x_i - \overline{x})^2 = 380$，$\sum_{i=1}^{10}(y_i - \overline{y})^2 = 180$. 试求方差比 σ_1^2/σ_2^2 的置信度为 0.95 的置信区间.

解 此题为 μ_1, μ_2 未知，估计 σ_1^2/σ_2^2，其置信区间计算公式为

$$\left(\frac{S_1^2/S_2^2}{F_{\frac{\alpha}{2}}(n_1-1, n_2-1)}, \frac{S_1^2/S_2^2}{F_{1-\frac{\alpha}{2}}(n_1-1, n_2-1)} \right).$$

由 $n_1 = 16$，$n_2 = 10$，$\alpha = 0.05$，查 F 分布表得

$$F_{\alpha/2}(15,9) = F_{0.025}(15,9) = 3.77,$$

$$F_{1-\alpha/2}(15,9) = F_{0.975}(15,9) = \frac{1}{F_{0.025}(9,15)} = \frac{1}{3.12} = 0.321.$$

又

$$s_1^2 = \frac{1}{15}\sum_{i=1}^{16}(x_i - \overline{x})^2 = 25.3, \quad s_2^2 = \frac{1}{9}\sum_{i=1}^{10}(y_i - \overline{y})^2 = 20,$$

从而可得 σ_1^2/σ_2^2 的置信度为 0.95 的置信区间为 $\left(\dfrac{25.3/20}{3.77},\ \dfrac{25.3/20}{0.321}\right)$，即 $(0.336, 3.94)$.

【例 23】 对方差 σ^2 为已知的正态总体来说，试问需抽取容量 n 为多大的样本，方能使总体均值 μ 的置信度为 $1-\alpha$ 的置信区间的长度不大于 L？并以 $\sigma^2=84$，$\alpha=0.05$，$L=3.2$ 进行具体计算.

解 对置信度 $1-\alpha$，当 σ^2 已知时 μ 的置信区间是 $\left(\overline{X}\pm z_{\alpha/2}\dfrac{\sigma}{\sqrt{n}}\right)$，故要使区间长度

$$\left|\frac{2\sigma}{\sqrt{n}}z_{\alpha/2}\right|\leqslant L,$$

必须使 $n\geqslant(2\sigma L^{-1}z_{\alpha/2})^2$. 故所求最小样本容量应为

$$n=\begin{cases}4\sigma^2 z_{\alpha/2}^2/L^2, & 4\sigma^2 z_{\alpha/2}^2/L^2\ 为正整数, \\ [(4\sigma^2 z_{\alpha/2}^2/L^2)+1], & 4\sigma^2 z_{\alpha/2}^2/L^2\ 为非正整数.\end{cases}$$

由 $\alpha=0.05$ 查正态分布表得 $z_{\alpha/2}=1.96$ 以及 $\sigma^2=84$，$\alpha=0.05$，$L=3.2$ 代入并计算得

$$n=[(4\times84\times1.96^2/3.2^2)+1]=[126.05+1]=127.$$

注 区间估计优于点估计的是，它给出了估计的精确程度和可信程度的描述. 以本题为例，置信区间一般形式为 $\left(\overline{X}-z_{\alpha/2}\dfrac{\sigma}{\sqrt{n}},\ \overline{X}+z_{\alpha/2}\dfrac{\sigma}{\sqrt{n}}\right)$，可见，在 σ^2 已知前提下，总体均值 μ 的置信度为 $1-\alpha$ 的置信区间是以 $\overline{x}$ 为中心、长度为 $2z_{\alpha/2}\dfrac{\sigma}{\sqrt{n}}$ 的开区间. 不难看出，若样本给定，置信区间的长度仅仅取决于置信水平 α. 一般讲，对应于较大的 α，置信区间较短，从而表明这种估计有较高精确程度但可信程度较低. 反之，对应于较小的 α，置信区间较长，故有较低精确程度但可信程度较高. 可见，置信水平 α 直接关系到区间估计的精确程度和可信程度，而且两者不可能同时达到最优.

【例 24】 假设单位时间内到达公共汽车站的人数服从泊松分布 $\pi(\lambda)$. 对不同的车站仅仅是参数 λ 的取值不同. 现对某车站进行了 100 个单位时间的调查，计算得到单位时间内到达该车站的乘客平均数为 $\overline{x}=15.2$ 人. 试求参数 λ 的置信度为 95% 的置信区间.

解 容易求得泊松分布中参数 λ 的置信区间为 $\left[\overline{X}\pm\sqrt{\dfrac{\overline{X}}{n}}z_{\alpha/2}\right]$.

又据题意 $n=100$，$\alpha=0.05$，$z_{\alpha/2}=z_{0.025}=1.96$，$\overline{x}=15.2$，代入得参数 λ 的置信度为 95% 的置信区间为 $[14.44,\ 15.96]$.

注 此题为非正态分布总体的参数估计，注意到泊松分布 $\mu=\sigma^2=\lambda$，又 λ 的矩估计为 $\hat{\lambda}=\overline{X}$，故对泊松分布标准差的矩估计 $\hat{\sigma}=\sqrt{\overline{X}}$，所以利用公式 (7.2) 得泊松分布中参数 λ 的置信区间为 $\left[\overline{X}\pm\sqrt{\dfrac{\overline{X}}{n}}z_{\alpha/2}\right]$.

第四节 练习与测试

1. 设总体 X 以等概率 $1/\theta$ 取值 $1,2,\cdots,\theta$，求参数 θ 的矩估计量.

2. 设总体 X 有分布律

$$\begin{pmatrix} -1 & 0 & 2 \\ 2\theta & \theta & 1-3\theta \end{pmatrix},$$

其中 $0<\theta<1/3$ 为待估参数.

(1) 试求 θ 的矩估计量；　　　　(2) 求 θ 的极大似然估计量；

(3) 分别就样本 A：$(-1,0,2,-1,2)$ 与样本 B：$(-1,0,0,0,0,2)$，求相应的估计值.

3. 已知总体 X 有概率密度

$$f(x)=\frac{\beta^k}{(k-1)!}x^{k-1}\mathrm{e}^{-\beta x}\quad(x>0),$$

其中 k 为常数，β 为待估参数，试求 β 的矩估计.

4. 已知总体 X 在 $[a-b,3a+b]$ 上服从均匀分布，其中 $a>0,b>0$ 为待估参数. 试求 a,b 的矩估计.

5. 设 $(X_1,X_2,\cdots,X_n)$ 是来自对数级数分布

$$P\{X=k\}=-\frac{1}{\ln(1-p)}\cdot\frac{p^k}{k}\quad(0<p<1;k=1,2,\cdots)$$

的一个样本，求参数 p 的矩估计量.

6. 设 X 总体的概率密度为

$$f(x;\theta)=\begin{cases}\dfrac{x}{\theta^2}\mathrm{e}^{-x^2/(2\theta^2)}, & x>0, \\ 0, & x\leqslant 0.\end{cases}$$

其中 $\theta>0$，θ 为未知参数. 又 $(X_1,X_2,\cdots,X_n)$ 为总体 X 的一个样本，试求 θ 的矩估计量和极大似然估计量.

7. 设总体 X 在 $[a,b]$ 上服从均匀分布，其中 a,b 未知. 试求 EX 及 DX 的极大似然估计量.

8. 设 $(X_1,X_2,\cdots,X_n)$ 为总体 X 的一个样本. 求下列总体的分布律中未知参数 p 的极大似然估计值和估计量.

$$P\{X=x\}=\mathrm{C}_m^x p^x(1-p)^{m-x}\quad(x=0,1,\cdots,m),$$

其中 $0<p<1$.

* 9. 设某种元件的使用寿命 X 的概率密度为

$$f(x;\theta)=\begin{cases}2\mathrm{e}^{-2(x-\theta)}, & x\geqslant\theta, \\ 0, & x<\theta.\end{cases}$$

其中 $\theta>0$ 为未知参数，又设 $x_1,x_2,\cdots,x_n$ 是 X 的一组样本观察值，求参数 θ 的极大似然估计值.

10. 已知总体 X 有概率密度

$$f(x)=\frac{1}{2\theta}\mathrm{e}^{-|x|/\theta}\quad(-\infty<x<\infty),$$

其中 $\theta>0$ 为待估参数. 试求 θ 的极大似然估计，并问该估计是不是 θ 的无偏估计，为什么？

11. 设 μ_n 是某事件 A 在 n 次独立重复试验中出现的次数，证明：事件 A 的频率 $\hat p_n=\mu_n/n$ 是

其概率 p 的无偏估计.

12. 设总体 $X \sim N(\mu, \sigma^2)$，其中 μ 为待估参数，σ^2 为已知参数，(X_1, X_2, X_3) 为样本. 试考察 μ 的下列估计量的无偏性与有效性

$$\hat{\mu}_1 = \frac{4}{3}X_1 - \frac{2}{3}X_2 + \frac{1}{3}X_3, \quad \hat{\mu}_2 = \frac{1}{3}X_1 + \frac{2}{3}X_2 - \frac{2}{3}X_3, \quad \hat{\mu}_3 = \frac{2}{3}X_1 + \frac{2}{3}X_2 - \frac{1}{3}X_3.$$

13. 设 $(X_1, X_2, \cdots, X_n)$ 是来自参数为 $\lambda > 0$ 的泊松分布的样本. 对于任意的 α（$0 \leqslant \alpha \leqslant 1$）以及样本均值 $\overline{X}$、样本二阶中心矩 B_2，试证 $\alpha \overline{X} + (1-\alpha)\frac{n}{n-1}B_2$ 是 λ 的无偏估计.

14. 设总体 X 为指数分布，其概率密度函数为

$$f(x) = \begin{cases} \dfrac{1}{\theta} e^{-\frac{x}{\theta}}, & x > 0, \\ 0, & x \leqslant 0. \end{cases}$$

从该总体中抽出样本 X_1, X_2, X_3，考虑 θ 的如下四种估计

$$\hat{\theta}_1 = X_1, \quad \hat{\theta}_2 = (X_1 + X_2)/2, \quad \hat{\theta}_3 = (X_1 + 2X_2)/3, \quad \hat{\theta}_4 = \overline{X}.$$

（1）这四个估计中哪些是 θ 的无偏估计？

（2）试比较这些估计的方差.

15. 设从均值为 μ，方差为 $\sigma^2 > 0$ 的总体中分别抽取容量为 n_1, n_2 的两个独立样本，样本均值分别为 $\overline{X}_1, \overline{X}_2$. 试证：对于任意满足条件 $a + b = 1$ 的常数 a 和 b，$T = a\overline{X}_1 + b\overline{X}_2$ 都是 μ 的无偏估计，并确定常数 a, b 使方差 DT 达到最小.

16. 某种清漆的 9 个样品，其干燥时间（以 h 计）分别为

6.0 5.7 5.8 6.5 7.0 6.3 5.6 6.1 5.0

设干燥时间总体服从正态分布 $N(\mu, \sigma^2)$. 试就下列情况求 μ 的置信度为 0.95 的置信区间.

（1）若由以往经验知 $\sigma = 0.6$（h）；　　　　　（2）若 σ 为未知.

17. 设某种品牌的灯泡寿命（单位：h）$X \sim N(\mu, \sigma^2)$. 从中抽测 9 只，测得平均寿命 $\overline{x} = 1000$、寿命方差 $s^2 = 100^2$. 在置信水平 $\alpha = 0.05$ 下，试求总体均值 μ、总体方差 σ^2 及总体均方差 σ 的置信区间.

18. 已知总体 $X \sim N(\mu, \sigma^2)$，μ 为待估参数，$\sigma^2 = 37^2$ 为已知. 为使置信水平 $\alpha = 0.01$、μ 的置信区间长度不超过 7.3 个单位，试问样本容量 n 最小应是多少？

19. 随机地从 A 批导线中抽取 4 根，又从 B 批导线中抽出 5 根，测得电阻（Ω）为

A 批导线：0.143 0.142 0.143 0.137

B 批导线：0.140 0.142 0.136 0.138 0.140

假设测定数据分别来自分布 $N(\mu_1, \sigma^2), N(\mu_2, \sigma^2)$，且两样本相互独立. 又 μ_1, μ_2, σ^2 均未知. 试求 $\mu_1 - \mu_2$ 的置信度为 0.95 的置信区间.

20. 为考察温度对某物体断裂强度的影响，在 70℃ 与 80℃ 时分别重复了 8 次试验，测试值的样本方差依次为 $s_1^2 = 0.8857$，$s_2^2 = 0.8266$，假定 70℃ 下的断裂强度 $X \sim N(\mu_1, \sigma_1^2)$，80℃ 下的断裂强度 $Y \sim N(\mu_2, \sigma_2^2)$，且 X 与 Y 相互独立，试求方差比 σ_1^2/σ_2^2 的置信度为 90% 的置信区间.

第五节　练习与测试参考答案

1. $\hat{\theta} = 2\overline{X} - 1$.

2. (1) $\hat{\theta} = (2 - \overline{X})/8$;

(2) 设在总体 X 中, 抽取容量为 n 的样本 $(X_1, X_2, \cdots, X_n)$, 并设其中 n_1 个样本取 -1, n_2 个样本取 0, 另有 $(n - n_1 - n_2)$ 个样本取 2, 于是与 θ 有关的似然函数为

$$L(x_1, x_2, \cdots, x_n; \theta) = (2\theta)^{n_1} \theta^{n_2} (1 - 3\theta)^{n - n_1 - n_2} = 2^{n_1} \theta^{n_1 + n_2} (1 - 3\theta)^{n - n_1 - n_2},$$

$$\frac{\mathrm{d}L}{\mathrm{d}\theta} = 2^{n_1} (n_1 + n_2) \theta^{n_1 + n_2 - 1} (1 - 3\theta)^{n - n_1 - n_2} - 2^{n_1} \theta^{n_1 + n_2} (n - n_1 - n_2)(1 - 3\theta)^{n - n_1 - n_2 - 1} \cdot (-3).$$

令 $\dfrac{\mathrm{d}L}{\mathrm{d}\theta} = 0$, 则有 $\quad (n_1 + n_2)(1 - 3\theta) = 3\theta(n - n_1 - n_2),$

所以 $\qquad\qquad\qquad\qquad\qquad \hat{\theta}_L = (n_1 + n_2)/3n.$

(3) A: $\hat{\theta}_l = \hat{\theta}_L = 0.2$; B: $\hat{\theta}_l = 0.2292$, $\hat{\theta}_L = 0.2778$.

3. $\hat{\beta}_l = k/\overline{X}$ (用 Γ 函数进行积分计算). 　　4. $\hat{a} = \overline{X}/2$; $\hat{b} = \sqrt{3B_2} - \overline{X}/2$.

5. $1 - \left(\dfrac{1}{n} \sum\limits_{i=1}^{n} X_i \right) \bigg/ \left(\dfrac{1}{n} \sum\limits_{i=1}^{n} X_i^2 \right)$.

6. $\hat{\theta} = \sqrt{2/\pi}\, \overline{X}$; $\hat{\theta}_L = \sqrt{\sum\limits_{i=1}^{n} X_i^2 / 2n}$.

算得 $EX = \sqrt{2}\theta \Gamma\left(\dfrac{3}{2} \right)$, $\quad \Gamma\left(\dfrac{1}{2} \right) = \sqrt{\pi}$.

7. 因为 $EX = \dfrac{b+a}{2}$, $\quad DX = \dfrac{(b-a)^2}{12}$,

又 $\hat{a} = \min(X_1, X_2, \cdots, X_n)$, $\quad \hat{b} = \max(X_1, X_2, \cdots, X_n)$, 所以由极大似然估计的不变性得

$$\widehat{EX} = [\min(X_1, X_2, \cdots, X_n) + \max(X_1, X_2, \cdots, X_n)]/2,$$

$$\widehat{DX} = [\max(X_1, X_2, \cdots, X_n) - \min(X_1, X_2, \cdots, X_n)]^2/12.$$

8. $L(p) = (C_m^{x_1} C_m^{x_2} \cdots C_m^{x_m}) p^{\sum\limits_{i=1}^{m} x_i} (1 - p)^{m^2 - \sum\limits_{i=1}^{m} x_i}$,

由 $\dfrac{\mathrm{d}\ln L(p)}{\mathrm{d}p} = 0$ 得到 $\hat{p} = \dfrac{\overline{x}}{m}$, 　估计量为 $\hat{p} = \dfrac{\overline{X}}{m}$.

9. $L(x_1, x_2, \cdots, x_n; \theta) = 2^n \mathrm{e}^{2n\theta} \mathrm{e}^{-2 \sum\limits_{i=1}^{n} x_i}$, $\quad x_i \geqslant \theta \quad (i = 1, 2, \cdots, n)$,

$$\ln L = n\ln 2 + 2n\theta - 2 \sum_{i=1}^{n} x_i, \quad \frac{\mathrm{d}\ln L}{\mathrm{d}\theta} = 2n,$$

由于似然方程不含待估参数 θ, 方法失效.

于是让 L 取得极大下定出 θ, 此时 θ 应尽可能大. θ 的尽可能大又受 $\theta \leqslant x_i$ 的约束, 故 θ 取 $x_1, x_2, \cdots, x_n$ 中最小, 从而

$$\hat{\theta}_L = \min\{x_1, x_2, \cdots, x_n\}.$$

10. $\hat{\theta}_L = \sum\limits_{i=1}^{n} |X_i| / n$, $\quad \hat{\theta}_L$ 是 θ 的无偏估计.

$$E\hat{\theta}_L = \frac{1}{n} \sum_{i=1}^{n} E|X_i| = E|X| = \frac{1}{2\theta} \int_{-\infty}^{+\infty} |x| \mathrm{e}^{-|x|/\theta} \mathrm{d}x$$

$$= \theta \int_0^{+\infty} \left(\frac{x}{\theta} \right) e^{-x/\theta} d \left(\frac{x}{\theta} \right) = \theta \Gamma(2) = \theta.$$

11. 因为 $\mu_n \sim B(n,p)$，所以 $\quad E\mu_n = np$.

故 $E\hat{p}_n = E(\mu_n/n) = E\mu_n/n = p$，得证.

12. $\hat{\mu}_1$，$\hat{\mu}_3$ 都是 μ 无偏估计量，$\hat{\mu}_3$ 较 $\hat{\mu}_1$ 有效.

13. 由于 $E\overline{X} = EX = \lambda$，$EB_2 = \frac{n-1}{n} \sigma^2 = \frac{n-1}{n} \lambda$，所以

$$E\left(\alpha \overline{X} + (1-\alpha) \frac{n}{n-1} B_2 \right) = \alpha E\overline{X} + (1-\alpha) \frac{n}{n-1} EB_2$$

$$= \alpha\lambda + (1-\alpha) \frac{n}{n-1} \cdot \frac{n-1}{n} \lambda = \alpha\lambda + (1-\alpha)\lambda = \lambda.$$

14. (1) 都是 θ 的无偏估计；(2) $D(\hat{\theta}_4) < D(\hat{\theta}_2) < D(\hat{\theta}_3) < D(\hat{\theta}_1)$.

15. 设总体为 X，则 $EX = \mu$，$DX = \sigma^2$. 因为 $a+b=1$，

所以 $\quad\quad\quad\quad\quad\quad ET = aE\overline{X}_1 + bE\overline{X}_2 = (a+b)\mu = \mu.$

由于 $\quad\quad\quad\quad\quad\quad DT = a^2 D\overline{X}_1 + b^2 D\overline{X}_2 = \left[\frac{a^2}{n_1} + \frac{(1-a)^2}{n_2} \right] \sigma^2,$

令 $\quad\quad\quad\quad\quad\quad \frac{dDT}{da} = \left[\frac{2a}{n_1} - \frac{2(1-a)}{n_2} \right] \sigma^2 = 0.$

解得 $a = \frac{n_1}{n_1+n_2}$，$b = 1-a = \frac{n_2}{n_1+n_2}$，此时 DT 最小.

16. (1) (5.608, 6.392)；(2) (5.558, 6.442).

17. μ: (923.133, 1076.867)，σ^2: (4562.304, 36697.248)，σ: (67.545, 191.565).

18. $n = [4 \times 37^2 \times 2.575^2 / 7.3^2 + 1] = [681.35+1] = 682.$

19. (−0.002, 0.006).   20. (0.2821, 4.0512).

第八章 假设检验

第一节 基本要求

(1) 理解假设检验的基本思想，理解显著性假设检验的基本思想，熟练掌握假设检验的基本步骤，了解假设检验可能产生的两类错误.

(2) 熟练掌握单个和两个正态总体的均值与方差的假设检验，特别是能正确分清双侧假设检验和单侧假设检验.

*(3) 了解总体分布假设的 χ^2 检验法，掌握其解题思路、分组原则、计算要点等.

第二节 内容提要

一、假设检验的基本思想

(1) **小概率原理** 概率很小的事件在一次试验中是几乎不可能发生的，如果小概率事件在一次试验中发生了，则认为假设是错误的.

(2) **假设检验的基本思想** 首先根据问题的性质对总体的参数或分布作出某种假设，然后寻找在假设成立的条件下，出现可能性很小的小概率事件，如果一次抽样的结果使小概率事件发生了，这与小概率原理相违背，则有理由怀疑"假设"的合理性，从而拒绝所提出的"假设"，否则可以接受"假设".

一般地，把问题中涉及到的假设称为**原假设**或称**零假设**，用 H_0 表示. 而把与原假设对立的断言称为**备择假设**，记为 H_1. 当然，在两个假设中用哪一个作为原假设，哪一个作为备择假设，视具体问题的题设和要求而定.

实际问题中，当总体分布的类型已知时，仅对其中一个或几个未知参数作出假设，这类问题称为参数假设检验；当总体的分布完全不知或不确切知道，就需要对总体分布作出某种假设，这种问题称为分布假设检验或非参数假设检验.

二、假设检验中的两类错误

在假设检验中，只能在拒绝 H_0 或接受 H_0 中作出选择，两者必居其一. 而判断的唯一依据是样本信息，判别的原则是小概率原理，由于样本的随机性以及概率很小的事件在试验中也未必不会发生.

第 I 类错误　当原假设 H_0 为真时，却作出拒绝 H_0 的判断，通常称之为**弃真错误**，由于样本的随机性，犯这类错误的可能性是不可避免的．若将犯这一类错误的概率记为 α，则有 $P\{拒绝 H_0 \mid H_0 为真\} = \alpha$．

第 II 类错误　当原假设 H_0 不成立时，却作出接受 H_0 的决定，这类错误称之为**取伪错误**，这类错误同样是不可避免的．若将犯这类错误的概率记为 β，则有 $P\{接受 H_0 \mid H_0 为假\} = \beta$．

为保证检验效果，当然希望犯这两类错误的概率都尽可能地小，而事实上，在样本容量 n 固定的情况下，当 α 减小时，β 就增大；反之，当 β 减小时，α 就增大．一般在实际中，往往倾向于保护 H_0，即 H_0 确实成立时，作出拒绝 H_0 的概率应是一个很小的正数 α，也就是将犯弃真错误的概率限制在事先给定的 α 范围内，这类假设检验通常称为显著性假设检验，小正数 α 称为**检验水平**或**显著性水平**．

三、假设检验的步骤（以双侧假设检验为例，单侧假设检验类似）

（1）**提出假设**　根据所讨论的实际问题建立原假设 H_0 及备择假设 H_1；

（2）**选择检验用统计量**　根据 H_0，选择合适的统计量 Z，并确定在 H_0 成立条件下，该统计量所服从的分布；

（3）**确定拒绝域**　对预先给定的小概率 $\alpha > 0$，由 α 确定临界值 $z_{\alpha/2}$；

（4）**计算**　由样本值具体计算统计量 Z 的观察值 z；

（5）**判断**　若 $|z| \geqslant z_{\alpha/2}$，则拒绝 H_0，接受 H_1；若 $|z| < z_{\alpha/2}$，则接受 H_0．

四、正态总体参数的假设检验

在假设检验的一般步骤中，第 2 步是最关键的，即寻找合适的检验统计量．这在一般情况下是很难得到的，而对正态总体而言，则相对就容易得多．但即使是正态总体参数检验，其内容也相当丰富，从不同的角度出发可以有各种不同的提法（参阅表 8-1 和表 8-2）．

从检验参数看，有均值检验和方差检验；

从检验总体看，有单个总体检验和两个总体检验；

从检验目的看，有考察差异性的双侧检验与比较指标大小、强弱的单侧检验；

从检验方法看，有 Z 检验法、t 检验法、χ^2 检验法与 F 检验法等．

*五、非参数的 χ^2 拟合优度检验法

非参数检验是一个广泛而复杂的问题，这里只介绍总体分布假设的 χ^2 拟合优度检验法．

这个检验法依据是，无论未知总体 X 服从什么分布，只要样本容量 n 充分大（一般不少于 50），和式 $\displaystyle\sum_{i=1}^{k} \frac{(n_i - np_i)^2}{np_i}$ 作为 χ^2 统计量，有

表 8-1 正态总体均值检验法（显著性水平为 α）

方 法 与 类 型					检验用统计量及其所服从的分布	备择假设与拒绝域	
检验方法	被检验参数	适用范围及其相应条件		原假设 H_0		备择假设 H_1	拒绝域
Z 检验法	总体均值	一总体	σ^2 已知	双侧 $\mu=\mu_0$	$Z=\dfrac{\overline{X}-\mu_0}{\sigma/\sqrt{n}}$ $\sim N(0,1)$	$\mu\neq\mu_0$	$\lvert z\rvert\geqslant z_{\alpha/2}$
				单侧 $\mu\leqslant\mu_0$		$\mu>\mu_0$	$z\geqslant z_\alpha$
				$\mu\geqslant\mu_0$		$\mu<\mu_0$	$z\leqslant -z_\alpha$
		两总体	σ_1^2,σ_2^2 已知	双侧 $\mu_1=\mu_2$	$Z=\dfrac{\overline{X}-\overline{Y}}{\sqrt{\dfrac{\sigma_1^2}{n_1}+\dfrac{\sigma_2^2}{n_2}}}$ $\sim N(0,1)$	$\mu_1\neq\mu_2$	$\lvert z\rvert\geqslant z_{\alpha/2}$
				单侧 $\mu_1\leqslant\mu_2$		$\mu_1>\mu_2$	$z\geqslant z_\alpha$
				$\mu_1\geqslant\mu_2$		$\mu_1<\mu_2$	$z\leqslant -z_\alpha$
t 检验法		一总体	σ^2 未知	双侧 $\mu=\mu_0$	$T=\dfrac{\overline{X}-\mu_0}{S/\sqrt{n}}$ $\sim t(n-1)$	$\mu\neq\mu_0$	$\lvert t\rvert\geqslant t_{\frac{\alpha}{2}}(n-1)$
				单侧 $\mu\leqslant\mu_0$		$\mu>\mu_0$	$t\geqslant t_\alpha(n-1)$
				$\mu\geqslant\mu_0$		$\mu<\mu_0$	$t\leqslant -t_\alpha(n-1)$
		两总体	σ_1^2,σ_2^2 未知但相等	双侧 $\mu_1=\mu_2$	$T=\dfrac{\overline{X}-\overline{Y}}{S_W\sqrt{\dfrac{1}{n_1}+\dfrac{1}{n_2}}}$ $\sim t(k)$ 其中，$k=n_1+n_2-2$ $S_W^2=\dfrac{(n_1-1)S_1^2+(n_2-1)S_2^2}{n_1+n_2-2}$	$\mu_1\neq\mu_2$	$\lvert t\rvert\geqslant t_{\frac{\alpha}{2}}(k)$
				单侧 $\mu_1\leqslant\mu_2$		$\mu_1>\mu_2$	$t\geqslant t_\alpha(k)$
				$\mu_1\geqslant\mu_2$		$\mu_1<\mu_2$	$t\leqslant -t_\alpha(k)$

表 8-2 正态总体方差检验法（显著性水平为 α）

方 法 与 类 型					检验用统计量及其所服从的分布	备择假设与拒绝域	
检验方法	被检验参数	适用范围及其相应条件		原假设 H_0		备择假设 H_1	拒绝域
χ^2 检验法	总体方差	一总体	μ 未知	双侧 $\sigma^2=\sigma_0^2$	$\chi^2=\dfrac{(n-1)S^2}{\sigma_0^2}$ $\sim\chi^2(n-1)$	$\sigma^2\neq\sigma_0^2$	$\chi^2\geqslant\chi^2_{\frac{\alpha}{2}}(n-1)$ 或 $\chi^2\leqslant\chi^2_{1-\frac{\alpha}{2}}(n-1)$
				单侧 $\sigma^2\leqslant\sigma_0^2$		$\sigma^2>\sigma_0^2$	$\chi^2\geqslant\chi^2_\alpha(n-1)$
				$\sigma^2\geqslant\sigma_0^2$		$\sigma^2<\sigma_0^2$	$\chi^2\leqslant\chi^2_{1-\alpha}(n-1)$
F 检验法		两总体	μ_1,μ_2 未知	双侧 $\sigma_1^2=\sigma_2^2$	$F=\dfrac{S_1^2}{S_2^2}\sim F(k_1,k_2)$ $(k_1=n_1-1,k_2=n_2-1)$	$\sigma_1^2\neq\sigma_2^2$	$f\geqslant F_{\frac{\alpha}{2}}(k_1,k_2)$ 或 $f\leqslant F_{1-\frac{\alpha}{2}}(k_1,k_2)$
				单侧 $\sigma_1^2\leqslant\sigma_2^2$		$\sigma_1^2>\sigma_2^2$	$f\geqslant F_\alpha(k_1,k_2)$
				$\sigma_1^2\geqslant\sigma_2^2$		$\sigma_1^2<\sigma_2^2$	$f\leqslant F_{1-\alpha}(k_1,k_2)$

注：在双侧假设检验中，备择假设 H_1 有时可以省略不写.

$$\chi^2=\sum_{i=1}^{k}\frac{(n_i-np_i)^2}{np_i}\xrightarrow{\text{近似服从}}\chi^2(k-r-1),\ n\rightarrow\infty.$$

其中 k 是频数不小于 5 的分组组数；r 是已知总体分布中用极大似然估计替代的参

数个数. 检验的具体步骤大致包括以下七个方面, 即

(1) 根据实际问题的性质, 提出待验假设 $H_0: F(x) = F_0(x)$. 其中 $F(x)$ 是未知总体 X 的分布, $F_0(x)$ 是某个已知总体的分布.

(2) 把实数轴 $(-\infty, \infty)$ 分成前后衔接、又互不相交、左开右闭的 k 个子区间 $(a_i, a_{i+1}]$ $(i=1,2,\cdots,k)$. 其中 a_1, a_{k+1} 在统计量观测值计算时分别改取 $-\infty$ 和 $+\infty$.

(3) 抽取容量为 n 的样本, 并计算落入第 i 个子区间 $(a_i, a_{i+1}]$ $(i=1,2,\cdots,k)$ 内实测频数 n_i, 注意到 $n = \sum\limits_{i=1}^{k} n_i$. 通常要求 $n \geqslant 50$, 一般取 $5 \leqslant k \leqslant 14$, $np_i \geqslant 5$ 为宜, 否则就近并组.

(4) 在抽样并分组 (应用于离散场合不必分组) 的基础上, 求出已知总体分布 $F_0(x)$ 中未知参数的极大似然估计 [若 $F_0(x)$ 的分布及参数均已知, 这一步可省略], 并据此在 H_0 成立下, 计算 X 落入第 i 个子区间 $(a_i, a_{i+1}]$ $(i=1,2,\cdots,k)$ 内的概率

$$p_i = P\{a_i < X \leqslant a_{i+1}\} = F(a_{i+1}) - F(a_i),$$

此时, 样本值落入第 i 个子区间的理论频数为 np_i.

(5) 计算 χ^2 统计量的观测值 $\chi^2 = \sum\limits_{i=1}^{k} \dfrac{(n_i - np_i)^2}{np_i}$.

(6) 由事先给定的显著性水平 α, 按单边右侧检验法则, 查 χ^2 分布表得临界值 $\chi_\alpha^2(k-r-1)$.

(7) 将统计量观测值 χ^2 与临界值 $\chi_\alpha^2(k-r-1)$ 比较, 若 $\chi^2 > \chi_\alpha^2(k-r-1)$ 拒绝 H_0, 否则接受 H_0.

非参数检验是一个应用价值较高但计算十分繁琐的问题, 读者应认真演算 $1\sim$ 2 题, 深刻体会 χ^2 拟合优度检验法的基本思想, 切实掌握方法要点.

第三节　典型例题分析

【例 1】　设某食品厂生产的某种罐头, 根据以往的经验, 当生产正常时, 该罐头 VC 的含量 X (单位: mg) 服从正态分布 $N(50, 3.8^2)$. 某天开工一段时间后, 为检验生产是否正常, 随机地抽检了 50 只罐头, 测得 $\overline{x} = 51.26$. 假定方差没有什么变化. 试分别在 $\alpha_1 = 0.05$, $\alpha_2 = 0.01$ 下, 检验该日生产是否正常?

解　假设 $H_0: \mu = \mu_0 = 50$, $H_1: \mu \neq \mu_0$.

由于 σ^2 已知, 因此应选择检验统计量

$$Z = \frac{\overline{X} - \mu_0}{\sigma/\sqrt{n}} \sim N(0,1).$$

又由 $\alpha_1 = 0.05$ 及 $\alpha_2 = 0.01$, 查正态分布表, 得临界值

$$z_{\alpha_1/2} = z_{0.025} = 1.96, \qquad z_{\alpha_2/2} = z_{0.005} = 2.58.$$

而 $|z| = \dfrac{|\bar{x} - \mu_0|}{\sigma/\sqrt{n}} = \dfrac{|51.26 - 50|}{3.8/\sqrt{50}} = 2.34$. 因此，$|z| = 2.34 > 1.96$，但 $|z| = 2.34 < 2.58$，故在检验水平 $\alpha_1 = 0.05$ 下，应当拒绝 H_0，接受 H_1，即认为该日生产不正常；而在检验水平 $\alpha_2 = 0.01$ 下，应当接受 H_0，即认为该日生产是正常的.

注 该例说明，对于同一个问题，同一个样本，由于检验水平不一样，可能得出完全相反的结论. 因此，在实际应用中，如何合理地选择检验水平是非常重要的. 对于固定样本来讲，α 越大越容易显示差异性，此时犯取伪错误的可能性较小. 反之，α 越小预示着犯取真错误的概率越小. 因此，检验水平 α 在假设检验中用以显示考察指标（μ）与它的标准值（μ_0）之间差异的显著程度. 具体地说：较大 α 下产生的拒绝域显示差异显著性的能力较强，即显示差异显著性水平较高；反之，较小 α 下显示差异显著性的水平就较低.

【*例2】 某厂利用某种钢生产钢筋，根据长期资料的分析，知道这种钢筋强度 X 服从正态分布，今随机抽取六根钢筋进行强度试验，测得强度 X（单位：kg/mm^2）为

$$48.5 \quad 49.0 \quad 53.5 \quad 56.0 \quad 52.5 \quad 49.5$$

试问：能否据此认为这种钢筋的平均强度为 52.0kg/mm^2（$\alpha = 0.05$）？

解 设 $X \sim N(\mu, \sigma^2)$，依题意，建立假设 $H_0 : \mu = \mu_0 = 52.0$，$H_1 : \mu \neq \mu_0$.

这里 σ^2 未知，故在 H_0 成立的条件下应选取检验统计量 $T = \dfrac{\bar{X} - \mu_0}{S/\sqrt{n}} \sim t(n-1)$.

由已知 $\alpha = 0.05$，查 t 分布表得临界值 $t_{\alpha/2}(n-1) = t_{0.025}(6-1) = 2.571$. 又由样本值算得，$\bar{x} = 51.5$，$s^2 = 8.9$，$t = \dfrac{51.5 - 52.0}{\sqrt{8.9}/\sqrt{6}} \approx -0.41$，因为，$|t| \approx 0.41 < 2.571$，故接受 H_0. 即可以认为这种钢筋的平均强度为 52.0kg/mm^2.

【例3】 假设某种灯泡的使用寿命（单位：h）$X \sim N(\mu, \sigma^2)$，其中 μ 为待验参数，$\sigma^2 = 100$ 为已知. 按照某种标准，该种灯泡使用寿命不得低于 1000h，今从一批这种灯泡中随机抽取 25 件，测得其寿命的平均值为 950h. 试在显著性水平 $\alpha = 0.05$ 下确定这批灯泡是否合格？

解 灯泡合格，即灯泡的使用寿命应不显著低于标准值 $\mu_0 = 1000$h，因而属单边左侧检验. 灯泡合格，即要求 $\mu \geq 1000$，故待验假设应为

$$H_0 : \mu \geq 1000, \quad H_1 : \mu < 1000.$$

由 σ^2 已知，因此检验统计量同例1，由于检验水平 $\alpha = 0.05$，查正态分布表，得临界值而由样本观察值具体计算得

$$z = \frac{950 - 1000}{100/\sqrt{25}} = -2.5 < -1.645,$$

因此拒绝 H_0，故不能认为这批灯泡合格.

注 题解中的 $H_0 : \mu \geq 1000$，$H_1 : \mu < 1000$ 能否换成 $H_0 : \mu \leq 1000$，$H_1 : \mu > 1000$（单边右侧检验）呢？答案是否定的.

因为，此时，$\alpha=0.05$，则 $z_{0.05}=1.645>-2.5$. 故应考虑接受 $H_0:\mu\leqslant 1000$. 但此时，既不能认为这批元件是不合格的（有可能 $\mu=1000$），也不能认为是合格的（有可能 $\mu<1000$）. 由此可见，就本题的假设而言，待检假设只能是 $H_0:\mu\geqslant 1000$，$H_1:\mu<1000$. 否则将得不到任何有用的结论.

【例 4】 某药厂生产某种瓶装抗菌素，根据以往经验，每瓶抗菌素的含量 $X\sim N(\mu,\sigma^2)$. 为了解近段时间生产是否正常，今从已生产的成品中，随机抽取 20 瓶，测得抗菌素（单位：mg）含量如下：

9.8　10.4　10.6　9.6　9.7　9.9　10.9　11.1　9.6　10.2
10.3　9.6　9.9　11.2　10.6　9.8　10.5　10.1　10.5　9.7

试问：能否据此认为该厂生产的抗菌素含量的均值显著大于 10（取 $\alpha=0.05$）？

解 这是一个抗菌素含量多少的比较. 由题设可知属单边右侧检验.
$$H_0:\mu\leqslant \mu_0=10,\quad H_1:\mu>\mu_0=10.$$
由于 σ 未知，故检验统计量同例 2，由于检验水平 $\alpha=0.05$，查 t 分布表，得临界值
$$t_\alpha(n-1)=t_{0.05}(19)=1.7291.$$
而现在
$$\overline{x}=10.2,\quad s=0.5099,$$
所以
$$t=\frac{10.2-10}{0.5099/\sqrt{20}}=1.754>1.7291.$$
故拒绝 H_0，即可以认为抗菌素含量的均值显著地大于 10.

注 由于 1.754 与临界值 1.7291 比较接近，因此实际应用中，为慎重起见，最好再抽样一次，并适当增加样本容量，重新进行一次计算再做决定.

【例 5】 某种柴油发动机，使用每升柴油的运转时间服从正态分布 $N(\mu,\sigma^2)$，μ 和 σ^2 未知，现测试装配好的 6 台发动机的运转时间（单位：min）分别为：28，27，31，29，30，27. 按设计要求，平均每升柴油运转时间应在 30min 以上. 根据测试结果，在显著性水平 $\alpha=0.05$ 之下，能否说明该种发动机是符合设计要求的？

解 设 X 表示使用一升柴油的发动机运转时间，则 $X\sim N(\mu,\sigma^2)$，由于 σ^2 未知，要检验 μ，使用 t 检验法. 由题设知，应选择单边左侧检验，即待检验假设为
$$H_0:\mu\geqslant 30,\quad H_1:\mu<30.$$
检验统计量为
$$T=\frac{\overline{X}-\mu_0}{S/\sqrt{n}}\sim t(n-1).$$
由显著性水平 $\alpha=0.05$ 下，查自由度为 $6-1=5$ 的 t 分布，得临界值
$$t_{0.05}(5)=2.015.$$
根据样本观测值算得
$$\overline{x}=\frac{1}{6}\sum_{i=1}^{6}x_i=\frac{1}{6}(28+27+31+29+30+27)=28.67,$$

$$s^2 = \frac{1}{6-1}\sum_{i=1}^{6}(x_i - \overline{x})^2 = 1.633^2.$$

于是，统计量 T 的观察值 t 为

$$t = \frac{\overline{x} - 30}{s/\sqrt{6}} = \frac{28.67 - 30}{1.633/\sqrt{6}} = -2.00.$$

由于 $-t_{0.05}(5) = -2.015 < t = -2.00$，所以，应当接受原假设 H_0，即认为所装配的这种发动机符合原设计的要求.

【例 6】 用包装机包装葡萄糖，在正常情况下，袋重的标准差不能超过 15g. 假设每袋葡萄糖的重量服从正态分布 $N(\mu, \sigma^2)$. 某天为检验机器工作情况，从产品中随机地抽取 10 袋，算得样本方差 $s^2 = \frac{1}{10-1}\sum_{i=1}^{10}(x_i - \overline{x})^2 = 30.23^2$. 试问这天机器工作是否正常（$\alpha = 0.05$）？

解 由题意知，若包装机工作正常，则每袋葡萄糖的标准差 σ 不能超过 15g，当然，标准差越小越好，因此该问题是方差的单侧假设检验，且只能为右侧检验（为什么？），即待检验假设 H_0：$\sigma^2 \leqslant 15^2$，H_1：$\sigma^2 > 15^2$. 选择统计量

$$\chi^2 = \frac{(n-1)S^2}{\sigma_0^2} \sim \chi^2(n-1).$$

对于 $\alpha = 0.05$，查 χ^2 分布表，得 $\chi_{0.05}^2(10-1) = 16.919$. 算得统计量观察值

$$\chi^2 = \frac{(10-1) \times 30.23^2}{15^2} = 36.554.$$

由于统计值 $\chi^2 = 36.554 > \chi_{0.05}^2(10-1) = 16.919$，故拒绝原假设 H_0，即包装机工作不正常，应调整.

【例 7】 设某厂生产的某种电子元件的寿命（单位：h）X 服从正态分布 $N(\mu, \sigma^2)$，$\mu_0 = 1000$ 为 μ 的标准值，σ^2 为未知参数，随机抽取其中 16 只，测得样本均值 $\overline{x} = 946$，样本方差 $s^2 = 120^2$. 试在显著性水平 $\alpha = 0.05$ 下，考察下列问题：

（1）这批元件的寿命与 1000 是否有显著差异？

（2）这批元件是否合格？

解 （1）本小题是考察两种寿命的差异显著性，属双侧检验.

待检验假设 H_0：$\mu = 1000$，H_1：$\mu \neq 1000$.

由于题设方差 σ^2 未知，故检验用统计量为

$$T = \frac{\overline{X} - \mu_0}{\sqrt{S^2/n}} \sim t(n-1),$$

由 $\alpha = 0.05$，则 $t_{\alpha/2} = t_{0.025}(15) = 2.13.$

又由 $\overline{x} = 946$，$s^2 = 120^2$，可算得统计量观测值 t 为

$$t = \frac{\overline{x} - \mu_0}{\sqrt{s^2/n}} = \frac{946 - 1000}{\sqrt{120^2/16}} = -1.8.$$

因 $|t|=1.8 < t_{0.025}(15)=2.13$，故考虑接受 H_0，从而认为这批元件的平均寿命与标准值的差异不显著.

（2）元件合格是指平均寿命不显著低于标准寿命 $\mu_0=1000$，因而本题是寿命长短的比较，属单边左侧检验.

待检验假设为 H_0：$\mu \geqslant 1000$，H_1：$\mu < 1000$.

因为 σ^2 未知，故仍选用统计量

$$T=\frac{\overline{X}-\mu_0}{\sqrt{S^2/n}} \sim t(n-1).$$

由 $\alpha=0.05$，则 $t_\alpha(n-1)=t_{0.05}(15)=1.75$，而统计量观测值亦同（1），即 $t=-1.8$.

因 $t=-1.8 < -t_{0.05}(15)=-1.75$，故拒绝 H_0，即可以认为这批元件不合格.

注 从题（1）样本均值偏低的事实看，似乎总体均值与它的标准值差异应该是明显的. 然而，检验的结果却接受了 H_0，这就是说 μ 与 μ_0 虽有差异但并不显著. 由此可见，统计分析可以帮助人们纠正来自直观的偏见. 此外从应用角度讲，单侧检验远比双侧检验广泛. 因为凡涉及数量性指标是否合格、达标之类多数是使用单侧检验. 难点在于正确区分是左侧检验还是右侧检验.

【例 8】 为检验 A,B 两种烟草的焦油含量是否相同，从这两种烟草中各自随机抽取重量相同的 5 例进行化验，测得焦油含量（单位：mg）为

烟草 A：24　27　26　21　24　　烟草 B：27　28　23　31　26

据经验知，焦油含量服从正态分布，且烟草 A 的方差为 5，B 的方差为 8. 在显著性水平 $\alpha=0.05$ 之下，问两种烟草焦油含量是否有差异？

解 这是两总体均值差异性比较，属双侧检验. 设烟草 A 和 B 的焦油平均含量分别为 μ_1 和 μ_2. 则待检验假设为

$$H_0：\mu_1=\mu_2，H_1：\mu_1 \neq \mu_2.$$

由于 σ_1^2, σ_2^2 已知，故应选择检验用统计量

$$Z=\frac{\overline{X}-\overline{Y}}{\sqrt{\dfrac{\sigma_1^2}{n_1}+\dfrac{\sigma_2^2}{n_2}}} \sim N(0,1).$$

由显著性水平 $\alpha=0.05$ 下，查标准正态分布，得临界值 $z_{\alpha/2}=z_{0.025}=1.96$，计算统计观察值

$$\overline{x}=\frac{1}{5}(24+27+26+21+24)=24.4,$$

$$\overline{y}=\frac{1}{5}(27+28+23+31+26)=27,$$

$$z=\frac{\overline{x}-\overline{y}}{\sqrt{\dfrac{\sigma_1^2}{n_1}+\dfrac{\sigma_2^2}{n_2}}}=\frac{24.4-27}{\sqrt{\dfrac{5}{5}+\dfrac{8}{5}}}=-1.612.$$

由于 $|z|=1.612 < z_{0.025}=1.96$，所以，接受原假设 H_0，即认为两种烟草的焦油平均含量无显著差异.

【例9】 为了试验两种不同的谷物的种子的优劣，选取了十块土质不同的土地，并将每块土地分为面积相同的两部分，分别种植这两种谷物，设在每块土地的两部分人工管理等条件完全一样，下面给出的是各块土地上的产量

土 地	1	2	3	4	5	6	7	8	9	10
种子 $A(x_i)$	23	35	29	42	39	29	37	34	35	28
种子 $B(y_i)$	26	39	35	40	38	24	36	27	41	27

假定两种谷物的产量分别服从同方差的正态分布，试问：以这两种种子种植的谷物的产量是否有显著的差异（$\alpha=0.05$）？

解 这是考察两总体均值差异的显著性，因此待验假设为

$$H_0: \mu_1=\mu_2, \quad H_1: \mu_1\neq\mu_2.$$

由于二总体的方差未知且相等，故应选用检验统计量

$$T=\frac{\overline{X}-\overline{Y}}{\sqrt{\dfrac{(n_1-1)S_1^2+(n_2-1)S_2^2}{n_1+n_2-2}}\sqrt{\dfrac{1}{n_1}+\dfrac{1}{n_2}}}\sim t(n_1+n_2-2).$$

此时，$\alpha=0.05$，则 $t_{\alpha/2}=t_{0.025}(18)=2.1009$.

而现在，由题中所给数据算得

$$\bar{x}=33.1, \ s_1=5.7629; \quad \bar{y}=33.3, \ s_2=6.5668;$$

$$t=\frac{33.1-33.3}{\sqrt{\dfrac{9\times5.7629^2+9\times6.5668^2}{10+10-2}}\sqrt{\dfrac{1}{10}+\dfrac{1}{10}}}=-0.07.$$

由于 $|t|=0.07<t_{0.025}(18)=2.1009$，因此接受 H_0. 即认为以这两种种子种植的谷物的产量无显著的差异.

【例10】 某水厂在对天然水技术处理前后分别取样，分析其所含杂质（mg/L）分别为

处理前（X）：0.19　0.18　0.21　0.30　0.66　0.42　0.08　0.12
0.30　0.27

处理后（Y）：0.15　0.13　0.00　0.07　0.24　0.24　0.19　0.04　0.08
0.20　0.12

假定技术处理前后水中杂质 X, Y 依次服从正态分布 $N(\mu_1, \sigma_1^2)$ 及 $N(\mu_2, \sigma_2^2)$，且方差相等. 试在显著性水平 $\alpha=0.05$ 下考察下列问题：

（1）技术处理前后水中杂质有无显著变化？

（2）对水进行技术处理后其所含杂质是否明显降低？

解 本题为方差未知且相等条件下，两总体均值检验，检验选用统计量同上题，即

$$T=\frac{\overline{X}-\overline{Y}}{\sqrt{\dfrac{(n_1-1)S_1^2+(n_2-1)S_2^2}{n_1+n_2-2}}\sqrt{\dfrac{1}{n_1}+\dfrac{1}{n_2}}}\sim t(n_1+n_2-2).$$

（1）系二总体均值差异性的双侧检验．待验假设为

$$H_0：\mu_1=\mu_2，\quad H_1：\mu_1\neq\mu_2．$$

由 $\alpha=0.05$，则 $t_{\alpha/2}=t_{0.025}(19)=2.09$，计算统计量的样本观察值为

$$n_1=10，\bar{x}=0.273，s_1^2=0.0297；\quad n_2=11，\bar{y}=0.133，s_2^2=0.0064；$$

$$t=\frac{0.273-0.133}{\sqrt{\dfrac{9\times0.0297+10\times0.0064}{10+11-2}}\sqrt{\dfrac{1}{10}+\dfrac{1}{11}}}=2.43．$$

因为 $|t|=2.43>t_{0.025}(19)=2.09$，故拒绝 H_0，即认为技术处理前后水中杂质含量有了显著的变化．

（2）属技术处理前后水中杂质含量高低变化，应为单侧检验．技术处理的初衷以降低水中杂质为目的，可是这仅是愿望，能否成为现实尚有风险，最终结果有成功与失败两种可能．从偏护原有处理方式出发，应选择右侧检验，故待验假设为

$$H_0：\mu_1\leqslant\mu_2，\quad H_1：\mu_1>\mu_2．$$

此时，由 $\alpha=0.05$ 得单侧临界值为 $t_\alpha=t_{0.05}(19)=1.73$，而统计量的观测值仍同（1），即 $t=2.43$．

因 $t=2.43>t_{0.025}(19)=1.73$，故拒绝 H_0．即认为技术处理前后水中杂质含量有明显的降低．

【例 11】 某厂生产的某种型号的电池，其寿命长期以来服从方差 $\sigma^2=5000$（h^2）的正态分布，现有一批这种电池，从它的生产情况来看，寿命的波动性有所改变，现随机抽取 26 只电池，测出其寿命的样本方差 $s^2=9200$（h^2）．问根据这一数据能否推断这批电池的寿命波动性较以往有显著改变（取 $\alpha=0.02$）？

解 由题设知，本题是要求在检验水平 $\alpha=0.02$ 下检验假设

$$H_0：\sigma^2=\sigma_0^2=5000，H_1：\sigma^2\neq5000（双侧检验）．$$

由 $n=26，\alpha=0.02$，查 χ^2 分布表得临界值

$$\chi_{\alpha/2}^2(n-1)=\chi_{0.01}^2(25)=44.314，$$

$$\chi_{1-\alpha/2}^2(n-1)=\chi_{0.99}^2(25)=11.524．$$

而统计量的观察值为

$$\chi^2=\frac{(n-1)s^2}{\sigma_0^2}=\frac{(26-1)\times9200}{5000}=46．$$

因为统计量观察值 $\chi^2=46>\chi_{0.01}^2(25)=44.314$，故拒绝原假设 H_0，即可以推断这批电池的寿命波动性较以往有显著改变．

【例 12】 有甲、乙两台车床生产同一种型号的钢球，根据已往的经验可以认为，这两台机床生产的钢球的直径均服从正态分布．现从这两台车床生产的产品中分别抽出 8 个和 9 个钢球，测得钢球的直径如下（单位：mm）

甲车床：15.0　14.5　15.2　15.5　14.8　15.1　15.2　14.8

乙车床：15.2　15.0　14.8　15.2　15.0　15.0　14.8　15.1　14.9

试问据此是否可以认为乙车床生产的钢球直径的方差比甲车床的小（取 $\alpha=0.05$）？

解 设甲、乙两机床生产的钢球的直径分别为随机变量 X,Y，由题设有 $X\sim$ $N(\mu_1,\sigma_1^2)$，$Y\sim N(\mu_2,\sigma_2^2)$．由题设知需要检验假设

$$H_0:\sigma_1^2\leqslant\sigma_2^2,\quad H_1:\sigma_1^2>\sigma_2^2\quad(单边右侧检验).$$

题设中 μ_1,μ_2 未知，故检验用统计量为

$$F=\frac{S_1^2}{S_2^2}\sim F(n_1-1,n_2-1).$$

由 $\alpha=0.05$，查 F 分布表得临界值 $F_\alpha(n_1-1,n_2-1)=F_{0.05}(7,8)=3.50$．由样本观察值具体计算，得 $s_1^2=0.096$，$s_2^2=0.026$．而

$$f=\frac{s_1^2}{s_2^2}=\frac{0.096}{0.026}=3.69>3.50.$$

故应拒绝 H_0，接受 H_1，即可以认为乙车床生产的钢球直径的方差比甲车床的小．

【例 13】 用机器包装洗衣粉，假设每袋洗衣粉的净重 X（单位：g）服从正态分布 $N(\mu,\sigma^2)$，规定每袋标准重量 500g，标准差不能超过 10g．某天开工后，为检验其机器工作是否正常，从装好的洗衣粉中随机抽取 9 袋，测得其净重为

$$497\quad507\quad510\quad475\quad488\quad524\quad491\quad515\quad484$$

试问这天包装机工作是否正常（$\alpha=0.05$）？

解 依题设，如果包装机工作是正常，则每袋标准重量应为 500g，而标准差不超过 10g，因此需检验假设

$$H_0:\mu=\mu_0=500,\quad H_1:\mu\neq500\ 及\ H_0':\sigma^2\leqslant10^2,\quad H_1':\sigma^2>10^2.$$

（1）检验假设 $H_0:\mu=\mu_0=500$，$H_1:\mu\neq500$．

由于 σ^2 未知，应选择检验统计量

$$T=\frac{\overline{X}-500}{S/\sqrt{n}}\sim t(n-1).$$

由 $\alpha=0.05$ 查 t 分布表得临界值 $t_{\alpha/2}(n-1)=t_{0.025}(8)=2.306$，由样本观察值具体计算，得

$$\overline{x}=499,\ s=16.03,\ t=\frac{\overline{x}-500}{s/\sqrt{n}}=\frac{499-500}{16.03/\sqrt{9}}=-0.187.$$

因为 $|t|=0.187<2.306$，故可以认为平均每袋洗衣粉的净重为 500g，即机器包装没有产生系统误差．

（2）检验假设 $H_0':\sigma^2\leqslant10^2$，$H_1':\sigma^2>10^2$．

这是方差的单侧检验问题，选取检验统计量

$$\chi^2=\frac{(n-1)S^2}{10^2}\sim\chi^2(n-1).$$

由 $\alpha=0.05$，查 χ^2 分布表得临界值 $\chi_\alpha^2(n-1)=\chi_{0.05}^2(8)=15.5$．而

$$\chi^2 = \frac{(n-1)s^2}{10^2} = \frac{(9-1)\times 16.03^2}{10^2} = 20.56 > 15.5.$$

故拒绝 H'_0，接受 H'_1，即认为其方差超过 10^2．即包装机工作虽然没有系统误差，但是不够稳定．因此，在显著性水平 $\alpha=0.05$ 可以认定该天包装机工作不够正常．

【例 14】 某石化企业生产的维尼纶，其纤度服从正态分布 $N(\mu,\sigma^2)$，其中 μ 为未知参数，$\sigma_0^2=0.048^2$ 为 σ^2 的标准值．今在某工作日内随机抽取 7 根纤维，测得样本方差 $s^2=0.0052$．试在显著性水平 $\alpha=0.05$ 下考察下列问题：

（1）当日生产的维尼纶纤度方差 σ^2 是否正常？

（2）在方差较小而产品质量趋于稳定的看法下，能否认为当日维尼纶纤度较为稳定？

解 （1）本题实质上是考察 σ^2 与它的标准值差异的显著性，属总体方差的双侧检验．待验假设

$$H_0: \sigma_0^2=0.048^2, \quad H_1: \sigma_0^2 \neq 0.048^2.$$

题中明确 μ 为未知参数，故检验用统计量为

$$\chi^2 = \frac{(n-1)S^2}{\sigma_0^2} \sim \chi^2(n-1).$$

此时，由 $\alpha=0.05$ 得临界值

$$\chi_{1-\alpha/2}^2(6)=\chi_{0.975}^2(6)=1.24, \quad \chi_{\alpha/2}^2(6)=\chi_{0.025}^2(6)=14.45.$$

而统计量的观察值为

$$\chi^2 = \frac{(n-1)s^2}{\sigma_0^2} = \frac{6\times 0.0052}{0.048^2} = 13.54.$$

因 $1.24 < \chi^2 < 14.45$，故考虑接受 H_0．即认为当日生产的维尼纶纤度方差 σ^2 正常．

（2）属方差大小的比较，因此系单侧检验．题设中的稳定等同于方差较小，也是人们所希望达到的，故应为右侧检验．待验假设

$$H_0: \sigma^2 \leqslant \sigma_0^2=0.048^2, \quad H_1: \sigma^2 > \sigma_0^2=0.048^2.$$

检验统计量同（1），由 $\alpha=0.05$ 得单侧临界值为 $\chi_{0.05}^2(6)=12.59$，统计量观测值亦同（1），即 $\chi^2=13.54$．

因 $\chi^2 > \chi_{0.05}^2(6)$，故拒绝 H_0，从而认为维尼纶纤度并不稳定．

【例 15】 两家工商银行分别对 21 个储户和 16 个储户的年存款余额进行抽样调查，测得其平均年存款余额分别为 $\overline{x}=2600$ 元和 $\overline{y}=2700$ 元，样本标准差相应为 $s_1=81$ 元和 $s_2=105$ 元．假设年存款余额服从正态分布，试比较两家银行的平均年存款余额有无显著差异（$\alpha=0.10$）？

解 设两家工商银行储户的年存款余额 X,Y 分别服从正态分布 $N(\mu_1,\sigma_1^2)$，$N(\mu_2,\sigma_2^2)$．依题意，需要检验 μ_1 与 μ_2 是否相等，但方差未知，而使用 T 检验，

必须在方差相等的条件下进行. 因此，首先检验方差 σ_1^2 与 σ_2^2 是否相等.

（1）检验假设 $H_0: \sigma_1^2 = \sigma_2^2$, $H_1: \sigma_1^2 \neq \sigma_2^2$.

由于 $\alpha = 0.1$, 查 F 分布表可得临界值

$$F_{\alpha/2}(n_1 - 1, n_2 - 1) = F_{0.05}(20, 15) = 2.33,$$

$$F_{1-\alpha/2}(n_1 - 1, n_2 - 1) = F_{0.95}(20, 15) = \frac{1}{F_{0.05}(15, 20)} = \frac{1}{2.20} \approx 0.45.$$

计算统计量 F 的观察值 $f = \dfrac{s_1^2}{s_2^2} = \dfrac{81^2}{105^2} = 0.5951.$

因为, $0.45 < 0.5951 < 2.33$, 故应接受 H_0. 即可以认为它们的方差是相等的.

（2）检验假设 $H_0': \mu_1 = \mu_2$, $H_1': \mu_1 \neq \mu_2$.

方差 σ_1^2, σ_2^2 未知，但由（1）知 $\sigma_1^2 = \sigma_2^2$, 因此可用 t 检验.

由 $\alpha = 0.1$, 可得临界值 $t_{\alpha/2}(n_1 + n_2 - 2) = t_{0.05}(35) = 1.69$, 计算统计量 T 的观察值为

$$t = \frac{\bar{x} - \bar{y}}{s_w \sqrt{\dfrac{1}{n_1} + \dfrac{1}{n_2}}} = \frac{2600 - 2700}{92.06 \sqrt{\dfrac{1}{21} + \dfrac{1}{16}}} = -3.273.$$

因为 $|t| = 3.273 > 1.67$, 故应拒绝 H_0, 接受 H_1, 也就是说两家银行客户的平均年存款余额有显著差异.

【例 16】 某实验室为了考察某新型催化剂对某化学反应生成物浓度的影响，现作若干试验，测得生成物浓度（单位:%）为

使用新型催化剂（X）：34　35　30　32　33　34

不使用新型催化剂（Y）：29　27　32　31　28　31　32

假定该化学反应的生成物浓度 X, Y 依次服从 $N(\mu_1, \sigma_1^2)$ 及 $N(\mu_2, \sigma_2^2)$. 试问新型催化剂对生成物浓度的提高有无显著效力? 显著性水平取 $\alpha = 0.01$.

解 本题原意是生成物浓度高低比较的考察，故属两总体方差未知时，关于均值的单侧检验. 由于题设中未提及未知方差是否相等，故如同上题那样检验要分两步进行：第 1 步运用 F 检验法检验 $H_0^{(1)}: \sigma_1^2 = \sigma_2^2$, $H_1^{(1)}: \sigma_1^2 \neq \sigma_2^2$; 在 $H_0^{(1)}$ 被接受的情况下，转入下一步检验；第 2 步运用 t 检验法，检验 $H_0^{(2)}: \mu_1 \leqslant \mu_2$, $H_1^{(2)}: \mu_1 > \mu_2$（单边右侧检验）.

首先对样本数据进行处理：$n_1 = 6$, $\bar{x} = 33$, $s_1^2 = 3.2$; $n_2 = 7$, $\bar{y} = 30$, $s_2^2 = 4$.

（1）关于方差的双侧检验

待验假设 $H_0^{(1)}: \sigma_1^2 = \sigma_2^2$, $H_1^{(1)}: \sigma_1^2 \neq \sigma_2^2$.

由于题设中 μ_1, μ_2 未知，故检验用统计量为

$$F = \frac{S_1^2}{S_2^2} \sim F(n_1 - 1, n_2 - 1).$$

由 $\alpha = 0.05$ 得临界值 $F_{0.995}(5, 6) = \dfrac{1}{F_{0.005}(6, 5)} = \dfrac{1}{14.51} = 0.07$, $F_{0.005}(5, 6) = 11.46.$

而统计量的观察值为 $f = \dfrac{s_1^2}{s_2^2} = \dfrac{3.2}{4} = 0.8.$

因为 $F_{0.995}(5,6)<f<F_{0.005}(5,6)$，故考虑接受 $H_0^{(1)}$. 即认为两总体方差无显著差异. 于是，转入第 2 步检验.

（2）关于均值的单侧检验

待验假设 $H_0^{(2)}$：$\mu_1\leqslant\mu_2$，$H_1^{(2)}$：$\mu_1>\mu_2$（单边右侧检验）.

由（1）的检验可知，两总体方差未知且可以认为是相等的，故选用统计量

$$T=\dfrac{\overline{X}-\overline{Y}}{\sqrt{\dfrac{(n_1-1)S_1^2+(n_2-1)S_2^2}{n_1+n_2-2}}\sqrt{\dfrac{1}{n_1}+\dfrac{1}{n_2}}}\sim t(n_1+n_2-2).$$

由 $\alpha=0.01$ 得临界值 $t_\alpha(n_1+n_2-2)=t_{0.01}(11)=2.72$，将 $\overline{x},\overline{y},s_1^2,s_2^2$ 代入统计量得观测值为

$$t=\dfrac{33-30}{\sqrt{\dfrac{(6-1)\times3.2+(7-1)\times4}{6+7-2}}\sqrt{\dfrac{1}{6}+\dfrac{1}{7}}}=2.828.$$

因 $t=2.828>t_{0.01}(11)=2.72$，故拒绝 $H_0^{(2)}$. 即可以认为新型催化剂对生成物浓度的提高有显著效果.

【例 17】 检查了某厂生产出现次品情况 100 天，记录各天出现的次品数，其结果如下

次品数 n_i	0	1	2	3	4	5	6	$\geqslant7$
出现次品数 n_i 的天数	36	40	19	2	0	2	1	0

问能否据此认为该厂在一天中出现的次品数服从泊松分布（取 $\alpha=0.05$）？

解 这是一道分布检验问题.

首先由题意提出假设 H_0：$P\{X=i\}=\dfrac{e^{-\lambda}\lambda^i}{i!}$ $(i=0,1,2,\cdots)$，其中 λ 未知；其次，由极大似然估计法估计其中的未知参数 λ：$\hat{\lambda}=\overline{x}=1$；第三，列表计算统计量观测值 χ^2（如表 8-3）；最后，由 $\alpha=0.05$ 得到临界值 $\chi_\alpha^2(4-1-1)=\chi_{0.05}^2(2)=5.991>1.44$，因此接受 H_0. 即可以认为该厂在一天中出现的次品数服从泊松分布.

表 8-3 χ^2 检验计算表

次品数 n_i	出现次品数 n_i 的天数	$\hat{p}_i$	$n\hat{p}_i$	$(n_i-n\hat{p}_i)^2$	$\dfrac{(n_i-n\hat{p}_i)^2}{n\hat{p}_i}$
0	36	0.368	36.8	0.64	0.0174
1	40	0.368	36.8	10.24	0.278
2	19	0.184	18.4	0.36	0.0196
3	2	0.061	6.1		
4	0	0.015	1.5		
5	2	0.0031	0.31	9（并组）	1.125
6	1	0.00051	0.051		
$\geqslant7$	0	0.00039	0.039		
Σ	100	1			1.44

【例18】 随机地抽取了2001年2月份新生儿（男）50名，测得体重如下（单位：g）

2980	3160	3100	3460	2740	3060	3700	3460	3500	1600
2520	3100	3700	3340	3540	3700	3460	2500	2600	3280
2940	2960	3320	2880	3300	2900	3120	3120	2980	4600
3400	3800	3480	2780	2900	3740	3220	3340	2420	2940
3060	2500	3280	3580	3400	3300	3100	2980	2680	3640

试在显著性水平 $\alpha=0.05$ 检验新生儿（男）体重是否服从正态分布？

解 首先由题设提出假设 $H_0：X\sim N(\mu,\sigma^2)$，并由极大似然估计法估计其中的未知参数：$\hat{\mu}=\bar{x}=3160$，$\hat{\sigma}^2=s^2=465.5^2$.

其次，观察上述数据有 $n=50$，最小值为1600，最大值为4600. 为此，将其分成 $k=7$ 组，即将数轴分为7个区间：$(-\infty,2450]$，$(2450,2700]$，$(2700,2950]$，$(2950,3200]$，$(3200,3450]$，$(3450,3700]$，$(3700,+\infty)$.

最后，列表计算统计量观测值 χ^2（表8-4）.

表8-4 χ^2 检验计算表

区间 i	区间范围	频数 n_i	$\hat{p}_i$	$n\hat{p}_i$	$(n_i-n\hat{p}_i)^2$	$\dfrac{(n_i-n\hat{p}_i)^2}{n\hat{p}_i}$
1	$(-\infty,2450]$	2	0.063	3.15	1.323	0.420
2	$(2450,2700]$	5	0.098	4.9	0.01	0.002
3	$(2700,2950]$	7	0.165	8.25	1.563	0.189
4	$(2950,3200]$	12	0.210	10.5	2.25	0.214
5	$(3200,3450]$	10	0.196	9.8	0.04	0.004
6	$(3450,3700]$	11	0.145	7.25	14.063	1.940
7	$(3700,+\infty)$	3	0.123	6.15	9.923	1.613
Σ		50	1			4.38

而由 $\alpha=0.05$ 得到临界值 $\chi^2_\alpha(7-2-1)=\chi^2_{0.05}(4)=9.49>4.38$，因此接受 H_0. 即可以认为新生儿（男）的体重服从正态分布.

注 以上两题是关于分布拟合检验的典型例题，一题不用分组处理、但需要并组处理，另一题需要对数据分组处理，但解题的方法类似. 对于需要分组处理情形，由于分组带有较多的主观性，其过程复杂而繁琐，读者只需了解其基本思想即可.

第四节 练习与测试

1. 某种产品以往的废品率为5%，采取某种技术革新措施后，对产品的样本进行检验：这种产品的废品率是否有所降低，取显著水平 $\alpha=0.05$，则此问题的原假设 H_0：_____，备择假设 H_1：_____；犯第一类错误的概率为_____.

*2. 设 $X_1,X_2,\cdots,X_n$ 是来自正态总体 $N(\mu,\sigma^2)$ 的简单随机样本，其中参数 μ 和 σ 未知，

记 $\overline{X} = \dfrac{1}{n}\sum\limits_{i=1}^{n} X_i, Q^2 = \sum\limits_{i=1}^{n}(X_i - \overline{X})^2$，则假设 $H_0: \mu=0$ 的 t 检验使用统计量_____.

3. 设样本 $X_1, X_2, \cdots, X_{25}$ 取自正态总体 $N(\mu, 3^2)$，其中 μ 为未知参数，$\overline{X}$ 为样本均值，检验假设 $H_0: \mu=\mu_0$. 取拒绝域为 $\{(X_1, X_2, \cdots, X_{25}); |\overline{X}-\mu_0| \geqslant c\}$，若检验水平 $\alpha=0.05$，则常数 c 为_____；在固定样本容量 n 情况下，犯第一类错误的概率 α 和犯第二类错误的概率 β 的关系为_____.

4. 在假设检验问题中，检验水平 α 的意义是（　　）.

（A）原假设 H_0 成立，经检验不能被拒绝的概率；

（B）原假设 H_0 成立，经检验被拒绝的概率；

（C）原假设 H_0 不成立，经检验被拒绝的概率；

（D）原假设 H_0 不成立，经检验不能被拒绝的概率.

5. 在假设检验中，H_0 为原假设，则称（　　）为犯第一类错误.

（A）H_0 为真，接受 H_0；　　　　（B）H_0 不真，拒绝 H_0；

（C）H_0 为真，拒绝 H_0；　　　　（D）H_0 不真，接受 H_0.

6. 设 $X_1, X_2, \cdots, X_n$ 是来自正态总体 $N(\mu, \sigma^2)$ 的简单随机样本，其中参数 μ 和 σ 未知，记 $\overline{X} = \dfrac{1}{n}\sum\limits_{i=1}^{n} X_i$，$S^2 = \dfrac{1}{n}\sum\limits_{i=1}^{n}(X_i - \overline{X})^2$，则下面结论正确的是（　　）.

（A）若提出假设检验 $H_0: \mu=\mu_0$，则选用统计量 $\dfrac{\overline{X}-\mu_0}{S/\sqrt{n}}$；

（B）若提出假设检验 $H_0: \mu=\mu_0$，则选用统计量 $\dfrac{\overline{X}-\mu_0}{S\sqrt{n}}$；

（C）若提出假设检验 $H_0: \mu=\mu_0$，则选用统计量 $\dfrac{\overline{X}-\mu_0}{S/\sqrt{n-1}}$；

（D）若提出假设检验 $H_0: \mu=\mu_0$，则选用统计量 $\dfrac{\overline{X}-\mu_0}{S\sqrt{n-1}}$.

7. 某工厂生产的固体燃料推进器的燃烧率（单位：cm/s）$X \sim N(\mu, \sigma^2)$. 其中 μ 为待验参数，$\mu_0=56$ 是它的标准值，$\sigma^2=13$ 为已知. 现用新方法生产了一批推进器，从中随机抽取 $n=7$ 只，实测值为

$$62 \quad 58 \quad 61 \quad 59 \quad 52 \quad 63 \quad 54$$

试问：用新方法生产的推进器与原方法生产的推进器的燃烧率有无显著变化？检验用两个不同的显著性水平 $\alpha=0.10$ 和 $\alpha=0.05$，并说明由此可能引入的错误.

8. 已知某电子元件的寿命（单位：h）$X \sim N(\mu, \sigma^2)$，其中 μ, σ^2 为未知参数. 抽查其中 16 个，实测寿命为

159　280　101　212　224　279　179　264　222　362　168　250　149　260　485　170

试问：（1）这类元件的平均寿命是否大于 225h？

（2）元件寿命的方差是否等于 100^2？显著性水平都用 $\alpha=0.05$.

9. 已知某种规格的钢珠的直径（单位：cm）$X \sim N(\mu, \sigma^2)$，其中 μ 为待验参数，$\mu_0=2.12$ 为常数. 今从中抽查 16 只，实测直径为

2.14　2.10　2.13　2.15　2.13　2.12　2.13　2.10　2.15　2.12　2.14　2.10　2.13

2.11　2.14　2.11

试问：（1）当 $\sigma=0.01$ 时，此种钢珠是否合格？

（2）当 σ 未知时，此种钢珠是否合格？显著性水平都取 $\alpha=0.05$.

10. 有一批枪弹出厂时，其初速 $X\sim N(\mu_0,\sigma_0^2)$，其中 $\mu_0=950\text{m/s}$，$\sigma_0=10\text{m/s}$. 经过较长时间储存，取 9 发进行测试. 测得样本值（单位：m/s）为

  914 920 910 934 953 945 912 924 940

据经验，枪弹经储存，其初速 X 仍服从正态分布，且 $\sigma=10$ 可认为不变. 试问：是否可认为这批枪弹的初速 X 显著降低（$\alpha=0.025$）？

11. 设一批木材的直径 $X\sim N(\mu,\sigma^2)$. 现从木材中抽出 100 根，测其小头直径，得到样本平均数为 $\bar{x}=11.2\text{cm}$，已知标准差 $\sigma^2=2.6^2\text{cm}^2$. 问该批木材小头的直径能否认为是在 12cm 以上（$\alpha=0.05$）？

12. 要求一种元件使用寿命不得低于 1000h，今从一批该种元件中随机抽取 25 件，测得其寿命的平均值为 950h，已知该种元件服从标准差为 $\sigma=100\text{h}$ 的正态分布. 试在显著性水平 $\alpha=0.05$ 下确定这批元件是否合格？

13. 下面列出的是某工厂随机选取的 20 只部件的装配时间（min）

 9.8 10.4 10.6 9.6 9.7 9.9 10.9 11.1 9.6 10.2 10.3 9.6 9.9 11.2
10.6 9.8 10.5 10.1 10.5 9.7

假设装配时间的总体服从正态分布. 试问：是否可以认为装配时间的均值显著地大于 10（取 $\alpha=0.05$）？

14. 一自动车床加工零件的长度（单位：cm）$X\sim N(\mu,\sigma^2)$，原来的加工精度 $\sigma_0^2=0.18$，经过一段时间生产后，要检验此车床是否保持原来的精度. 为此抽取该车床加工的个零件，测得数据为

零件长度 x_i	10.1	10.3	10.6	11.2	11.5	11.8	12.0
频 数 n_i	1	3	7	10	6	3	1

现问加工的零件精度是否变差了（取 $\alpha=0.05$）？

15. 某种导线电阻（单位：Ω）$X\sim N(\mu,\sigma^2)$，其中 μ 为未知参数，σ^2 为待验参数，$\sigma_0=0.005$ 为常数. 今抽样 8 根，测得样本均方差 $s=0.007$. 试在显著性水平 $\alpha=0.05$ 下，考察：（1）这批导线电阻的方差与 σ_0^2 有无显著差异？（2）这批导线电阻的方差是否明显高于 σ_0^2？

16. 设由新、旧两种方法下生产的钢筋，其断裂强度（单位：N/cm^2）X,Y 相互独立并有 $X\sim N(\mu_1,\sigma_1^2)$，$Y\sim N(\mu_2,\sigma_2^2)$，其中 μ_1，μ_2 为待验参数，$\sigma_1=60$，$\sigma_2=80$. 为对比考察，进行抽样测试，其结果为：$n_1=12$，$\bar{x}=400$；$n_2=16$，$\bar{y}=340$.（1）试问两种方法生产的钢筋的断裂强度是否有显著差异？（2）新方法生产的钢筋的断裂强度是否高于乙呢？显著性水平都取 $\alpha=0.05$.

17. 测得两批电子器件的样品的电阻（Ω）为

A 批 (x)	0.140	0.138	0.143	0.142	0.144	0.137
B 批 (y)	0.135	0.140	0.142	0.136	0.138	0.140

设这两批器材的电阻值总体分别服从分布 $N(\mu_1,\sigma_1^2)$，$N(\mu_2,\sigma_2^2)$，且两样本独立.

（1）检验假设（$\alpha=0.05$）$H_0: \sigma_1^2=\sigma_2^2$，$H_1: \sigma_1^2\neq\sigma_2^2$；

（2）在（1）的基础上检验（$\alpha=0.05$）$H_0': \mu_1=\mu_2$，$H_1': \mu_1\neq\mu_2$.

18. 为了考察某种酶 A 对某化学反应生成物浓度的影响，在其它条件不变的情况下，做若

干次试验，实测其生成物浓度（单位:%）为

加酶 A：34　35　30　32　33　34　　不加酶 A：29　27　32　31　28　32　31

假设加酶 A 后生成物浓度 $X \sim N(\mu_1, \sigma_1^2)$，不加酶 A 生成物浓度 $Y \sim N(\mu_2, \sigma_2^2)$．试在显著性水平 $\alpha = 0.05$ 下，考察:

(1) 在 $\sigma_1 = \sigma_2$ 且未知时，两类化学反应生成物浓度有无显著差异？

(2) 在 $\sigma_1 = \sigma_2$ 且未知时，加酶 A 的生成物浓度是否明显高于不加酶 A 的？

(3) 两类化学反应生成物浓度的方差有无显著差异？

19．从某锌矿的东、西两支矿脉中，各抽取样本容量分别为 9 与 8 的样本进行测试，得样本含锌平均值及样本方差如下

东支：$\bar{x} = 0.230$，$s_1^2 = 0.1337$，$n_1 = 9$；西支：$\bar{y} = 0.269$，$s_2^2 = 0.1736$，$n_2 = 8$．

若东、西两支矿脉的含锌量都服从正态分布．试问：东、西两支矿脉含锌量的平均值是否可以看作一样（$\alpha = 0.05$）？

20．某军工厂生产的枪弹在技术改造前的速度（单位：m/s）$X \sim N(\mu_1, \sigma_1^2)$，技改后的速度 $Y \sim N(\mu_2, \sigma_2^2)$．抽样汇总其结果为

技改前：$n_1 = 10$，$\bar{x} = 2460$，$s_1 = 55.95$；技改后：$n_2 = 10$，$\bar{y} = 2550$，$s_2 = 48.11$.

试问在显著性水平 $\alpha = 0.01$ 下，能否认为技术改造有成效？

21．在一批电子元件中抽取 300 只作寿命试验，其结果如下

寿命 t/h	$t < 100$	$100 \leqslant t < 200$	$200 \leqslant t < 300$	$t \geqslant 300$
灯泡数	121	78	43	58

取 $\alpha = 0.05$，试检验假设

H_0：元件寿命服从指数分布 $f(t) = \begin{cases} 0.005 \mathrm{e}^{-0.005t}, & t \geqslant 0, \\ 0; & t < 0. \end{cases}$

22．某工厂生产的人造纤维的长度 X（mm），不知它服从什么分布，经随机抽取 100 根，测得其长度数据如下表

长度	5.5~6.0	~6.5	~7.0	~7.5	~8	~8.5	~9	~9.5	~10	~10.5	~11
频数	2	7	6	17	17	14	16	10	7	3	1

试问：能否据此认为 X 服从正态分布？

第五节　练习与测试参考答案

1．原假设 H_0：$p \leqslant 5\%$，备择假设 H_1：$p > 5\%$；犯第一类错误的概率为 $\alpha = 0.05$.

*2．$T = \dfrac{\bar{X}}{Q} \sqrt{n(n-1)}$.　　　3．$c = 1.176$；$\alpha$ 增加，β 减少，α 减少，β 增加.

4．B.　　　5．C.　　　6．C.

7．$\alpha = 0.10$ 时，拒绝 H_0；$\alpha = 0.05$ 时，接受 H_0.

8．(1) 应接受 H_0：$\mu \leqslant 225$，即认为元件平均寿命不大于 225h；

(2) 应接受 H_0：$\sigma^2 = 225^2$，可以认为元件寿命的方差与此同 100^2 无显著差异.

9．(1) 当 $\sigma = 0.01$ 时，拒绝 H_0：$\mu = 2.12$，即此种钢珠不合格；

(2) 当 σ 未知时，接受 H_0：$\mu = 2.12$，即可以认为钢珠是合格的.

10. 应拒绝 H_0：$\mu \leqslant 950$，即认为在显著水平 $\alpha = 0.025$ 下，这批枪弹的初速 X 显著降低.

11. 应拒绝 H_0：$\mu \geqslant 12$，即不能认为木材小头直径在 12cm 以上.

12. 拒绝 H_0：$\mu \geqslant 1000$，即认为这批元件不合格.

13. 拒绝 H_0：$\mu \leqslant 10$，即认为装配时间的均值显著地大于 10.

14. 拒绝 H_0：$\sigma^2 \leqslant \sigma_0^2 = 0.18$，即自动车床加工一段时间后，加工的零件精度变差了.

15. (1) 接受 H_0：$\sigma^2 = \sigma_0^2$，即认为这批导线电阻的方差与 σ_0^2 无显著差异；

    (2) 拒绝 H_0：$\sigma^2 \leqslant \sigma_0^2$，即可以认为这批导线电阻的方差明显高于 σ_0^2.

16. (1) 拒绝 H_0：$\mu_1 = \mu_2$，即两种方法生产的钢筋的断裂强度有显著差异；

    (2) 拒绝 H_0：$\mu_1 \leqslant \mu_2$，即认为新方法生产的钢筋的断裂强度高于乙.

17. (1) 接受 H_0；(2) 接受 H_0'.

18. (1) 拒绝 H_0：$\mu_1 = \mu_2$，即两类化学反应生成物浓度无显著差异；

    (2) 拒绝 H_0：$\mu_1 \leqslant \mu_2$，即加酶 A 的生成物浓度明显高于不加酶 A 的；

    (3) 接受 H_0：$\sigma_1^2 = \sigma_2^2$，即两类化学反应生成物浓度的方差无显著差异.

19. 提示：本题是在未知方差，又没有说明方差是否相等的情况下要求检验两总体均值是否相等的问题，即

先检验假设 $H_0^{(1)}$：$\sigma_1^2 = \sigma_2^2$，$H_1^{(1)}$：$\sigma_1^2 \neq \sigma_2^2$；在接受 $H_0^{(1)}$，即认为虽未知方差但知相等的条件下，检验假设 $H_0^{(2)}$：$\mu_1 = \mu_2$，$H_1^{(2)}$：$\mu_1 \neq \mu_2$.

接受 $H_0^{(2)}$，即认为东、西两支矿脉的平均含锌量可以看作一样.

20. 接受 $H_0^{(1)}$：$\sigma_1^2 = \sigma_2^2$，技改前后枪弹的方差没有变化；

    拒绝 $H_0^{(2)}$：$\mu_1 \geqslant \mu_2$，技改后枪弹的平均速度有显著提高，即技改是有成效的.

21. 因为 $\chi_{0.05}^2(3) = 7.815 > \chi^2 = 1.825$，因此，可认为元件的寿命服从参数 $\lambda = 0.005$ 的指数分布.

22. 因为 $\chi_{0.05}^2(8) = 15.51 > \chi^2 = 5.58$. 即可以认为人造纤维的长度 X 服从正态分布.

第九章　方差分析与回归分析

第一节　基本要求

方差分析与回归分析是数理统计中极具应用价值的统计分析方法，前者定性研究当试验条件变化时，对试验结果影响的显著性；后者则定量地建立一个随机变量与一个或多个非随机变量的依赖关系.

（1）了解单因素试验的方差分析，了解离差平方和的分解及其意义，掌握检验用统计量以及进行假设检验的一般步骤.

（2）了解双因素无重复试验的方差分析及双因素等重复试验的方差分析，了解检验用统计量以及进行假设检验的一般步骤.

（3）理解回归分析的基本概念，掌握一元线性回归方程及其求法，掌握线性相关显著性检验，会利用线性回归方程进行预测. 了解一些可线性化的非线性回归问题的解决方法.

（* 4）了解简单的多元线性回归及显著性检验.

第二节　内 容 提 要

一、方差分析

方差分析是考察多总体均值差异的显著性，是两总体均值检验的推广.

1. 单因素试验的方差分析

（1）单因素方差分析原理　单因素方差分析是指在影响指标的众多因素中仅就某个因素 A 加以考察，并设 A 有 r 个水平：$A_1, A_2, \cdots, A_r$，每个水平 A_i 对应的总体 $X_i (i = 1, 2, \cdots, r)$ 均服从同方差的正态分布，即 $X_i \sim N(\mu_i, \sigma^2)$. 记（$X_{i1}$, $X_{i2}, \cdots, X_{in_i}$）是来自第 i 个总体 $X_i (i = 1, 2, \cdots, r)$ 的容量为 n_i 的样本，$\mu = \frac{1}{n} \sum_{i=1}^{r} n_i \mu_i \left(n = \sum_{i=1}^{r} n_i \right)$ 称为理论总平均.

如果因素 A 对试验没有显著影响，则试验的全部结果 X_{ij} 应来自同一正态总体 $N(\mu, \sigma^2)$. 因此，从假设检验的角度看，单因素方差分析的任务就是检验 r 个总体 $N(\mu_i, \sigma^2) (i = 1, 2, \cdots, r)$ 的均值是否相等，即检验假设

$$H_0: \mu_1 = \mu_2 = \cdots = \mu_r, \quad H_1: \mu_1, \mu_2, \cdots, \mu_r \text{不全相等}.$$

显然，当 $r = 2$ 时就是两总体的均值检验.

（2）单因素方差分析的检验统计量 离差平方和 $S_T = \sum\limits_{i=1}^{r}\sum\limits_{j=1}^{n_i}(X_{ij} - \overline{X})^2$ 的分解为

$$S_T = S_E + S_A,$$

其中 $S_E = \sum\limits_{i=1}^{r}\sum\limits_{j=1}^{n_i}(X_{ij} - \overline{X_i})^2$，称为**误差平方和**.

$$S_A = \sum\limits_{i=1}^{r}\sum\limits_{j=1}^{n_i}(\overline{X_i} - \overline{X})^2 = \sum\limits_{i=1}^{r}n_i(\overline{X_i} - \overline{X})^2 = \sum\limits_{i=1}^{r}n_i\overline{X_i}^2 - n\overline{X}^2，$$ 称为因素 A 的

效应平方和. 且 $\dfrac{S_E}{\sigma^2} \sim \chi^2(n-r)$，$\hat{\sigma}^2 = \dfrac{S_E}{n-r}$ 是 σ^2 的无偏估计量.

当 H_0 为真时，有检验统计量

$$F = \frac{S_A/(r-1)}{S_E/(n-r)} \sim F(r-1, n-r).$$

因此，在检验水平为 α 时，若由样本观察值算得统计量 $F = \dfrac{S_A/(r-1)}{S_E/(n-r)}$ 之值 f 有 $f \geqslant F_\alpha(r-1, n-r)$ 成立，则应当拒绝 H_0，否则就接受 H_0.

（3）单因素方差分析的计算 方差分析的计算是复杂而烦琐的，一般为方便起见，通常把计算和检验的主要过程列成表 9-1 的形式，称为单因素试验方差分析表.

表 9-1 单因素试验方差分析表

方差来源	平方和	自由度	均方误差	方差比	F 临界值
因素 A	S_A	$r-1$	$\overline{S}_A = \dfrac{S_A}{r-1}$	$F = \dfrac{\overline{S}_A}{\overline{S}_E}$	$F_\alpha(r-1, n-r)$
误差	S_E	$n-r$	$\overline{S}_E = \dfrac{S_E}{n-r}$		
总和	S_T	$n-1$			

在进行方差计算时，为简化计算，常可以按以下简便公式来计算 S_T，S_A 和 S_E. 记 $T_i = \sum\limits_{j=1}^{n_i} X_{ij}(i = 1, 2, \cdots, r)$，$T = \sum\limits_{i=1}^{r}\sum\limits_{j=1}^{n_i} X_{ij}$，则有

$$S_T = \sum_{i=1}^{r}\sum_{j=1}^{n_i} X_{ij}^2 - n\overline{X}^2 = \sum_{i=1}^{r}\sum_{j=1}^{n_i} X_{ij}^2 - \frac{T^2}{n},$$

$$S_A = \sum_{i=1}^{r} n_i \overline{X_i}^2 - n\overline{X}^2 = \sum_{i=1}^{r} \frac{T_i^2}{n_i} - \frac{T^2}{n},$$

$$S_E = S_T - S_A.$$

2. 双因素无重复试验的方差分析

当影响某指标的因素不止一个而是多个时，要分析多个因素的作用，就要进行多因素的方差分析.

进行双因素方差分析的目的，是要检验两个因素 A,B 对试验结果有无显著影响. 因素 A 取 r 个水平 $A_1,A_2,\cdots,A_r$，因素 B 取 s 个水平 $B_1,B_2,\cdots,B_s$，在（A_i，B_j）水平组合下的试验结果独立地服从同方差的正态分布 $N(\mu_{ij},\sigma^2)$（$i=1,2,\cdots,r$；$j=1,2,\cdots,s$）.

若每一因素组合仅做一次试验，则称双因素无重复试验，记试验结果为 X_{ij}，则 $X_{ij} \sim N(\mu_{ij},\sigma^2)$（$i=1,2,\cdots,r;j=1,2,\cdots,s$）. 且各 X_{ij} 独立.

为判断因素 A 对指标影响是否显著，就要检验下列假设

H_{0A}：$\mu_{1j}=\mu_{2j}=\cdots=\mu_{rj}=\mu._{j}$，

H_{1A}：$\mu_{1j},\mu_{2j},\cdots,\mu_{rj}$ 不全相等，$j=1,2,\cdots,s$.

为判断因素 B 的影响是否显著，就要检验下列假设

H_{0B}：$\mu_{i1}=\mu_{i2}=\cdots=\mu_{is}=\mu_{i}.$

H_{1B}：$\mu_{i1},\mu_{i2},\cdots,\mu_{is}$ 不全相等，$i=1,2,\cdots,r$.

其中
$$\mu_{i}.=\frac{1}{s}\sum_{j=1}^{s}\mu_{ij}，\mu._{j}=\frac{1}{r}\sum_{i=1}^{r}\mu_{ij}.$$

类似单因素方差分析的检验方法一样，记

$$S_T=\sum_{i=1}^{r}\sum_{j=1}^{s}(X_{ij}-\overline{X})^2，称为离差平方总和.$$

$$S_E=\sum_{i=1}^{r}\sum_{j=1}^{s}(X_{ij}-\overline{X}_{i}.-\overline{X}._{j}+\overline{X})^2，称为误差平方和.$$

$$S_A=s\sum_{i=1}^{r}(\overline{X}_{i}.-\overline{X})^2，称为因素 A 的效应平方和.$$

$$S_B=r\sum_{j=1}^{s}(\overline{X}._{j}-\overline{X})^2，称为因素 B 的效应平方和.$$

则
$$S_T=S_E+S_A+S_B.$$

在 H_{0A},H_{0B} 均成立时，有检验统计量

$$F_A=\frac{S_A/(r-1)}{S_E/[(r-1)(s-1)]}\sim F[(r-1),(r-1)(s-1)],$$

$$F_B=\frac{S_B/(s-1)}{S_E/[(r-1)(s-1)]}\sim F[(s-1),(r-1)(s-1)].$$

类似于单因素的方差分析，对给定的检验水平 α. 由样本值算得 $F_A=\frac{S_A/(r-1)}{S_E/[(r-1)(s-1)]}$ 之值 f_A，若 $f_A \geqslant F_\alpha[(r-1),(r-1)(s-1)]$，则应拒绝 H_{0A}，接受 H_{1A}；否则就应当接受 H_{0A}.

由样本值算得 $F_B=\frac{S_B/(s-1)}{S_E/[(r-1)(s-1)]}$ 之值 f_B，若 $f_B \geqslant F_\alpha[(s-1),(r-1)(s-1)]$，则应拒绝 H_{0B}；否则就应当接受 H_{0B}.

类似于单因素的方差分析，也可将计算的主要结果和检验过程列成表 9-2 形

式，称为双因素不重复试验方差分析表.

表 9-2　双因素不重复试验方差分析表

方差来源	平方和	自由度	均方误差	F 比
因素 A	S_A	$r-1$	$\overline{S}_A = \dfrac{S_A}{r-1}$	$F_A = \dfrac{\overline{S}_A}{\overline{S}_E}$
因素 B	S_B	$s-1$	$\overline{S}_B = \dfrac{S_B}{s-1}$	$F_B = \dfrac{\overline{S}_B}{\overline{S}_E}$
误差	S_E	$(r-1)(s-1)$	$\overline{S}_E = \dfrac{S_E}{(r-1)(s-1)}$	
总和	S_T	$rs-1$		

实际计算时，可以利用下列记号和公式简化计算

$$T_{i\cdot} = \sum_{j=1}^{s} X_{ij}, \quad T_{\cdot j} = \sum_{i=1}^{r} X_{ij}, \quad T = \sum_{i=1}^{r}\sum_{j=1}^{s} X_{ij}, \quad 其中\ i=1,2,\cdots,r;\ j=1,2,\cdots,s.$$

$$S_T = \sum_{i=1}^{r}\sum_{j=1}^{s} X_{ij}^2 - \frac{T^2}{rs}, \quad S_A = \frac{1}{s}\sum_{i=1}^{r} T_{i\cdot}^2 - \frac{T^2}{rs}, \quad S_B = \frac{1}{r}\sum_{j=1}^{s} T_{\cdot j}^2 - \frac{T^2}{rs},$$

$$S_E = S_T - S_A - S_B.$$

3. 双因素等重复试验的方差分析

若试验指标受因素 A，B 的作用，因素 A 有 r 个水平 $A_1, A_2, \cdots, A_r$，因素 B 有 s 个水平 $B_1, B_2, \cdots, B_s$. 若因素 A，B 的每对组合 (A_i, B_j) $(i=1,2,\cdots; r, j=1,2,\cdots,s)$ 都作 $k(k \geqslant 2)$ 次试验，则称该试验为双因素等重复试验，其试验结果记为 $X_{ijl}(i=1,2,\cdots,r; j=1,2,\cdots,s; l=1,2,\cdots,k)$. 假设 X_{ijl} 相互独立且服从同方差的正态分布，即 $X_{ijl} \sim N(\mu_{ij}, \sigma^2)(i=1,2,\cdots,r; j=1,2,\cdots, s; l=1,2,\cdots,k)$.

类似前面的结果，有双因素等重复试验方差分析表（表 9-3）.

表 9-3　双因素等重复试验方差分析表

方差来源	平方和	自由度	均方误差	F 比
因素 A	S_A	$r-1$	$\overline{S}_A = \dfrac{S_A}{r-1}$	$F_A = \dfrac{\overline{S}_A}{\overline{S}_E}$
因素 B	S_B	$s-1$	$\overline{S}_B = \dfrac{S_B}{s-1}$	$F_A = \dfrac{\overline{S}_B}{\overline{S}_E}$
交互作用	$S_{A \times B}$	$(r-1)(s-1)$	$\overline{S}_{A \times B} = \dfrac{S_{A \times B}}{(r-1)(s-1)}$	$F_{A \times B} = \dfrac{\overline{S}_{A \times B}}{\overline{S}_E}$
误差	S_E	$rs(k-1)$	$\overline{S}_E = \dfrac{S_E}{rs(k-1)}$	
总和	S_T	$rsk-1$		

其中　$S_T = S_E + S_A + S_B + S_{A \times B}$.

$$S_T = \sum_{i=1}^{r} \sum_{j=1}^{s} \sum_{l=1}^{k} (X_{ijl} - \overline{X})^2 ，称为离差平方总和.$$

$$S_E = \sum_{i=1}^{r} \sum_{j=1}^{s} \sum_{l=1}^{k} (X_{ijl} - \overline{X}_{ij.})^2 ，称为误差平方和.$$

$$S_A = sk \sum_{i=1}^{r} (\overline{X}_{i..} - \overline{X})^2 ，称为因素 A 的效应平方和.$$

$$S_B = rk \sum_{j=1}^{s} (\overline{X}_{.j.} - \overline{X})^2 ，称为因素 B 的效应平方和.$$

$$S_{A \times B} = k \sum_{i=1}^{r} \sum_{j=1}^{s} (\overline{X}_{ij.} - \overline{X}_{i..} - X_{.j.} + \overline{X})^2 ，称为因素 A, B 交互效应平方和.$$

对给定的显著性水平 α，有

（1）若统计量 $F_A = \dfrac{S_A/(r-1)}{S_E/[rs(k-1)]}$ 的观察值 $f_A \geqslant F_\alpha(r-1, rs(k-1))$，则称因素 A 对试验指标的影响显著，否则，就称因素 A 对试验指标的影响不显著；

（2）若统计量 $F_B = \dfrac{S_B/(s-1)}{S_E/[rs(k-1)]}$ 的观察值 $f_B \geqslant F_\alpha((s-1), rs(k-1))$，则称因素 B 对试验指标的影响显著，否则，就称因素 B 对试验指标的影响不显著；

（3）若统计量 $F_{A \times B} = \dfrac{S_{A \times B}/(r-1)(s-1)}{S_E/[rs(k-1)]}$ 的观察值 $f_{A \times B} \geqslant F_\alpha((r-1)(s-1), rs(k-1))$，则认为 A, B 的交互作用对试验指标的影响显著，否则认为 A, B 的交互作用对试验指标的影响不显著.

具体计算时，可以应用下列简便公式，记

$$T_{...} = \sum_{i=1}^{r} \sum_{j=1}^{s} \sum_{l=1}^{k} X_{ijl},$$

$$T_{ij.} = \sum_{l=1}^{k} X_{ijl} \quad (i = 1,2,\cdots; r, \ j = 1,2,\cdots,s),$$

$$T_{i..} = \sum_{j=1}^{s} \sum_{l=1}^{k} X_{ijl} \quad (i = 1,2,\cdots,r),$$

$$T_{.j.} = \sum_{i=1}^{r} \sum_{l=1}^{k} X_{ijl} \quad (j = 1,2,\cdots,s).$$

则 $\quad S_T = \sum_{i=1}^{r} \sum_{j=1}^{s} \sum_{l=1}^{k} X_{ijl}^2 - \dfrac{T_{...}^2}{rsk}, \quad S_A = \dfrac{1}{sk} \sum_{i=1}^{r} T_{i..}^2 - \dfrac{T_{...}^2}{rsk}$

$$S_B = \dfrac{1}{rk} \sum_{j=1}^{s} T_{.j.}^2 - \dfrac{T_{...}^2}{rsk}, \quad S_{A \times B} = \left(\dfrac{1}{k} \sum_{i=1}^{r} \sum_{j=1}^{s} T_{ij.}^2 - \dfrac{T_{...}^2}{rsk} \right) - S_A - S_B,$$

$$S_E = S_T - S_A - S_B - S_{A \times B}.$$

二、回归分析

方差分析是考察因素对试验指标影响的显著性，而在有些问题中还需要了解指

标随因素改变的变化规律，也就是寻找指标与因素之间的定量表达式．这就是回归分析研究的内容．

1. 一元回归分析

（1）一元线性回归的数学模型　一元线性回归是讨论随机指标（随机变量）y 与可控因素（非随机变量）x 之间的统计相关关系．

设随机变量 y 与可控变量 x 在试验中的 n 对实测数据为

$$(x_1, y_1), (x_2, y_2), \cdots, (x_n, y_n).$$

其中 y_i 是 $x = x_i$ 时随机变量 y 的实测值．将实测点 $(x_i, y_i)(i = 1, 2, \cdots, n)$ 画在直角坐标平面上，这样得到的图形通常称为散点图．如果图中的散点大致分布在一条直线附近，就可以认为 y 与 x 的关系为

$$y = a + bx + \varepsilon. \tag{9.1}$$

如果略去随机项，得到

$$\hat{y} = a + bx. \tag{9.2}$$

在 y 的上方加"^"是为了区别 y 的实测值．满足式（9.1）回归模型称为**一元线性回归模型**，而式（9.2）表示的直线方程称为 y 对 x 的**回归方程**（或称**经验方程**），其中 a, b 称为**回归系数**．对于给定的 x，由回归方程（9.2）得到的 $\hat{y}$ 值，称为 y 的**回归值**．

（2）回归系数的计算　回归系数 a, b 是使离差平方和

$$L(a, b) = \sum_{i=1}^{n} (y_i - \hat{y}_i)^2 = \sum_{i=1}^{n} \left[y_i - (a + bx) \right]^2$$

取得最小时，a, b 的最小二乘估计值 $\hat{a}, \hat{b}$，

$$\hat{a} = \overline{y} - \hat{b}\,\overline{x}, \quad \hat{b} = \frac{S_{xy}}{S_{xx}}. \tag{9.3}$$

其中

$$\overline{x} = \frac{1}{n} \sum_{i=1}^{n} x_i, \quad \overline{y} = \frac{1}{n} \sum_{i=1}^{n} y_i,$$

$$S_{xx} = \sum_{i=1}^{n} (x_i - \overline{x})^2 = \sum_{i=1}^{n} x_i^2 - \frac{1}{n} \left(\sum_{i=1}^{n} x_i \right)^2,$$

$$S_{yy} = \sum_{i=1}^{n} (y_i - \overline{y})^2 = \sum_{i=1}^{n} y_i^2 - \frac{1}{n} \left(\sum_{i=1}^{n} y_i \right)^2,$$

$$S_{xy} = \sum_{i=1}^{n} (x_i - \overline{x})(y_i - \overline{y}) = \sum_{i=1}^{n} x_i y_i - \frac{1}{n} \left(\sum_{i=1}^{n} x_i \right) \left(\sum_{i=1}^{n} y_i \right).$$

由此，在实测数据下求得的 y 关于 x 的具体方程

$$\hat{y} = \hat{a} + \hat{b}x \quad \text{或} \quad \hat{y} = \overline{y} + \hat{b}(x - \overline{x})$$

称为经验（样本）回归直线方程，也简称回归方程．

（3）线性回归方程的显著性检验　用最小二乘法求回归直线方程事先并不需要

假定 y 与 x 一定具有线性相关关系. 事实上, 就方法本身而言, 对任意一组数据都可由式 (9.3) 形式上求出一个线性方程, 描述 y 与 x 间的关系. 但是, 这样的表达式可能毫无实际意义. 因此, 在按最小二乘法求得 y 与 x 间线性关系式之后, 必须对它的线性相关性作出检验, 只有经过检验并达到显著性要求的回归方程才有实用价值.

若线性假设 $y=a+bx+\varepsilon$ 符合实际, 则 b 不应为零, 因为若 $b=0$, 则 y 就不依赖 x 了. 因此, 需要检验假设

$$H_0: b=0, \quad H_1: b\neq0.$$

检验统计量为

$$F=\frac{S_{回}}{S_{残}/(n-2)}\sim F(1,n-2). \tag{9.4}$$

其中 $\qquad S_{回}=\frac{S_{xy}^2}{S_{xx}}, \quad S_{残}=\sum_{i=1}^{n}(y_i-\hat{y}_i)^2=S_{yy}-S_{回}=S_{yy}-\frac{S_{xy}^2}{S_{xx}}.$

因此, 对给定显著性水平 α, 查 F 分布表得临界值 $F_\alpha(1,n-2)$. 若由样本值算得统计量 $F=\dfrac{S_{回}}{S_{残}/(n-2)}$ 的观察值 $f\geqslant F_\alpha(1,n-2)$, 则应拒绝 H_0, 即认为 y 关于 x 的线性回归效果显著. 否则, 接受 H_0, 即认为 y 关于 x 的线性回归效果不显著.

注 回归方程效果检验, 除了这里介绍的 F 检验法外, 常用的还有相关系数检验法和 t 检验法. 有兴趣的读者可参阅有关书籍.

(4) 预测 回归方程的一个重要应用是, 对给定的点 $x=x_0$ 能对随机变量 y 的取值 y_0 进行估计, 即所谓的**预测问题**. 估计有两种方式——点估计和区间估计.

y_0 的点估计就是回归值 $\hat{y}_0=\hat{a}+b\hat{x}_0$, 工程上叫做**预测值**. 另一种对 y_0 的预测是采用在一定置信度下的区间估计. 在置信度为 $1-\alpha$ 下 y_0 的置信区间为

$$\left(\hat{y}_0-t_{\alpha/2}(n-2)\hat{\sigma}\sqrt{1+\frac{1}{n}+\frac{(x_0-\overline{x})^2}{S_{xx}}}, \quad \hat{y}_0+t_{\alpha/2}(n-2)\hat{\sigma}\sqrt{1+\frac{1}{n}+\frac{(x_0-\overline{x})^2}{S_{xx}}}\right)$$

其中 $\hat{\sigma}^2=\dfrac{S_{残}}{n-2}$ 是 σ^2 的无偏估计量.

(5) 可线性化的非线性回归问题 如果由实测数据画出的散点图或经验表明两个变量之间的统计相关关系不是线性情形, 就不能沿用上述结果. 此时, 随机变量 y 与非随机变量 x 统计相关关系的回归方程一般来说较为复杂, 但有些问题是可以通过变量代换转化成线性回归的情形得到解决. 一般步骤为

① 在作出散点图的基础上, 参考常用曲线的拟合类型 (参阅有关教材), 选择合适的拟合曲线;

② 引入变量代换之后化非线性曲线为线性回归, 并进行线性回归的计算与显著性检验;

③ 回归系数回代后即可得到所求的非线性回归方程.

2. 多元线性回归简介

对于回归问题，还会遇到一个随机变量与一组变量间的相关关系问题. 这就需要用到多元回归分析. 在这里，仅介绍多元线性回归的基本概念.

(1) 多元线性回归模型 设随机变量 y 与 k 个普通变量 $x_1, x_2, \cdots, x_k$ 线性关系式为

$$y = a_0 + a_1 x_1 + a_2 x_2 + \cdots + a_k x_k + \varepsilon \quad (k \geqslant 2) \tag{9.5}$$

其中 ε 是随机项，服从正态分布，即 $\varepsilon \sim N(0, \sigma^2)$，而 $a_1, a_2, \cdots, a_k$，σ^2 都是与 x_1，$x_2, \cdots, x_k$ 无关的待定参数.

设 $(x_{11}, x_{12}, \cdots, x_{1k}; y_1)$，$(x_{21}, x_{22}, \cdots, x_{2k}; y_2)$，$\cdots$，$(x_{n1}, x_{n2}, \cdots, x_{nk}; y_n)$ 是一个容量为 n 的样本. 类似于一元线性回归. 当取 $\hat{a}_0, \hat{a}_1, \cdots, \hat{a}_k$ 使得当 $a_0 = \hat{a}_0, a_1 = \hat{a}_1, \cdots, a_k = \hat{a}_k$ 时，目标函数

$$L(a_0, a_1, \cdots, a_k) = \sum_{i=1}^{n} [y_i - (a_0 + a_1 x_{i1} + \cdots + a_k x_{ik})]^2$$

达到最小时的系数 $\hat{a}_0, \hat{a}_1, \cdots, \hat{a}_k$，称为回归系数，相应的方程

$$\hat{y} = \hat{a}_0 + \hat{a}_1 x_1 + \cdots + \hat{a}_k x_k$$

称为 y 关于 $x_1, x_2, \cdots, x_k$ 的线性回归方程. 其中 $\hat{a}_0, \hat{a}_1, \cdots, \hat{a}_k$ 是下列方程组 (**正规方程组**) 的解

$$\begin{cases} n a_0 + a_1 \sum_{i=1}^{n} x_{i1} + a_2 \sum_{i=1}^{n} x_{i2} + \cdots + a_k \sum_{i=1}^{n} x_{ik} = \sum_{i=1}^{n} y_i, \\ a_0 \sum_{i=1}^{n} x_{i1} + a_1 \sum_{i=1}^{n} x_{i2}^2 + a_2 \sum_{i=1}^{n} x_{i1} x_{i2} + \cdots + a_k \sum_{i=1}^{n} x_{i1} x_{ik} = \sum_{i=1}^{n} x_{i1} y_i, \\ \cdots\cdots\cdots\cdots\cdots\cdots\cdots\cdots\cdots\cdots\cdots\cdots\cdots\cdots\cdots\cdots\cdots\cdots\cdots\cdots \\ a_0 \sum_{i=1}^{n} x_{ik} + a_1 \sum_{i=1}^{n} x_{ik} x_{i1} + a_2 \sum_{i=1}^{n} x_{ik} x_{i2} + \cdots + a_k \sum_{i=1}^{n} x_{ik}^2 = \sum_{i=1}^{n} x_{ik} y_i. \end{cases}$$

(2) 几个常用的结论

① 记 $\overline{x}_j = \frac{1}{n} \sum_{i=1}^{n} x_{ij} (j = 1, 2, \cdots, k)$；$\overline{y} = \frac{1}{n} \sum_{i=1}^{n} y_i$，则

$$\overline{y} = \hat{a}_0 + \hat{a}_1 \overline{x}_1 + \cdots + \hat{a}_k \overline{x}_k. \tag{9.6}$$

② 记

$$l_{jm} = \sum_{i=1}^{n} (x_{ij} - \overline{x}_j)(x_{im} - \overline{x}_m) = \sum_{i=1}^{n} x_{ij} x_{im} - \frac{1}{n} \left(\sum_{i=1}^{n} x_{ij} \right) \left(\sum_{i=1}^{n} x_{im} \right) \quad (j, m = 1, 2, \cdots, k)$$

$$l_{jy} = \sum_{i=1}^{n} (x_{ij} - \overline{x}_j)(y_i - \overline{y}) = \sum_{i=1}^{n} x_{ij} y_i - \frac{1}{n} \left(\sum_{i=1}^{n} x_{ij} \right) \left(\sum_{i=1}^{n} y_i \right) \quad (j = 1, 2, \cdots, k).$$

$$l_{yy} = \sum_{i=1}^{n}(y_i - \bar{y})^2, \quad L = \begin{bmatrix} l_{11} & l_{12} & \cdots & l_{1k} \\ l_{21} & l_{22} & \cdots & l_{2k} \\ \vdots & \vdots & & \vdots \\ l_{k1} & l_{k2} & \cdots & l_{kk} \end{bmatrix}$$

则可由 $\begin{bmatrix} \hat{a}_1 \\ \hat{a}_2 \\ \vdots \\ \hat{a}_k \end{bmatrix} = L^{-1} \begin{bmatrix} l_{1y} \\ l_{2y} \\ \vdots \\ l_{ky} \end{bmatrix}$，解得 $\hat{a}_1, \hat{a}_2, \cdots, \hat{a}_k$，然后再由式（9.6）解得

$$\hat{a}_0 = \bar{y} - \hat{a}_1 \bar{x}_1 - \hat{a}_2 \bar{x}_2 - \cdots - \hat{a}_k \bar{x}_k. \tag{9.7}$$

③ $\hat{a}_j$ 是 a_j 的无偏估计量（$j = 1, 2, \cdots, k$）.

④ 统计量 $\dfrac{1}{n-k-1}\sum\limits_{i=1}^{n}(y_i - \hat{y}_i)^2$ 是 σ^2 的一个无偏估量.

记 $\hat{\sigma}^2 = \dfrac{1}{n-k-1}\sum\limits_{i=1}^{n}(y_i - \hat{y}_i)^2$，则 $E(\hat{\sigma}^2) = \sigma^2$，且 $\hat{\sigma}^2 = \dfrac{l_{yy} - \sum\limits_{i=1}^{n}\hat{a}_i l_{iy}}{n-k-1}$.

（3）多项式回归　若随机变量 y 与变量 x 的回归模型为
$$y = a_0 + a_1 x + a_2 x^2 + \cdots + a_k x^k + \varepsilon.$$
其中回归函数是 x 的 k 次多项式，随机项 $\varepsilon \sim N(0, \sigma^2)$. 则称 y 关于 x 是多项式回归，对于这个一元多项式回归，可以通过简单的变量代换转化为多元线性回归. 即令
$$x_1 = x, x_2 = x^2, \cdots, x_k = x^k,$$
则
$$y = a_0 + a_1 x_1 + a_2 x_2 + \cdots + a_k x_k + \varepsilon.$$
其中回归系数的计算同前面的方法.

（4）多元线性回归模型的检验　类似于一元线性回归，多元线性回归模型往往仅是一种假定，为了考察这一假定是否符合实际，还需要检验假设
$$H_0: b_1 = b_2 = \cdots = b_k = 0, H_1: b_i \text{ 不全为零}. \tag{9.8}$$
检验统计量为
$$F = \frac{S_{回}/k}{S_{残}/(n-k-1)} \sim F(k, n-k-1).$$
类似于一元线性回归，对给定的小概率 α（$0 < \alpha < 1$），查 F 分布表确定临界值 $F_\alpha(k, n-k-1)$，并与由样本值计算出统计量 F 的观察值 f 比较，如果 $f \geqslant F_\alpha(k, n-k-1)$，则拒绝 H_0，接受 H_1，即可以认为线性回归效果显著. 否则，接受 H_0，即认为 y 与 $x_1, x_2, \cdots, x_k$ 的线性回归效果不显著.

具体计算时，可采用下述简便算法

$$S_{yy} = \sum_{i=1}^{n}(y_i - \overline{y})^2 = \sum_{i=1}^{n} y_i^2 - n\overline{y}^2,$$

$$S_{回} = \sum_{i=1}^{n}(\hat{y}_i - \overline{y})^2 = \hat{a}_1 l_{1y} + \hat{a}_2 l_{2y} + \cdots + \hat{a}_k l_{ky},$$

$$S_{残} = S_{yy} - S_{回}.$$

第三节　典型例题分析

【例1】　某灯泡厂用 4 种不同材料制成灯丝，欲检验灯丝材料这一因素对灯泡耐用时数的影响．今在这 4 种灯泡中随机抽取若干只进行试验，其结果如下所示（单位：h）

试验 水平	1	2	3	4	5	6	7	8
A_1	1600	1610	1650	1680	1700	1720	1800	—
A_2	1580	1640	1640	1700	1750	—	—	—
A_3	1460	1550	1600	1620	1640	1660	1740	1820
A_4	1510	1520	1530	1570	1600	1680		

假定灯泡的使用寿命服从正态分布，且方差相同．试在检验水平 $\alpha = 0.05$ 下，判断不同灯丝材料制成的灯泡耐用时数有无显著差异？

解　本题的因素是灯丝，共有 4 个水平 $r = 4$，重复试验的次数 $n_1 = 7$，$n_2 = 5$，$n_3 = 8$，$n_4 = 6$，$n = \sum_{i=1}^{4} n_i = 26$．假定灯泡耐用时数在水平 A_i 下的寿命服从正态分布 $N(\mu_i, \sigma^2)$，$i = 1, 2, 3, 4$．依题设，需检验假设

H_0：$\mu_1 = \mu_2 = \mu_3 = \mu_4$，$H_1$：$\mu_1$，$\mu_2$，$\mu_3$，$\mu_4$ 不全相等.

由样本观察值算得

$$T_1 = 11760，T_2 = 8310，T_3 = 13090，T_4 = 9410，T = 42570,$$

$$S_T = \sum_{i=1}^{4} \sum_{j=1}^{n_i} x_{ij}^2 - \frac{T^2}{26} = 69895900 - \frac{1}{26} \times 42570^2 = 195711.54,$$

$$S_A = \sum_{i=1}^{4} \frac{T_i^2}{n_i} - \frac{T^2}{26} = 44360.71，\quad S_E = S_T - S_A = 151350.83.$$

S_T，S_A，S_E 的自由度分别为 $n-1 = 25$，$r-1 = 3$，$n-r = 22$，得方差分析表如下

方差来源	平方和	自由度	均方误差	F 比
因素 A	44360.71	3	14786.903	$f = 2.15$
误差	151350.83	22	6879.5832	
总和	195711.54	25		

因 $F_\alpha(r-1,n-r)=F_{0.05}(3,22)=3.05>f$，故接受 H_0，即可以认为灯泡的耐用时数不会因灯丝材料不同而有显著差异.

注 方差分析是在三个基本假设下进行的：一是正态性，即假定数据所在总体均服从正态分布；二是独立性，即所有总体都是相互独立的；三是等方差性，尽管它们的方差未知，但是却假定是相等的. 所有这些都是引入上述检验统计量的必要条件.

【例 2】 一批由同一种原料织成的布，用不同的印染工艺处理，然后进行缩水率试验. 假设采用 5 种不同的工艺，每种工艺处理 4 块布样，测得缩水率的百分数如下表所示

缩水率/%		试 验 批 号			
		1	2	3	4
	A_1	4.3	7.8	3.2	6.5
	A_2	6.1	7.3	4.2	4.1
因素(印染工艺)	A_3	4.3	8.7	7.2	10.1
	A_4	6.5	8.3	8.6	8.2
	A_5	9.5	8.8	11.4	7.8

若布的缩水率服从正态分布，且不同工艺处理的布的缩水率方差相等. 试考察不同工艺对布的缩水率有无显著影响（取 $\alpha=0.05$）？

解 本题是水平数 $r=5$，重复试验次数 $n_1=n_2=n_3=n_4=n_5=4$ 的单因素试验. 假定工艺 A_i 下的布料强度 X_i 服从独立同方差的正态分布 $N(\mu_i,\sigma^2)$，$i=1,2,3,4,5$.

（1）提出待验假设.

$H_0：\mu_1=\mu_2=\mu_3=\mu_4=\mu_5$（不同工艺处理的布的缩水率无显著差异），

$H_1：\mu_1，\mu_2，\mu_3，\mu_4，\mu_5$ 不全相等.

（2）计算相关数据.

$T_1=21.8，T_2=21.7，T_3=30.3，T_4=31.6，T_5=37.5，T=\sum_{i=1}^{5}T_i=142.9$.

$$S_T=\sum_{i=1}^{5}\sum_{j=1}^{4}x_{ij}^2-\frac{T^2}{20}=1115.63-\frac{1}{20}\times(142.9)^2=94.6095,$$

$$S_A=\sum_{i=1}^{5}\frac{T_i^2}{4}-\frac{T^2}{20}=1067.2575-\frac{1}{20}\times(142.9)^2=46.237,$$

$$S_E=S_T-S_A=48.3725.$$

（3）列出方差分析表如下

方差来源	平方和	自由度	均方误差	F 比
因素 A	46.237	4	11.5593	
误差	48.3725	15	3.2248	$f=3.585$
总和	94.6095	19		

（4）结论：因 $F_\alpha(r-1,n-r)=F_{0.05}(4,15)=3.06<f=3.585$，故拒绝 H_0，亦即认为不同工艺对布的缩水率有显著影响．

【例3】 为了解某种化工过程在不同温度和质量分数下得率的差异，现选择三种不同温度在三种不同质量分数下的试验，测得得率（单位：%）如下表所示

得率		因素 B（质量分数/%）		
		20	40	60
因素 A（温度/℃）	30	51	56	45
	50	53	57	49
	70	52	58	47

假定得率服从正态分布，且方差相等．试分析不同温度与不同质量分数对得率有无显著影响（取 $\alpha=0.05$）．

解 本题双因素不重复试验的方差分析，这里 $r=s=3$．假定得率 X_{ij} 服从正态分布 $N(\mu_{ij},\sigma^2)$ $(i,j=1,2,3)$．

（1）依题意，建立待检假设

$H_{0A}:\mu_{1j}=\mu_{2j}=\mu_{3j}=\mu._j$，$H_{1A}:\mu_{1j},\mu_{2j},\mu_{3j}$ 不全相等 $(j=1,2,3)$，

$H_{0B}:\mu_{i1}=\mu_{i2}=\mu_{i3}=\mu_i.$，$H_{1B}:\mu_{i1},\mu_{i2},\mu_{i3}$，不全相等 $(i=1,2,3)$．

（2）计算相关数据

$T_1.=152$，$T_2.=159$，$T_3.=157$，$T._1=156$，

$T._2=171$，$T._3=141$，$T=\sum\limits_{i=1}^{4}\sum\limits_{j=1}^{3}x_{ij}=468$．

$$S_T=\sum_{i=1}^{3}\sum_{j=1}^{3}x_{ij}^2-\frac{T^2}{3\times3}=24498-\frac{1}{9}\times468^2=162,$$

$$S_A=\frac{1}{3}\sum_{i=1}^{3}T_i^2.-\frac{T^2}{3\times3}=24344.667-\frac{1}{9}\times468^2=8.667,$$

$$S_B=\frac{1}{3}\sum_{j=1}^{3}T._j^2-\frac{T^2}{3\times3}=24486-\frac{1}{9}\times468^2=150,$$

$S_E=S_T-S_A-S_B=3.333$．

（3）列出方差分析表

方差来源	平方和	自由度	均方差	F 比
因素 A	8.667	2	4.3335	$f_A=5.004$
因素 B	150	2	75	$f_B=90.004$
误差	3.333	4	0.8333	
总和	162	8		

（4）结论：因 $\alpha=0.05$，查 F 分布表得临界值

$$F_\alpha(r-1,(r-1)(s-1))=F_{0.05}(2,4)=6.94,$$
$$F_\alpha(s-1,(r-1)(s-1))=F_{0.05}(2,4)=6.94.$$

因为 $f_A<F_{0.05}(2,4)=6.94$，$f_B>F_{0.05}(2,4)=6.94$．因此，不同的温度对得率无

显著影响，而质量分数对得率有显著影响.

【例 4】 为了解不同的工人在四种不同的机器上生产同一种零件的效率，现让 3 人分别在不同的机器上工作三天，其日产量（单位：个）如下

日产量		机 器 B			
		B_1	B_2	B_3	B_4
工人 A	A_1	15,15,17 （47）	17,17,17 （51）	15,17,16 （48）	18,20,22 （60）
	A_2	19,19,16 （54）	15,15,15 （45）	18,17,16 （51）	15,16,17 （48）
	A_3	16,18,21 （55）	19,22,22 （63）	18,18,18 （54）	17,17,17 （51）

假定日产量服从正态分布，且方差相等. 试分析不同的工人在不同的机器上生产的零件日产量有无显著差异（取 $\alpha=0.05$）.

解 本题为双因素等重复试验的方差分析，这里 $r=3, s=4, k=3$. 假定日产量 $X_{ijl} \sim N(\mu_{ij}, \sigma^2)(i=1,2,3; j=1,2,3,4; l=1,2,3)$.

利用样本观察值计算所需各项数据（其中 $T_{ij.}=\sum\limits_{l=1}^{3} x_{ijl}$ 的计算结果见表中括号内的数字）

$T_{1..}=206 \quad T_{2..}=198, \quad T_{3..}=223;$

$T_{.1.}=156, \quad T_{.2.}=159, \quad T_{.3.}=153, \quad T_{.4.}=159;$

$T_{...}=627.$

故 $\quad S_T=\sum\limits_{i=1}^{4}\sum\limits_{j=1}^{3}\sum\limits_{l=1}^{2} x_{ijl}^2 - \dfrac{T_{...}^2}{rsk}$

$\quad\quad = (15^2+15^2+\cdots+17^2+17^2) - \dfrac{1}{36} \times 627^2 = 144.75.$

同理 $\quad S_A = \dfrac{1}{12}(206^2+198^2+223^2) - \dfrac{1}{36} \times 627^2 = 27.17,$

$\quad S_B = \dfrac{1}{9}(156^2+159^2+153^2+159^2) - \dfrac{1}{36} \times 627^2 = 2.75,$

$\quad S_{A \times B} = \dfrac{1}{3}(47^2+51^2+\cdots+51^2) - \dfrac{1}{36} \times 627^2 - 27.17 - 2.75 = 73.5,$

$\quad S_E = S_T - S_A - S_B - S_{A \times B} = 41.33.$

将上述结果列入方差分析表得

方差来源	平方和	自由度	均方误差	F 比
因素 A（工人）	27.17	2	13.585	$f_A=7.89$
因素 B（机器）	2.75	3	0.917	$f_B=0.53$
交互作用 $A \times B$	73.5	6	12.25	$f_{A \times B}=7.12$
误差	41.33	24	1.722	
总和	144.75	35		

由于 $F_\alpha((r-1),rs(k-1))=F_{0.05}(2,24)=3.40<f_A$，

$\qquad F_\alpha((s-1),rs(k-1))=F_{0.05}(3,24)=3.01>f_B$，

$\qquad F_\alpha((r-1)(s-1),rs(k-1))=F_{0.05}(6,24)=2.51<f_{A\times B}$.

由此可看出，不同的机器对日产量没有显著影响，而不同工人的日产量及不同的工人在不同的机器上生产零件，其日产量均有显著差异.

【例5】 研究某一化学反应过程中，温度 $x(℃)$ 对产品得率 $y(\%)$ 的影响，现测得若干数据如下表所示

温度 x/℃	100	110	120	130	140	150	160	170	180	190
得率 y/%	45	51	54	61	66	70	74	78	85	89

设对于给定的 x,y 为正态变量，且方差与 x 无关.（1）画出散点图；（2）试求线性回归方程：$\hat{y}=\hat{a}+\hat{b}x$；（3）检验线性回归的合理性（取 $\alpha=0.05$）；（4）若回归效果显著，试求 $x=135$ 处 y 的置信度为 0.95 的预测区间.

解 （1）散点图如图 9-1 所示.

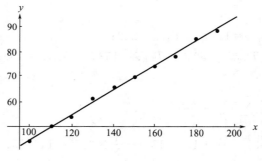

图 9-1

从散点图看出，用线性回归效果较好.

（2）为求回归方程，先计算有关数据，结果如下表所示

序号	x_i	y_i	x_i^2	y_i^2	x_iy_i
1	100	45	10000	2025	4500
2	110	51	12100	2601	5610
3	120	54	14400	2916	6480
4	130	61	16900	3721	7930
5	140	66	19600	4356	9240
6	150	70	2250	4900	10500
7	160	74	25600	5476	11840
8	170	78	28900	6084	13260
9	180	85	32400	7225	15300
10	190	89	36100	7921	16910
Σ	1450	673	218500	47225	101570

注　如果能充分利用计算器上的统计键的功能，可以不必写出中间过程（下同）.

由表中数据易得

$$S_{xx} = 218500 - 10 \times \left(\frac{1}{10} \times 1450\right)^2 = 8250,$$

$$S_{xy} = 101570 - 10 \times \left(\frac{1}{10} \times 1450\right) \times \left(\frac{1}{10} \times 673\right) = 3985.$$

于是　　　　$$\hat{b} = \frac{S_{xy}}{S_{xx}} = \frac{3985}{8250} = 0.48303,$$

$$\hat{a} = \bar{y} - \hat{b}\,\bar{x} = \frac{1}{10} \times 673 - 0.48303 \times \frac{1}{10} \times 1450 = -2.73935.$$

故回归直线方程为　　　　$$\hat{y} = -2.73935 + 0.48303x.$$

（3）检验线性回归的合理性

$$S_{yy} = 47225 - 10 \times \left(\frac{1}{10} \times 673\right)^2 = 1932.1,$$

$$S_{回} = \frac{S_{xy}^2}{S_{xx}} = \frac{(3985)^2}{8250} = 1924.8758,$$

$$S_{残} = S_{yy} - S_{回} = 1932.1 - 1924.8758 = 7.2242,$$

$$f = \frac{S_{回}}{S_{残}/(n-2)} = \frac{1924.8758}{7.2242/(10-2)} = 2131.5864.$$

由 $\alpha = 0.05$ 得临界值 $F_\alpha(1, n-2) = F_{0.05}(1,8) = 5.32 < f$. 故拒绝 H_0，即可以认为温度与产品的得率间存在着线性关系，而且线性回归效果显著.

（4）求 $x = 135$ 处 y 的置信度为 0.95 的预测区间

$$\hat{y}_0 = [-2.73935 + 0.48303x]_{x_0=135} = 62.506,$$

$$\hat{\sigma} = \sqrt{\frac{S_{残}}{n-2}} = \sqrt{\frac{7.2242}{10-2}} = 0.903,$$

$$t_{\alpha/2}(n-2) = t_{0.025}(8) = 2.306,$$

$$t_{\alpha/2}\hat{\sigma}\sqrt{1 + \frac{1}{n} + \frac{(x-\bar{x})}{S_{xx}}} = 2.306 \times 0.903 \times \sqrt{1 + \frac{1}{10} + \frac{(135 - \frac{1}{10} \times 1450)^2}{8250}} = 2.196.$$

因此 y_0 的预测区间为 $(62.506 - 2.196, 62.506 + 2.196)$，即 $(60.31, 64.702)$.

注　这是一道典型的有关一元线性回归的例子，几乎包含了一元线性回归所有可能涉及的问题，其解题过程规范有序. 希望读者能仔细研究其方法，真正做到举一反三.

【例6】　某矿脉中13个相邻样本点处，某种伴生金属的含量数据如下表

序　号	距离 x	含量 y
1	2	106.42
2	3	108.20
3	4	109.58
4	5	109.50

序　号	距离 x	含量 y
5	7	110.00
6	8	109.93
7	10	110.49
8	11	110.59
9	14	110.60
10	15	110.90
11	16	110.76
12	18	111.00
13	19	111.20

试建立回归方程 $\left(\text{已知 } y \text{ 与 } x \text{ 有经验公式 } \dfrac{1}{\hat{y}}=\hat{a}+\dfrac{\hat{b}}{x}\right)$.

解 这是一道可线性化的例子. 令 $y'=\dfrac{1}{y}$，$x'=\dfrac{1}{x}$，则 $\dfrac{1}{\hat{y}}=\hat{a}+\dfrac{\hat{b}}{x}$ 变换为 $\hat{y}'=$

$\hat{a}+\hat{b}x'$. 将数据作相应变换有下表.

序号	x	x'	y	y'	x'^2	$x'y'$
1	2	0.5	106.42	0.0094	0.25	0.0047
2	3	0.330	108.20	0.0092	0.1089	0.0036
3	4	0.25	109.58	0.0091	0.0625	0.0023
4	5	0.2	109.50	0.0091	0.04	0.0018
5	7	0.14	110.00	0.0091	0.0156	0.0011
6	8	0.125	109.93	0.0091	0.0156	0.0011
7	10	0.1	110.49	0.0091	0.01	0.00091
8	11	0.091	110.59	0.0090	0.0083	0.00083
9	14	0.071	110.60	0.0090	0.0050	0.00064
10	15	0.067	110.90	0.0090	0.0045	0.00060
11	16	0.063	110.76	0.0090	0.0040	0.00057
12	18	0.056	111.00	0.0090	0.0031	0.00050
13	19	0.053	111.20	0.0090	0.0028	0.00048
Σ		2.046		0.1181	0.5343	0.01932

由表中数据可求得

$$\overline{x}'=\frac{2.046}{13}=0.1574,\ \overline{y}'=\frac{0.1181}{13}=0.00908,$$

$$S_{xx}=0.5343-13\times0.1574^2=0.2122,$$

$$S_{xy}=0.01932-13\times0.1574\times0.00908=0.0007405.$$

于是 $\quad\hat{b}=\dfrac{S_{xy}}{S_{xx}}=\dfrac{0.0007405}{0.2122}=0.00349,$

$$\hat{a}=\overline{y}'-\hat{b}\,\overline{x}'=0.00908-0.00349\times0.1574=0.008531.$$

于是回归直线方程为

$$y' = 0.008531 + 0.00349x',$$

因此有
$$\frac{1}{y} = 0.008531 + 0.00349\frac{1}{x}.$$

注 在解决可线性化的回归问题时，一定要注意将原数据作相应的变换. 否则，将得到错误的结论.

【例7】 电容器充电达到某电压值为时间的计算起点，此后电容器串联一电阻放电，测定各时刻的电压值 u，测量结果见下表

t_i/s	0	1	2	3	4	5	6	7	8	9	10
u_i/v	100	75	55	40	30	20	15	10	10	5	5

求 u 对 t 的回归方程（已知 u 和 t 有经验关系 $\hat{u} = \hat{u}_0 e^{-\hat{c}t}$，$u_0$ 与 c 未知）.

解 这也是一道可线性化的例子. 令 $y = \ln u$，$x = t$，$a = \ln u_0$，$b = -c$，则 $\hat{u} = \hat{u}_0 e^{-\hat{c}t}$ 变为 $\hat{y} = \hat{a} + \hat{b}x$. 将数据作相应变换，如下所示

序号	t	u	$x = t$	$y = \ln u$	x^2	xy
1	0	100	0	4.6	0	0
2	1	75	1	4.3	1	4.3
3	2	55	2	4.0	4	8
4	3	40	3	3.7	9	11.1
5	4	30	4	3.4	16	13.6
6	5	20	5	3	25	15
7	6	15	6	2.7	36	16.2
8	7	10	7	2.3	49	16.1
9	8	10	8	2.3	64	18.4
10	9	5	9	1.6	81	14.4
11	10	5	10	1.6	100	16
Σ			55	33.5	385	133.1

所以 $\bar{x} = \dfrac{55}{11} = 5$，$\bar{y} = \dfrac{33.5}{11} = 3.05$，代入公式得

$$S_{xx} = 385 - 11 \times 5^2 = 110, \quad S_{xy} = 133.1 - 11 \times 5 \times 3.05 = -34.65.$$

于是 $\hat{b} = \dfrac{S_{xy}}{S_{xx}} = \dfrac{-34.65}{110} = -0.315$，

$$\hat{a} = \bar{y} - \hat{b}\bar{x} = 3.05 + 0.315 \times 5 = 4.625.$$

则回归直线方程为

$$\hat{y} = 4.625 - 0.315x.$$

由于 $-\hat{c} = \hat{b} = -0.315$，$\hat{u}_0 = e^{\hat{a}} = 102$，因此 u 对 t 的回归方程为

$$\hat{u} = 102e^{-0.315t}.$$

【例8】 研究某地区土壤内所含植物可给态磷的情况，得到 18 组数据如下表所示

试验号	1	2	3	4	5	6	7	8	9	10	11	12	13	14	15	16	17	18
x_1	0.4	0.4	3.1	0.6	4.7	1.7	9.4	10.1	11.6	12.6	10.9	23.1	23.1	21.6	23.1	1.9	26.8	29.9
x_2	53	23	19	34	24	65	44	31	29	58	37	46	50	44	56	36	58	51
x_3	158	163	37	157	59	123	46	117	173	112	111	114	134	73	168	143	202	124
y	64	60	71	61	54	77	81	93	93	51	76	96	77	93	95	54	168	99

其中　x_1——土壤内所含无机磷浓度；

　　　　x_2——土壤内溶于 K_2CO_3 溶液并受溴化物水解的有机磷浓度；

　　　　x_3——土壤内溶于 K_2CO_3 溶液但不溶于溴化物的有机磷浓度；

　　　　y——栽在该土壤内的某种植物中所含的可给态磷的浓度.

（x_1, x_2, x_3, y 的单位均为百万分之一）.

试就上述数据给出 y 对 x_1, x_2, x_3 的线性回归方程，并求出 σ^2 的估计.

解　设 y 关于 x_1, x_2, x_3 的回归方程为 $\hat{y} = \hat{a}_0 + \hat{a}_1 x_1 + \hat{a}_2 x_2 + \hat{a}_3 x_3$，由样本观察值，计算有关数据

$n = 18$，$k = 3$，$\bar{x}_1 = 11.94$，$\bar{x}_2 = 42.11$，$\bar{x}_3 = 123$，$\bar{y} = 81.28$.

$l_{11} = 1752.96$，$l_{12} = l_{21} = 1085.61$，$l_{13} = l_{31} = 1200$，$l_{22} = 3155.78$，$l_{23} = l_{32} = 3364$，$l_{33} = 35572$，$l_{1y} = 3231.48$，$l_{2y} = 2216.44$，$l_{3y} = 7593$，$l_{yy} = 12389.61$.

则可得正规方程组

$$\begin{cases} 1752.96\,\hat{a}_1 + 1085.61\hat{a}_2 + 1200\,\hat{a}_3 = 3231.48, \\ 1085.61\hat{a}_1 + 3155.78\hat{a}_2 + 3364\hat{a}_3 = 2216.44, \\ 1200\hat{a}_1 + 3364\hat{a}_2 + 35572\hat{a}_3 = 7593. \end{cases}$$

解此方程组得

$$\hat{a}_1 = 1.7848, \quad \hat{a}_2 = -0.0834, \quad \hat{a}_3 = 0.1611.$$

由式(7)，$\hat{a}_0 = \bar{y} - \hat{a}_1 \bar{x}_1 - \hat{a}_2 \bar{x}_2 - \hat{a}_3 \bar{x}_3 = 43.6662$. 于是，$y$ 关于 x_1, x_2, x_3 的回归方程为

$$\hat{y} = 43.6662 + 1.7848 x_1 - 0.0834 x_2 + 0.1611 x_3.$$

$$\hat{\sigma}^2 = \frac{1}{n-k-1}(l_{yy} - \hat{a}_1 l_{1y} - \hat{a}_2 l_{2y} - a_{13} l_{3y})$$

$$= \frac{1}{14}[12389.61 - 1.7848 \times 3231.48 - (-0.0834) \times 2216.44 - 0.1611 \times 7593]$$

$$= 398.83.$$

【例9】 一种混凝土在某种添加剂的不同浓度 x（%）下，混凝土的抗压强度 $y(10^{10}\,\text{Pa})$ 有变化，为了研究这种关系，现进行 16 次试验，数据如下

序号	1	2	3	4	5	6	7	8	9	10	11	12	13	14	15	16
x	34	36	37	38	39	39	39	40	40	41	42	43	43	45	47	48
y	1.30	1.00	0.73	0.90	0.81	0.70	0.60	0.50	0.44	0.56	0.30	0.42	0.35	0.40	0.41	0.60

（1）作出散点图；　　　（2）求 y 对 x 的回归方程；

（3）检验回归方程的显著性（$\alpha=0.05$）.

解　（1）散点图如图 9-2 所示.

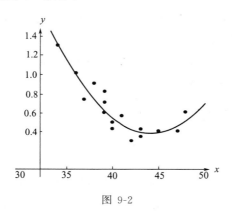

图 9-2

（2）建立回归方程.

从散点图可看出，混凝土的抗压强度 y 随添加剂的浓度 x 增加而降低，但当 x 超过一定值后，y 有所回升. 根据散点图形状可以认为是二次多项式回归（抛物线回归），即

$$\hat{y}=\hat{a}_0+\hat{a}_1x+\hat{a}_2x^2.$$

作变量代换 $x_1=x$，$x_2=x^2$，则将上述回归方程化为二元线性回归方程

$$\hat{y}=\hat{a}_0+\hat{a}_1x_1+\hat{a}_2x_2.$$

将数据作相应的变换

序号	1	2	3	4	5	6	7	8	9	10	11	12	13	14	15	16
x_{1i}	34	36	37	38	39	39	39	40	40	41	42	43	43	45	47	48
x_{2i}	1156	1296	1369	1444	1521	1521	1521	1600	1600	1681	1764	1849	1849	2025	2209	2304
y	1.30	1.00	0.73	0.90	0.81	0.70	0.60	0.50	0.44	0.56	0.30	0.42	0.35	0.40	0.41	0.60

计算有关数据

$$\overline{x}_1=\frac{1}{16}\sum_{i=1}^{16}x_{1i}=40.6875,\quad \overline{x}_2=\frac{1}{16}\sum_{i=1}^{16}x_{2i}=1669.3125,$$

$$\overline{y}=\frac{1}{16}\sum_{i=1}^{16}y_i=0.62625,\quad l_{11}=\sum_{i=1}^{16}x_{1i}x_{1i}-16(\overline{x}_1)^2=221.44,$$

$$l_{12} = l_{21} = \sum_{i=1}^{16} x_{1i} x_{2i} - 16\,\overline{x}_1 \cdot \overline{x}_2 = 18282.6, \quad l_{22} = \sum_{i=1}^{16} x_{2i} x_{2i} - 16\,\overline{x}_2 \cdot \overline{x}_2 = 1513685,$$

$$l_{1y} = \sum_{i=1}^{16} x_{1i} y_i - 16\,\overline{x}_1 \cdot \overline{y} = -11.64875, \quad l_{2y} = \sum_{i=1}^{16} x_{2i} y_i - 16\,\overline{x}_2 \cdot \overline{y} = -923.05125.$$

故有方程组
$$\begin{cases} 221.44a_1 + 18282.6a_2 = -11.64875, \\ 18282.6a_1 + 1513685a_2 = -923.05125. \end{cases}$$

解得 $\hat{a}_1 = -0.8205$, $\hat{a}_2 = 0.009301$, $\hat{a}_0 = \overline{y} - \hat{a}_1\overline{x}_1 - \hat{a}_2\overline{x}_2 = 18.484$.
因此抛物线的回归方程是

$$\hat{y} = 18.484 - 0.8205x + 0.009301x^2.$$

（3）检验回归方程的显著性.

因为 $\quad S_{yy} = l_{yy} = \sum_{i=1}^{16} (y_i)^2 - 16(\overline{y})^2 = 1.09774,$

$$S_{回} = \hat{a}_1 l_{1y} + \hat{a}_2 l_{2y}$$

$$= (-0.8205) \times (11.649) + 0.009301 \times (-0.923.05) = 0.9727,$$

$$S_{残} = S_{yy} - S_{回} = 1.09774 - 0.9727 = 0.12504.$$

因此

$$f = \frac{S_{回}/k}{S_{残}/(n-k-1)} = \frac{0.9727/2}{0.12504/(16-2-1)} = 202.26.$$

而 $\alpha = 0.05$ 时，临界值 $F_{0.05}(2, 13) = 3.81 < 202.26$，故拒绝 H_0. 因此，可以认为回归方程效果显著.

第四节　练习与测试

1. 把下面的方差分析表填写完整（即求出表中处于字母 b, d, g, h, i 所在空格位的结果），并由此说明因素 A 对数据是否有显著影响（取 $\alpha = 0.05$）.

方差来源	平方和	自由度	均方误差	方差比	显著性判断
因素 A	$(a)57107.73$	(d)	(g)	(i)	
误差	(b)	$(e)15$	(h)		
总和	$(c)62082.75$	$(f)19$	临界值		

2. 回归分析是处理变量间_____关系的一种数理统计方法，若两个变量（或多个变量）间具有线性关系，则称相应的回归分析为_____，若变量间不具有线性相关系，就称相应的回归分析为_____.

3. 设 y 与 x 间的关系为 $y = a + bx + \varepsilon, \varepsilon \sim N(0, \sigma^2)$, (x_i, y_i), $(i=1,2,\cdots,n)$ 是 (x,y) 的 n

组观测值，则回归系数的最小二乘估计为 $\hat{b}=$ _____，$\hat{a}=$ _____．

4. 在 k 元线性回归中，确定随机变量 y 与普通变量 $x_1, x_2, \cdots, x_k$ 间是否有线性关系，通常要进行_____检验，检验的方法有（1）_____，（2）_____，（3）_____．

5. 设有线性模型：$y_i = \beta x_i + \varepsilon_i$（$i=1,2,\cdots,n$），其中 ε_i 相互独立，且 $\varepsilon_i \sim N(0, \sigma^2)$．$(x_i, y_i)$，$(i=1,2,\cdots,n)$ 是 (x,y) 的 n 组观测值，则 β 的最大似然估计为（ ）．

(A) $\sum_{i=1}^{n}(X_i - \overline{X})(y_i - \overline{y}) \Big/ \sum_{i=1}^{n}(x_i - \overline{x})^2$； (B) $\sum_{i=1}^{n} x_i y_i \Big/ \sum_{i=1}^{n} x_i^2$；

(C) $\sum_{i=1}^{n}(x_i - \overline{x})\overline{y} \Big/ \sum_{i=1}^{n}(x_i - \overline{x})^2$； (D) $\sum_{i=1}^{n} \overline{x}(y_i - \overline{y}) \Big/ \sum_{i=1}^{n}(x_i - \overline{x})^2$．

6. 将大片条件相同的土地分 20 个小区．播种 5 种不同品种的小麦（A），每一品种在 4 个小区播种，共得到 20 个小区产量的独立观察值（单位：kg）如下

A_1：67　55　67　42　　A_2：66　98　96　91　　A_3：69　35　50　60

A_4：79　64　81　70　　A_5：90　70　79　88

假定各小区小麦品种产量服从正态分布，且方差不变．试考察不同小麦品种小区产量差异的显著性．

7. 设 4 个工人操作机器各一天，其日产量（单位：个）如下表所示

日产量		机　器　B			
		B_1	B_2	B_3	B_4
工人 A	A_1	50	47	47	53
	A_2	53	54	57	58
	A_3	52	52	42	48

假定工人的日产量服从正态分布，且方差相等．问是否真正存在机器或工人之间的差异（取 $\alpha = 0.05$）．

8. 一化学反应为寻求最佳反应式，现使用了 4 种不同的温度和三种不同的催化剂进行试验．每种温度与每种催化剂的组合各试验两次，得结果如下表（生成物以％计）

生成物含量/％		温　度　A							
		A_1		A_2		A_3		A_4	
催化剂 B	B_1	58.2	52.6	49.1	42.8	60.1	58.3	75.8	71.5
	B_2	56.2	41.2	54.1	50.5	70.9	73.2	58.2	51.0
	B_3	65.3	60.8	51.6	48.4	39.2	40.7	48.7	41.4

假定各种组合下的生成物含量服从正态分布，且方差相等．问温度和催化剂对生成物含量是否有显著影响（取 $\alpha = 0.05$）．

9. 某钢铁企业为预测产品回收率 y，需要研究它与原料有效成分含量 x 间的相关关系．现从中抽取 8 对数据经计算得

$$\sum_{i=1}^{8} x_i = 52,\quad \sum_{i=1}^{8} y_i = 228,\quad \sum_{i=1}^{8} x_i^2 = 478,\quad \sum_{i=1}^{8} x_i y_i = 1849.$$

试求回收率关于原料有效成分含量的线性回归方程．

10. 在镁合金 X 光探伤中考虑透视电压 u 与透视厚度 l 的关系，做了 5 次试验，得对应数据见下表

l	8	16	20	34	54
u	45	52.5	55	62.5	70

设对于给定的 u, l 为正态变量，且方差与 l 无关．（1）画出散点图；（2）试求线性回归方程 $\hat{u} = \hat{a} + \hat{b}l$；（3）检验线性回归的合理性（取 $\alpha = 0.01$）；（4）若回归效果显著，试求 $l = 30$ 处 u 的置信度为 0.95 的预测区间．

11. 在某次实验中，需要观察水分的渗透速度，测得时间 t 与水的重量 W 的数据如下表所示

t/s	1	2	4	8	16	32	64
W/g	4.22	4.02	3.85	3.59	3.44	3.02	2.59

设对于给定的 t, W 为正态变量，且方差与 t 无关．（1）画出散点图；（2）试求回归方程 $\hat{W} = \hat{A}\hat{t}$．

12. 某种水泥凝固时释放的热量 y（cal/g，1cal = 4.1840J）与 3 种化学成分（单位：%）x_1，x_2, x_3 有关．现将观测的 13 组数据列于下表

x_1	7	1	11	11	7	11	3	1	2	21	1	11	10
x_2	26	29	56	31	52	55	71	31	54	47	40	66	68
x_3	60	52	60	47	33	22	6	44	22	26	34	12	12
y	78.5	74.3	104.3	87.6	95.9	109.2	102.7	72.5	93.1	115.9	83.8	113.3	109.4

试求 y 对 x_1, x_2, x_3 的线性回归方程，并作回归检验（$\alpha = 0.05$）．

第五节 练习与测试参考答案

1. $b = 4975.02$，$d = 4$，$g = 14276.93$，$h = 331.67$，$f = 43.05$，因临界值 $F_\alpha(r-1, n-r) = F_{0.05}(4, 15) = 3.06 < f$，故因素 A 对数据有显著影响．

2. 相关；线性回归分析；非线性回归分析．

3. $\dfrac{\sum\limits_{i=1}^{n}(x_i - \overline{x})(y_i - \overline{y})}{\sum\limits_{i=1}^{n}(x_i - \overline{x})^2} = \dfrac{S_{xy}}{S_{xx}}$；$\overline{y} - \hat{b}\overline{x}$．

4. 回归方程的显著性；相关系数检验；F 检验；T 检验．   5. B.

6. $S_A = 3536.3$，$S_E = 2162.25$；$r-1 = 4$，$n-r = 15$；方差比观测值 $f = 6.13 > F_{0.05}(4, 15) = 3.06$，结论：有显著差异．

7. 工人间无显著差异，而机器之间差异显著．

8. 由于 $F_{0.05}(3, 12) = 3.49 < f_A = 4.42$，$F_{0.05}(2, 12) = 3.89 < f_B = 9.39$，$F_{0.05}(6, 12) = 3.00 < f_{A \times B} = 14.9$，故认为不同的温度或不同的催化剂对生成物的浓度都有显著影响，并且温度与催化剂的交互作用对生成物的浓度也有显著影响．

9. $\hat{y} = 11.4609 + 2.6214x$．

10. （1）散点图略；（2）$\hat{u} = 43.25 + 0.521l$；

（3）$f=\dfrac{S_{回}}{S_{残}/(n-2)}=\dfrac{3540774}{12.726/(5-2)}=83.63>F_{0.01}(1,3)=34.12$，故回归效果显著；

（4）预测区间为（51.69，66.07）（其中 $\hat{\sigma}=2.06$）.

11.（1）散点图略；（2）$\hat{W}=4.3938t^{-0.1107}$.

12. $\hat{y}=71.6482+12.556x_1+0.4161x_2-0.2365x_3$.

附录　常用概率分布表

分　布	参　数	分布律或概率密度	数学期望	方　差
退化分布（单点分布）	x_0 常数，$q=1-p$	$P\{X=x_0\}=1$	x_0	0
0—1 分布（两点分布）	$0<p<1$	$P\{X=0\}=q,$ $P\{X=1\}=p$	p	pq
二项分布 B (n,p)	$0<p<1,$ n 正整数	$P\{X=k\}=C_n^k p^k q^{n-k},$ $k=0,1,\cdots,n$	np	npq
巴斯卡分布（负二项分布）	$0<p<1,$ $q=1-p,r\geqslant 1$	$P\{X=k\}=C_{k-1}^{r-1}p^r q^{k-r},$ $k=r,r+1,\cdots$	$\dfrac{r}{p}$	$\dfrac{rq}{p^2}$
泊松分布 $\pi(\lambda)$	$\lambda>0$	$P\{X=k\}=\dfrac{\lambda^k}{k!}e^{-\lambda},k=0,1,2,\cdots$	λ	λ
几何分布 g (p)	$0<p<1,$ $q=1-p$	$P\{X=k\}=pq^{k-1},k=1,2,\cdots$	$\dfrac{1}{p}$	$\dfrac{q}{p^2}$
超几何分布 H (n,N,M)	n,N,M 正整数	$P\{X=k\}=C_M^k C_{N-M}^{n-k}/C_N^n,$ $k=0,1,\cdots,\min(n,M)$	$\dfrac{nM}{N}$	$\dfrac{nM}{N}\left(1-\dfrac{M}{N}\right)\dfrac{N-n}{N-1}$
均匀分布 U $[a,b]$	$a<b$	$f(x)=\begin{cases}\dfrac{1}{b-a},a\leqslant x\leqslant b,\\ 0,\quad 其它.\end{cases}$	$\dfrac{a+b}{2}$	$\dfrac{(b-a)^2}{12}$
正态分布 N (μ,σ^2)	$\mu,\sigma>0$	$f(x)=\dfrac{1}{\sqrt{2\pi}\sigma}e^{-\frac{(x-\mu)^2}{2\sigma^2}}$	μ	σ^2
指数分布 $E(\lambda)$	$\lambda>0$	$f(x)=\begin{cases}\lambda e^{-\lambda x},x\geqslant 0,\\ 0,\quad x<0.\end{cases}$	$\dfrac{1}{\lambda}$	$\dfrac{1}{\lambda^2}$

分布	参数	分布律或概率密度	数学期望	方差
Γ 分布 $\Gamma(\alpha,\beta)$	$\alpha>0$, $\beta>0$	$f(x)=\begin{cases}\dfrac{\beta^\alpha}{\Gamma(\alpha)}x^{\alpha-1}\,\mathrm{e}^{-\beta x},&x>0,\\0,&x\leqslant0.\end{cases}$	$\dfrac{\alpha}{\beta}$	$\dfrac{\alpha}{\beta^2}$
柯西分布	$\mu,\lambda>0$	$f(x)=\dfrac{1}{\pi}\dfrac{\lambda}{\lambda^2+(x-\mu)^2}$	不存在	不存在
拉普拉斯分布	$\mu,\lambda>0$	$f(x)=\dfrac{1}{2\lambda}\mathrm{e}^{-\frac{|x-\mu|}{\lambda}}$	μ	$2\lambda^2$
对数正态分布	$\mu,\sigma^2>0$	$f(x)=\begin{cases}\dfrac{1}{\sigma x\sqrt{2\pi}}\mathrm{e}^{-\frac{(\ln x-\mu)^2}{2\sigma^2}},&x>0,\\0,&x\leqslant0.\end{cases}$	$\mathrm{e}^{\mu+\frac{\sigma^2}{2}}$	$\mathrm{e}^{2\mu+\sigma^2}(\mathrm{e}^{\sigma^2}-1)$
瑞利分布	$\sigma>0$	$f(x)=\begin{cases}\dfrac{x}{\sigma^2}\mathrm{e}^{-\frac{x^2}{2\sigma^2}},&x>0,\\0,&x\leqslant0.\end{cases}$	$\sqrt{\dfrac{\pi}{2}}\sigma$	$\dfrac{4-\pi}{2}\sigma$
χ^2 分布 $\chi^2(n)$	n 正整数	$f(x)=\begin{cases}\dfrac{1}{2^{\frac{n}{2}}\Gamma\left(\frac{n}{2}\right)}x^{\frac{n}{2}-1}\,\mathrm{e}^{-\frac{x}{2}},&x>0,\\0,&x\leqslant0.\end{cases}$	n	$2n$
t 分布 $t(n)$	n 正整数	$f(x)=\dfrac{\Gamma\left(\frac{n+1}{2}\right)}{\sqrt{n\pi}\,\Gamma\left(\frac{n}{2}\right)}\left(1+\dfrac{x^2}{n}\right)^{-\frac{n+1}{2}}$	$0\,(n>1)$	$\dfrac{n}{n-2}\,(n>2)$
F 分布 $F(n_1,n_2)$	n_1,n_2 正整数	$f(x)=\begin{cases}\dfrac{\Gamma\left(\frac{n_1+n_2}{2}\right)}{\Gamma\left(\frac{n_1}{2}\right)\Gamma\left(\frac{n_2}{2}\right)}\left(\dfrac{n_1}{n_2}\right)^{\frac{n_2}{2}}\\x^{\frac{n_2}{2}-1}\left(1+\dfrac{n_1}{n_2}x\right)^{-\frac{n_1+n_2}{2}},&x>0,\\0,&x\leqslant0.\end{cases}$	$\dfrac{n_2}{n_2-2}$ $(n_2>2)$	$\dfrac{2n_2^2(n_1-n_2-2)}{n_1(n_2-2)^2(n_2-4)}$ $(n_2>4)$

附表 1　泊松分布表

$$1 - F(x-1) = \sum_{k=x}^{\infty} \frac{\lambda^k}{k!} e^{-\lambda}$$

x	$\lambda=0.2$	$\lambda=0.3$	$\lambda=0.4$	$\lambda=0.5$	$\lambda=0.6$
0	1.0000000	1.0000000	1.0000000	1.0000000	1.0000000
1	0.1812692	0.2591818	0.3296800	0.323469	0.451188
2	0.0175231	0.0369363	0.0615519	0.090204	0.121901
3	0.0011485	0.0035995	0.0079263	0.014388	0.023115
4	0.0000568	0.0002658	0.0007763	0.001752	0.003358
5	0.0000023	0.0000158	0.0000612	0.000172	0.000394
6	0.0000001	0.0000008	0.0000040	0.000014	0.000039
7		0.0000002	0.0000002	0.0000001	0.0000003

x	$\lambda=0.7$	$\lambda=0.8$	$\lambda=0.9$	$\lambda=1.0$	$\lambda=1.2$
0	1.0000000	1.0000000	1.0000000	1.0000000	1.0000000
1	0.503415	0.550671	0.593430	0.632121	0.698806
2	0.155805	0.191208	0.227518	0.264241	0.337373
3	0.034142	0.047423	0.062857	0.080301	0.120513
4	0.005753	0.009080	0.013459	0.018988	0.033769
5	0.000786	0.001411	0.002344	0.003660	0.007746
6	0.000090	0.000184	0.000343	0.000594	0.001500
7	0.000009	0.000021	0.000043	0.000083	0.000251
8	0.000001	0.000002	0.000005	0.000010	0.000037
9				0.000001	0.000005
10					0.000001

x	$\lambda=1.4$	$\lambda=1.6$	$\lambda=1.8$	$\lambda=2.0$	
0	1.000000	1.000000	1.000000	1.000000	
1	0.753403	0.798103	0.834701	0.864665	
2	0.408167	0.475069	0.537163	0.593994	
3	0.166502	0.216642	0.269379	0.323323	
4	0.053725	0.078813	0.108708	0.142876	
5	0.014253	0.023682	0.036407	0.052652	
6	0.003201	0.006040	0.010378	0.016563	
7	0.000622	0.001336	0.002569	0.004533	
8	0.000107	0.000260	0.000562	0.001096	
9	0.000016	0.000045	0.000110	0.000237	
10	0.000002	0.000007	0.000019	0.000046	
11		0.000001	0.000003	0.000008	
12				0.000001	

$$1 - F(x-1) = \sum_{k=x}^{\infty} \frac{\lambda^k}{k!} e^{-\lambda}$$

x	$\lambda=2.5$	$\lambda=3.0$	$\lambda=3.5$	$\lambda=4.0$	$\lambda=4.5$	$\lambda=5.0$
0	1.000000	1.000000	1.000000	1.000000	1.000000	1.000000
1	0.917915	0.950213	0.969803	0.981684	0.988891	0.993262
2	0.712703	0.800852	0.864112	0.908422	0.938901	0.959572
3	0.456187	0.576810	0.679153	0.761897	0.826422	0.875348
4	0.242424	0.352768	0.463367	0.566530	0.657704	0.734974
5	0.108822	0.184737	0.274555	0.371163	0.467896	0.559507
6	0.042021	0.083918	0.142386	0.214870	0.297070	0.384039
7	0.014187	0.033509	0.065288	0.110674	0.168949	0.237817
8	0.004247	0.011905	0.026739	0.051134	0.086586	0.133372
9	0.001140	0.003803	0.009874	0.021363	0.040257	0.068094
10	0.000277	0.001102	0.003315	0.008132	0.017093	0.031828
11	0.000062	0.000292	0.001019	0.002840	0.006669	0.013695
12	0.000013	0.000071	0.000289	0.000915	0.002404	0.005453
13	0.000002	0.000016	0.000076	0.000274	0.000805	0.002019
14		0.000003	0.000019	0.000076	0.000252	0.000698
15		0.000001	0.000004	0.000020	0.000074	0.000226
16			0.000001	0.000005	0.000020	0.000069
17				0.000001	0.000005	0.000020
18					0.000001	0.000005
19						0.000001

附表 2　标准正态分布表

$$\Phi(x) = \int_{-\infty}^{x} \frac{1}{\sqrt{2\pi}} e^{-\frac{u^2}{2}} \, du = P\{X \leqslant x\}$$

x	0.00	0.01	0.02	0.03	0.04	0.05	0.06	0.07	0.08	0.09
0.0	0.5000	0.5040	0.5080	0.5120	0.5160	0.5199	0.5239	0.5279	0.5319	0.5359
0.1	0.5398	0.5438	0.5478	0.5517	0.5557	0.5596	0.5636	0.5675	0.5714	0.5753
0.2	0.5793	0.5832	0.5871	0.5910	0.5948	0.5987	0.6026	0.6064	0.6103	0.6141
0.3	0.6179	0.6217	0.6255	0.6293	0.6331	0.6368	0.6406	0.6443	0.6480	0.6517
0.4	0.6554	0.6591	0.6628	0.6664	0.6700	0.6736	0.6772	0.6808	0.6844	0.6879
0.5	0.6915	0.6950	0.6985	0.7019	0.7054	0.7088	0.7123	0.7157	0.7190	0.7224
0.6	0.7257	0.7291	0.7324	0.7357	0.7389	0.7422	0.7454	0.7486	0.7517	0.7549
0.7	0.7580	0.7611	0.7642	0.7673	0.7703	0.7734	0.7764	0.7794	0.7823	0.7582
0.8	0.7881	0.7910	0.7939	0.7967	0.7995	0.8023	0.8051	0.8078	0.8106	0.8133
0.9	0.8159	0.8186	0.8212	0.8238	0.8264	0.8289	0.8315	0.8340	0.8365	0.8389
1.0	0.8413	0.8438	0.8461	0.8485	0.8508	0.8531	0.8554	0.8577	0.8599	0.8621
1.1	0.8643	0.8665	0.8686	0.8708	0.8729	0.8749	0.8770	0.8790	0.8810	0.8830
1.2	0.8849	0.8869	0.8888	0.8907	0.8925	0.8944	0.8962	0.8980	0.8997	0.9015
1.3	0.9032	0.9049	0.9066	0.9082	0.9099	0.9115	0.9131	0.9147	0.9162	0.9177
1.4	0.9192	0.9207	0.9222	0.9236	0.9251	0.9265	0.9278	0.9292	0.9306	0.9319
1.5	0.9332	0.9345	0.9357	0.9370	0.9382	0.9394	0.9406	0.9418	0.9430	0.9441
1.6	0.9452	0.9463	0.9474	0.9484	0.9495	0.9505	0.9515	0.9525	0.9535	0.9545
1.7	0.9554	0.9564	0.9573	0.9582	0.9591	0.9599	0.9608	0.9616	0.9625	0.9633
1.8	0.9641	0.9648	0.9656	0.9664	0.9671	0.9678	0.9686	0.9693	0.9700	0.9706
1.9	0.9713	0.9719	0.9726	0.9732	0.9738	0.9744	0.9750	0.9756	0.9762	0.9767
2.0	0.9772	0.9778	0.9783	0.9788	0.9793	0.9798	0.9803	0.9808	0.9812	0.9817
2.1	0.9821	0.9826	0.9830	0.9834	0.9838	0.9842	0.9846	0.9850	0.9854	0.9857
2.2	0.9861	0.9864	0.9868	0.9871	0.9874	0.9878	0.9881	0.9884	0.9887	0.9890
2.3	0.9893	0.9896	0.9898	0.9901	0.9904	0.9906	0.9909	0.9911	0.9913	0.9916
2.4	0.9918	0.9920	0.9922	0.9925	0.9927	0.9929	0.9931	0.9932	0.9934	0.9936
2.5	0.9938	0.9940	0.9941	0.9943	0.9945	0.9946	0.9948	0.9949	0.9951	0.9952
2.6	0.9953	0.9955	0.9956	0.9957	0.9959	0.9960	0.9961	0.9962	0.9963	0.9964
2.7	0.9965	0.9966	0.9967	0.9968	0.9969	0.9970	0.9971	0.9972	0.9973	0.9974
2.8	0.9974	0.9975	0.9976	0.9977	0.9977	0.9978	0.9979	0.9979	0.9980	0.9981
2.9	0.9981	0.9982	0.9982	0.9983	0.9984	0.9984	0.9985	0.9985	0.9986	0.9986
3.0	0.9987	0.9990	0.9993	0.9995	0.9997	0.9998	0.9998	0.9999	0.9999	1.0000

注：表中末行系函数值 $\Phi(3.0),\Phi(3.1),\cdots,\Phi(3.9)$.

$$P\{t(n) > t_\alpha(n)\} = \alpha$$

n	$\alpha = 0.25$	0.10	0.05	0.025	0.01	0.005
1	1.0000	3.0777	6.3138	12.7062	31.8207	63.6574
2	0.8165	1.8856	2.9200	4.3027	6.9646	9.9248
3	0.7649	1.6377	2.3534	3.1824	4.5407	5.8409
4	0.7407	0.5332	2.1318	2.7764	3.7469	4.6041
5	0.7267	1.4759	2.0150	2.5706	3.3649	4.0322
6	0.7176	1.4398	1.9432	2.4469	3.1427	3.7074
7	0.7111	1.4149	1.8946	2.3646	2.9980	3.4995
8	0.7064	1.3968	1.8595	2.3060	2.8965	3.3554
9	0.7027	1.3830	1.8331	2.2622	2.8214	3.2498
10	0.6998	1.3722	1.8125	2.2281	2.7638	3.1693
11	0.6974	1.3634	1.7959	2.2010	2.7181	3.1058
12	0.6955	1.3562	1.7823	2.1788	2.6810	3.0545
13	0.6938	1.3502	1.7709	2.1604	2.6503	3.0123
14	0.6924	1.3450	1.7613	2.1448	2.6245	2.9768
15	0.6912	1.3406	1.7531	2.1315	2.6025	2.9467
16	0.6901	1.3368	1.7459	2.1199	2.5835	2.9208
17	0.6892	1.3334	1.7396	2.1098	2.5669	2.8982
18	0.6884	1.3304	1.7341	2.1009	2.5524	2.8784
19	0.6876	1.3277	1.7291	2.0930	2.5395	2.8609
20	0.6870	1.3253	1.7247	2.0860	2.5280	2.8453
21	0.6864	1.3232	1.7207	2.0796	2.5177	2.8314
22	0.6858	1.3212	1.7171	2.0739	2.5083	2.8188
23	0.6853	1.3195	1.7139	2.0687	2.4999	2.8073
24	0.6848	1.3178	1.7109	2.0639	2.4922	2.7969
25	0.6844	1.3163	1.7081	2.0595	2.4851	2.7874
26	0.6840	1.3150	1.7056	2.0555	2.4786	2.7787
27	0.6837	1.3137	1.7033	2.0518	2.4727	2.7707
28	0.6834	1.3125	1.7011	2.0484	2.4641	2.7633
29	0.6830	1.3114	1.6991	2.0452	2.4620	2.7564
30	0.6828	1.3104	1.6973	2.0423	2.4573	2.7500
31	0.6825	1.3095	1.6955	2.0395	2.4528	2.7440
32	0.6822	1.3086	1.6939	2.0369	2.4487	2.7385
33	0.6820	1.3077	1.6924	2.0345	2.4448	2.7333
34	0.6818	1.3070	1.6909	2.0322	2.4411	2.7284
35	0.6816	1.3062	1.6896	2.0301	2.4377	2.7238
36	0.6814	1.3055	1.6883	2.0281	2.4345	2.7195
37	0.6812	1.3049	1.6871	2.0262	2.4314	2.7154
38	0.6810	1.3042	1.6860	2.0244	2.4286	2.7116
39	0.6808	1.3036	1.6849	2.0227	2.4258	2.7079
40	0.6807	1.3031	1.6839	2.0211	2.4233	2.7045
41	0.6805	1.3025	1.6829	2.0195	2.4208	2.7012
42	0.6804	1.3020	1.6820	2.0181	2.4185	2.6981
43	0.6802	1.3016	1.6811	2.0167	2.4163	2.6951
44	0.6801	1.3011	1.6802	2.0154	2.4141	2.6923
45	0.6800	1.3006	1.6794	2.0141	2.4121	2.6896

附表 4　χ² 分布表

$$P\{\chi^2(n) > \chi^2_\alpha(n)\} = \alpha$$

n	α=0.995	0.99	0.975	0.95	0.90	0.75
1	—	—	0.001	0.004	0.016	0.102
2	0.010	0.020	0.051	0.103	0.211	0.575
3	0.072	0.115	0.216	0.352	0.584	1.213
4	0.207	0.297	0.484	0.711	1.064	1.923
5	0.412	0.554	0.831	1.145	1.610	2.675
6	0.676	0.872	1.237	1.635	2.204	3.455
7	0.989	1.239	1.690	2.167	2.833	4.255
8	1.344	1.646	2.180	2.733	3.490	5.071
9	1.735	2.088	2.700	3.325	4.168	5.899
10	2.156	2.558	3.247	3.940	4.865	6.737
11	2.603	3.053	3.816	4.575	5.578	7.584
12	3.074	3.571	4.404	5.226	6.304	8.438
13	3.565	4.107	5.009	5.892	7.042	9.299
14	4.075	4.660	5.629	6.571	7.790	10.165
15	4.601	5.229	6.262	7.261	8.547	11.037
16	5.142	5.812	6.908	7.962	9.312	11.912
17	5.697	6.408	7.564	8.672	10.085	12.792
18	6.265	7.015	8.231	9.390	10.865	13.675
19	6.844	7.633	8.907	10.117	11.651	14.562
20	7.434	8.260	9.591	10.851	12.443	15.452
21	8.034	8.897	10.283	11.591	13.240	16.344
22	8.643	9.542	10.982	12.338	14.042	17.240
23	9.260	10.196	11.689	13.091	14.848	18.137
24	9.886	10.856	12.401	13.848	15.659	19.037
25	10.520	11.524	13.120	14.611	16.473	19.939
26	11.160	12.198	13.844	15.379	17.292	20.843
27	11.808	12.879	14.573	16.151	18.114	21.749
28	12.461	13.565	15.308	16.928	18.939	22.657
29	13.121	14.257	16.047	17.708	19.768	23.567
30	13.787	14.954	16.791	18.493	20.599	24.478
31	14.458	15.655	17.539	19.281	21.434	25.390
32	15.134	16.362	18.291	20.072	22.271	26.304
33	15.815	17.074	19.047	20.867	23.110	27.219
34	16.501	17.789	19.806	21.664	23.952	28.186
35	17.192	18.509	20.569	22.465	24.797	29.054
36	17.887	19.233	21.336	23.269	25.643	29.973
37	18.586	19.960	22.106	24.075	26.492	30.893
38	19.289	20.691	22.878	24.884	27.343	31.815
39	19.996	21.426	23.654	25.695	28.196	32.737
40	20.707	22.164	24.433	26.509	29.051	33.660
41	21.421	22.906	25.215	27.326	29.907	34.585
42	22.138	23.650	25.999	28.144	30.765	35.510
43	22.859	24.398	26.785	28.965	31.625	36.436
44	23.584	25.148	27.575	29.787	32.487	37.363
45	24.311	25.901	28.366	30.612	33.350	38.291

$$P\{\chi^2(n) > \chi_\alpha^2(n)\} = \alpha$$

n	$\alpha=0.25$	0.10	0.05	0.025	0.01	0.005
1	1.323	2.706	3.841	5.024	6.635	7.879
2	2.773	4.605	5.991	7.378	9.210	10.597
3	4.108	6.251	7.815	9.348	11.345	12.838
4	5.385	7.779	9.488	11.143	13.277	14.860
5	6.626	9.236	11.071	12.833	15.086	16.750
6	7.841	10.645	12.592	14.449	16.812	18.548
7	9.037	12.017	14.067	16.013	18.475	20.278
8	10.219	13.362	15.507	17.535	20.090	21.955
9	11.389	14.684	16.919	19.023	21.666	23.589
10	12.549	15.987	18.307	20.483	23.209	25.188
11	13.701	17.275	19.675	21.920	24.725	26.757
12	14.845	18.549	21.026	23.337	26.217	28.299
13	15.984	19.812	22.362	24.736	27.688	29.819
14	17.117	21.064	23.685	26.119	29.141	31.319
15	18.245	22.307	24.996	27.488	30.578	32.801
16	19.369	23.542	26.296	28.845	32.000	34.267
17	20.489	24.769	27.587	30.191	33.409	35.718
18	21.605	25.989	28.869	31.526	34.805	37.156
19	22.718	27.204	30.144	32.852	36.191	38.582
20	23.828	28.412	31.410	34.170	37.566	39.997
21	24.935	29.615	32.671	35.479	38.932	41.401
22	26.039	30.813	33.924	36.781	40.289	42.796
23	27.141	32.007	35.172	38.076	41.638	44.181
24	28.241	33.196	36.415	39.364	42.980	45.559
25	29.339	34.382	37.652	40.646	44.314	46.928
26	30.435	35.563	38.885	41.923	45.642	48.290
27	31.528	36.741	40.113	43.194	46.963	49.645
28	32.620	37.916	41.337	44.461	48.278	50.993
29	33.711	39.087	42.557	45.722	49.588	52.336
30	34.800	40.256	43.773	46.979	50.892	53.672
31	35.887	41.422	44.985	48.232	52.191	55.003
32	36.973	42.585	46.194	49.480	53.486	56.328
33	38.058	43.745	47.400	50.725	54.776	57.648
34	39.141	44.903	48.602	51.966	56.061	58.964
35	40.223	46.059	49.802	53.203	57.342	60.275
36	41.304	47.212	50.998	54.437	58.619	61.581
37	42.383	48.363	52.192	55.668	59.892	62.883
38	43.462	49.513	53.384	56.896	61.162	64.181
39	44.539	50.660	54.572	58.120	62.428	65.476
40	45.616	51.805	55.758	59.342	63.691	66.766
41	46.692	52.949	56.942	60.561	64.950	68.053
42	47.766	54.090	58.124	61.777	66.206	69.336
43	48.840	55.230	59.304	62.990	67.459	70.616
44	49.913	56.369	60.481	64.201	68.710	71.893
45	50.985	57.505	61.656	35.410	69.957	73.166

$$P\{F(n_1,n_2)>F_\alpha(n_1,n_2)\}=\alpha$$

$$\alpha=0.10$$

n_2＼n_1	1	2	3	4	5	6	7	8	9	10	12	15	20	24	30	40	60	120	∞
1	39.86	49.50	53.59	55.83	57.24	58.20	58.91	59.44	59.86	60.19	60.71	61.22	61.74	62.00	62.26	62.53	62.79	63.06	63.33
2	8.53	9.00	9.16	9.24	9.29	9.33	9.35	9.37	9.38	9.39	9.41	9.42	9.44	9.45	9.46	9.47	9.47	9.48	9.49
3	5.54	5.46	5.39	5.34	5.31	5.28	5.27	5.25	5.24	5.23	5.22	5.20	5.18	5.18	5.17	5.16	5.15	5.14	5.13
4	4.54	4.32	4.19	4.11	4.05	4.01	3.98	3.95	3.94	3.92	3.90	3.87	3.84	3.83	3.82	3.80	3.79	3.78	3.76
5	4.06	3.78	3.62	3.52	3.45	3.40	3.37	3.34	3.32	3.30	3.27	3.24	3.21	3.19	3.17	3.16	3.14	3.12	3.10
6	3.78	3.46	3.29	3.18	3.11	3.05	3.01	2.98	2.96	2.94	2.90	2.87	2.84	2.82	2.80	2.78	2.76	2.74	2.72
7	3.59	3.26	3.07	2.96	2.88	2.83	2.78	2.75	2.72	2.70	2.67	2.63	2.59	2.58	2.56	2.54	2.51	2.49	2.47
8	3.46	3.11	2.92	2.81	2.73	2.67	2.62	2.59	2.56	2.54	2.50	2.46	2.42	2.40	2.38	2.36	2.34	2.32	2.29
9	3.36	3.01	2.81	2.69	2.61	2.55	2.51	2.47	2.44	2.42	2.38	2.34	2.30	2.28	2.25	2.23	2.21	2.18	2.16
10	3.29	2.92	2.73	2.61	2.52	2.46	2.41	2.38	2.35	2.32	2.28	2.24	2.20	2.18	2.16	2.13	2.11	2.08	2.06
11	3.23	2.86	2.66	2.54	2.45	2.39	2.34	2.30	2.27	2.25	2.21	2.17	2.12	2.10	2.08	2.05	2.03	2.00	1.97
12	3.18	2.81	2.61	2.48	2.39	2.33	2.28	2.24	2.21	2.19	2.15	2.10	2.06	2.04	2.01	1.99	1.96	1.93	1.90
13	3.14	2.76	2.56	2.43	2.35	2.28	2.23	2.20	2.16	2.14	2.10	2.05	2.01	1.98	1.96	1.93	1.90	1.88	1.85
14	3.10	2.73	2.52	2.39	2.31	2.24	2.19	2.15	2.12	2.10	2.05	2.01	1.96	1.94	1.91	1.89	1.86	1.83	1.80
15	3.07	2.70	2.49	2.36	2.27	2.21	2.16	2.12	2.09	2.06	2.02	1.97	1.92	1.90	1.87	1.85	1.82	1.79	1.76
16	3.05	2.67	2.46	2.33	2.24	2.18	2.13	2.09	2.06	2.03	1.99	1.94	1.89	1.87	1.84	1.81	1.78	1.75	1.72
17	3.03	2.64	2.44	2.31	2.22	2.15	2.10	2.06	2.03	2.00	1.96	1.91	1.86	1.84	1.81	1.78	1.75	1.72	1.69
18	3.01	2.62	2.42	2.29	2.20	2.13	2.08	2.04	2.00	1.98	1.93	1.89	1.84	1.81	1.78	1.75	1.72	1.69	1.66
19	2.99	2.61	2.40	2.27	2.18	2.11	2.06	2.02	1.98	1.96	1.91	1.86	1.81	1.79	1.76	1.73	1.70	1.67	1.63
20	2.97	2.59	2.38	2.25	2.16	2.09	2.04	2.00	1.96	1.94	1.89	1.84	1.79	1.77	1.74	1.71	1.68	1.64	1.61
21	2.96	2.57	2.36	2.23	2.14	2.08	2.02	1.98	1.95	1.92	1.87	1.83	1.78	1.75	1.72	1.69	1.66	1.62	1.59
22	2.95	2.56	2.35	2.22	2.13	2.06	2.01	1.97	1.93	1.90	1.86	1.81	1.76	1.73	1.70	1.67	1.64	1.60	1.57
23	2.94	2.55	2.34	2.21	2.11	2.05	1.99	1.95	1.92	1.89	1.84	1.80	1.74	1.72	1.69	1.66	1.62	1.59	1.55
24	2.93	2.54	2.33	2.19	2.10	2.04	1.98	1.94	1.91	1.88	1.83	1.78	1.73	1.70	1.67	1.64	1.61	1.57	1.53
25	2.92	2.53	2.32	2.18	2.09	2.02	1.97	1.93	1.89	1.87	1.82	1.77	1.72	1.69	1.66	1.63	1.59	1.56	1.52
26	2.91	2.52	2.31	2.17	2.08	2.01	1.96	1.92	1.88	1.86	1.81	1.76	1.71	1.68	1.65	1.61	1.58	1.54	1.50
27	2.90	2.51	2.30	2.17	2.07	2.00	1.95	1.91	1.87	1.85	1.80	1.75	1.70	1.67	1.64	1.60	1.57	1.53	1.49
28	2.89	2.50	2.29	2.16	2.06	2.00	1.94	1.90	1.87	1.84	1.79	1.74	1.69	1.66	1.63	1.59	1.56	1.52	1.48
29	2.89	2.50	2.28	2.15	2.06	1.99	1.93	1.89	1.86	1.83	1.78	1.73	1.68	1.65	1.62	1.58	1.55	1.51	1.47
30	2.88	2.49	2.28	2.14	2.05	1.98	1.93	1.88	1.85	1.82	1.77	1.72	1.67	1.64	1.61	1.57	1.54	1.50	1.46
40	2.84	2.44	2.23	2.09	2.00	1.93	1.87	1.83	1.79	1.76	1.71	1.66	1.61	1.57	1.54	1.51	1.47	1.42	1.38
60	2.79	2.39	2.18	2.04	1.95	1.87	1.82	1.77	1.74	1.71	1.66	1.60	1.54	1.51	1.48	1.44	1.40	1.35	1.29
120	2.75	2.35	2.13	1.99	1.90	1.82	1.77	1.72	1.68	1.65	1.60	1.55	1.48	1.45	1.41	1.37	1.32	1.26	1.19
∞	2.71	2.30	2.08	1.94	1.85	1.77	1.72	1.67	1.63	1.60	1.55	1.49	1.42	1.38	1.34	1.30	1.24	1.17	1.00

$\alpha=0.05$

n_2 \\ n_1	1	2	3	4	5	6	7	8	9	10	12	15	20	24	30	40	60	120	∞
1	161.4	199.5	215.7	224.6	230.2	234.0	236.8	238.9	240.5	241.9	243.9	245.9	248.0	249.1	250.1	251.1	252.2	253.3	254.3
2	18.51	19.00	19.16	19.25	19.30	19.33	19.35	19.37	19.38	19.40	19.41	19.43	19.45	19.45	19.46	19.47	19.48	19.49	19.50
3	10.13	9.55	9.28	9.12	9.01	8.94	8.89	8.85	8.81	8.79	8.74	8.70	8.66	8.64	8.62	8.59	8.57	8.55	8.53
4	7.71	6.94	6.59	6.39	6.26	6.16	6.09	6.04	6.00	5.96	5.91	5.86	5.80	5.77	5.75	5.72	5.69	5.66	5.63
5	6.61	5.79	5.41	5.19	5.05	4.95	4.88	4.82	4.77	4.74	4.68	4.62	4.56	4.53	4.50	4.46	4.43	4.40	4.36
6	5.99	5.14	4.76	4.53	4.39	4.28	4.21	4.15	4.10	4.06	4.00	3.94	3.87	3.84	3.81	3.77	3.74	3.70	3.67
7	5.59	4.74	4.35	4.12	3.97	3.87	3.79	3.73	3.68	3.64	3.57	3.51	3.44	3.41	3.38	3.34	3.30	3.27	3.23
8	5.32	4.46	4.07	3.84	3.69	3.58	3.50	3.44	3.39	3.35	3.28	3.22	3.15	3.12	3.08	3.04	3.01	2.97	2.93
9	5.12	4.26	3.86	3.63	3.48	3.37	3.29	3.23	3.18	3.14	3.07	3.01	2.94	2.90	2.86	2.83	2.79	2.75	2.71
10	4.96	4.10	3.71	3.48	3.33	3.22	3.14	3.07	3.02	2.98	2.91	2.85	2.77	2.74	2.70	2.66	2.62	2.58	2.54
11	4.84	3.98	3.59	3.36	3.20	3.09	3.01	2.95	2.90	2.85	2.79	2.72	2.65	2.61	2.57	2.53	2.49	2.45	2.40
12	4.75	3.89	3.49	3.26	3.11	3.00	2.91	2.85	2.80	2.75	2.69	2.62	2.54	2.51	2.47	2.43	2.38	2.34	2.30
13	4.67	3.81	3.41	3.18	3.03	2.92	2.83	2.77	2.71	2.67	2.60	2.53	2.46	2.42	2.38	2.34	2.30	2.25	2.21
14	4.60	3.74	3.34	3.11	2.96	2.85	2.76	2.70	2.65	2.60	2.53	2.46	2.39	2.35	2.31	2.27	2.22	2.18	2.13
15	4.54	3.68	3.29	3.06	2.90	2.79	2.71	2.64	2.59	2.54	2.48	2.40	2.33	2.29	2.25	2.20	2.16	2.11	2.07
16	4.49	3.63	3.24	3.01	2.85	2.74	2.66	2.59	2.54	2.49	2.42	2.35	2.28	2.24	2.19	2.15	2.11	2.06	2.01
17	4.45	3.59	3.20	2.96	2.81	2.70	2.61	2.55	2.49	2.45	2.38	2.31	2.23	2.19	2.15	2.10	2.06	2.01	1.96
18	4.41	3.55	3.16	2.93	2.77	2.66	2.58	2.51	2.46	2.41	2.34	2.27	2.19	2.15	2.11	2.06	2.02	1.97	1.92
19	4.38	3.52	3.13	2.90	2.74	2.63	2.54	2.48	2.42	2.38	2.31	2.23	2.16	2.11	2.07	2.03	1.98	1.93	1.88
20	4.35	3.49	3.10	2.87	2.71	2.60	2.51	2.45	2.39	2.35	2.28	2.20	2.12	2.08	2.04	1.99	1.95	1.90	1.84
21	4.32	3.47	3.07	2.84	2.68	2.57	2.49	2.42	2.37	2.32	2.25	2.18	2.10	2.05	2.01	1.96	1.92	1.87	1.81
22	4.30	3.44	3.05	2.82	2.66	2.55	2.46	2.40	2.34	2.30	2.23	2.15	2.07	2.03	1.98	1.94	1.89	1.84	1.78
23	4.28	3.42	3.03	2.80	2.64	2.53	2.44	2.37	2.32	2.27	2.20	2.13	2.05	2.01	1.96	1.91	1.86	1.81	1.76
24	4.26	3.40	3.01	2.78	2.62	2.51	2.42	2.36	2.30	2.25	2.18	2.11	2.03	1.98	1.94	1.89	1.84	1.79	1.73
25	4.24	3.39	2.99	2.76	2.60	2.49	2.40	2.34	2.28	2.24	2.16	2.09	2.01	1.96	1.92	1.87	1.82	1.77	1.71
26	4.23	3.37	2.98	2.74	2.59	2.47	2.39	2.32	2.27	2.22	2.15	2.07	1.99	1.95	1.90	1.85	1.80	1.75	1.69
27	4.21	3.35	2.96	2.73	2.57	2.46	2.37	2.31	2.25	2.20	2.13	2.06	1.97	1.93	1.88	1.84	1.79	1.73	1.67
28	4.20	3.34	2.95	2.71	2.56	2.45	2.36	2.29	2.24	2.19	2.12	2.04	1.96	1.91	1.87	1.82	1.77	1.71	1.65
29	4.18	3.33	2.93	2.70	2.55	2.43	2.35	2.28	2.22	2.18	2.10	2.03	1.94	1.90	1.85	1.81	1.75	1.70	1.64
30	4.17	3.32	2.92	2.69	2.53	2.42	2.33	2.27	2.21	2.16	2.09	2.01	1.93	1.89	1.84	1.79	1.74	1.68	1.62
40	4.08	3.23	2.84	2.61	2.45	2.34	2.25	2.18	2.12	2.08	2.00	1.92	1.84	1.79	1.74	1.69	1.64	1.58	1.51
60	4.00	3.15	2.76	2.53	2.37	2.25	2.17	2.10	2.04	1.99	1.92	1.84	1.75	1.70	1.65	1.59	1.53	1.47	1.39
120	3.92	3.07	2.68	2.45	2.29	2.17	2.09	2.02	1.96	1.91	1.83	1.75	1.66	1.61	1.55	1.50	1.43	1.35	1.25
∞	3.84	3.00	2.60	2.37	2.21	2.10	2.01	1.94	1.88	1.83	1.75	1.67	1.57	1.52	1.46	1.39	1.32	1.22	1.00

$\alpha = 0.025$

$n_2 \backslash n_1$	1	2	3	4	5	6	7	8	9	10	12	15	20	24	30	40	60	120	∞
1	647.8	799.5	864.2	899.6	921.8	937.1	948.2	956.7	963.3	968.6	976.7	984.9	993.1	997.2	1001	1006	1010	1014	1018
2	38.51	39.00	39.17	39.25	39.30	39.33	39.36	39.37	39.39	39.40	39.41	39.43	39.45	39.46	39.46	39.47	39.48	39.40	39.50
3	17.44	16.04	15.44	15.10	14.88	14.73	14.62	14.54	14.47	14.42	14.34	14.25	14.17	14.12	14.08	14.04	13.99	13.95	13.90
4	12.22	10.65	9.98	9.60	9.36	9.20	9.07	8.98	8.90	8.84	8.75	8.66	8.56	8.51	8.46	8.41	8.36	8.31	8.26
5	10.01	8.43	7.76	7.39	7.15	6.98	6.85	6.76	6.68	6.62	6.52	6.43	6.33	6.28	6.23	6.18	6.12	6.07	6.02
6	8.81	7.26	6.60	6.23	5.99	5.82	5.70	5.60	5.52	5.46	5.37	5.27	5.17	5.12	5.07	5.01	4.96	4.90	4.85
7	8.07	6.54	5.89	5.52	5.29	5.12	4.99	4.90	4.82	4.76	4.67	4.57	4.47	4.42	4.36	4.31	4.25	4.20	4.14
8	7.57	6.06	5.42	5.05	4.82	4.65	4.53	4.43	4.36	4.30	4.20	4.10	4.00	3.95	3.89	3.84	3.78	3.73	3.67
9	7.21	5.71	5.08	4.72	4.48	4.32	4.20	4.10	4.03	3.96	3.87	3.77	3.67	3.61	3.56	3.51	3.45	3.39	3.33
10	6.94	5.46	4.83	4.47	4.24	4.07	3.95	3.85	3.78	3.72	3.62	3.52	3.42	3.37	3.31	3.26	3.20	3.14	3.08
11	6.72	5.26	4.63	4.28	4.04	3.88	3.76	3.66	3.59	3.53	3.43	3.33	3.23	3.17	3.12	3.06	2.94	2.94	2.88
12	6.55	5.10	4.47	4.12	3.89	3.73	3.61	3.51	3.44	3.37	3.28	3.18	3.07	3.02	2.96	2.91	2.85	2.79	2.72
13	6.41	4.97	4.35	4.00	3.77	3.60	3.48	3.39	3.31	3.25	3.15	3.05	2.95	2.89	2.84	2.78	2.72	2.66	2.60
14	6.30	4.86	4.24	3.89	3.66	3.50	3.38	3.29	3.21	3.15	3.05	2.95	2.84	2.79	2.73	2.67	2.61	2.55	2.49
15	6.20	4.77	4.15	3.80	3.58	3.41	3.29	3.20	3.12	3.06	2.96	2.86	2.76	2.70	2.64	2.59	2.52	2.46	2.40
16	6.12	4.69	4.08	3.73	3.50	3.34	3.22	3.12	3.05	2.99	2.89	2.79	2.68	2.63	2.57	2.51	2.45	2.38	2.32
17	6.04	4.62	4.01	3.66	3.44	3.28	3.16	3.06	2.98	2.92	2.82	2.72	2.62	2.56	2.50	2.44	2.38	2.32	2.25
18	5.98	4.56	3.95	3.61	3.38	3.22	3.10	3.01	2.93	2.87	2.77	2.67	2.56	2.50	2.44	2.38	2.32	2.26	2.19
19	5.92	4.51	3.90	3.56	3.33	3.17	3.05	2.96	2.88	2.82	2.72	2.62	2.51	2.45	2.39	2.33	2.27	2.20	2.13
20	5.87	4.46	3.86	3.51	3.29	3.13	3.01	2.91	2.84	2.77	2.68	2.57	2.46	2.41	2.35	2.29	2.22	2.16	2.09
21	5.83	4.42	3.82	3.48	3.25	3.09	2.97	2.87	2.80	2.73	2.64	2.53	2.42	2.37	2.31	2.25	2.18	2.11	2.04
22	5.79	4.38	3.78	3.44	3.22	3.05	2.93	2.84	2.76	2.70	2.60	2.50	2.39	2.33	2.27	2.21	2.14	2.08	2.00
23	5.75	4.35	3.75	3.41	3.18	3.02	2.90	2.81	2.73	2.67	2.57	2.47	2.36	2.30	2.24	2.18	2.11	2.04	1.97
24	5.72	4.32	3.72	3.38	3.15	2.99	2.87	2.78	2.70	2.64	2.54	2.44	2.33	2.27	2.21	2.15	2.08	2.01	1.94
25	5.69	4.29	3.69	3.35	3.13	2.97	2.85	2.75	2.68	2.61	2.51	2.41	2.30	2.24	2.18	2.12	2.05	1.98	1.91
26	5.66	4.27	3.67	3.33	3.10	2.94	2.82	2.73	2.65	2.59	2.49	2.39	2.28	2.22	2.16	2.09	2.03	1.95	1.88
27	5.63	4.24	3.65	3.31	3.08	2.92	2.80	2.71	2.63	2.57	2.47	2.36	2.25	2.19	2.13	2.07	2.00	1.93	1.85
28	5.61	4.22	3.63	3.29	3.06	2.90	2.78	2.69	2.61	2.55	2.45	2.34	2.23	2.17	2.11	2.05	1.98	1.91	1.83
29	5.59	4.20	3.61	3.27	3.04	2.88	2.76	2.67	2.59	2.53	2.43	2.32	2.21	2.15	2.09	2.03	1.96	1.89	1.81
30	5.57	4.18	3.59	3.25	3.03	2.87	2.75	2.65	2.57	2.51	2.41	2.31	2.20	2.14	2.07	2.01	1.94	1.87	1.79
40	5.42	4.05	3.46	3.13	2.90	2.74	2.62	2.53	2.45	2.39	2.29	2.18	2.07	2.01	1.94	1.88	1.80	1.72	1.64
60	5.29	3.93	3.34	3.01	2.79	2.63	2.51	2.41	2.33	2.27	2.17	2.06	1.94	1.88	1.82	1.74	1.67	1.58	1.48
120	5.15	3.80	3.23	2.89	2.67	2.52	2.39	2.30	2.22	2.16	2.05	1.94	1.82	1.76	1.69	1.61	1.53	1.43	1.31
∞	5.02	3.69	3.12	2.79	2.57	2.41	2.29	2.19	2.11	2.05	1.94	1.83	1.71	1.64	1.57	1.48	1.39	1.27	1.00

$\alpha = 0.01$

n_1 / n_2	1	2	3	4	5	6	7	8	9	10	12	15	20	24	30	40	60	120	∞
1	4052	4999.5	5403	5625	5764	5859	5928	5982	6022	6056	6106	6157	6209	6235	6261	6287	6313	6339	6366
2	98.50	99.00	99.17	99.25	99.30	99.33	99.36	99.37	99.39	99.40	99.42	99.43	99.45	99.46	99.47	99.47	99.48	99.49	99.50
3	34.12	30.82	29.46	28.71	28.24	27.91	27.67	27.49	27.35	27.23	27.05	26.87	26.69	26.60	26.50	26.41	26.32	26.22	26.13
4	21.20	18.00	16.69	15.98	15.52	15.21	14.98	14.80	14.66	14.55	14.37	24.20	14.02	13.93	13.84	13.75	13.65	13.56	13.46
5	16.26	13.27	12.06	11.39	10.97	10.67	10.46	10.29	10.16	10.05	9.89	9.72	9.55	9.47	9.38	9.29	9.20	9.11	9.02
6	13.75	10.93	9.78	9.15	8.75	8.47	8.26	8.10	7.98	7.87	7.72	7.56	7.40	7.31	7.23	7.14	7.06	6.97	6.88
7	12.25	9.55	8.45	7.85	7.46	7.19	6.99	6.84	6.72	6.62	6.47	6.31	6.16	6.07	5.99	5.91	5.82	5.74	5.65
8	11.26	8.65	7.59	7.01	6.63	6.37	6.18	6.03	5.91	5.81	5.67	5.52	5.36	5.28	5.20	5.12	5.03	4.95	4.86
9	10.56	8.02	6.99	6.42	6.06	5.80	5.61	5.47	5.35	5.26	5.11	4.96	4.81	4.73	4.65	4.57	4.48	4.40	4.31
10	10.04	7.56	6.55	5.99	5.64	5.39	5.20	5.06	4.94	4.85	4.71	4.56	4.41	4.33	4.25	4.17	4.08	4.00	3.91
11	9.65	7.21	6.22	5.67	5.32	5.07	4.89	4.74	4.63	4.54	4.40	4.25	4.10	4.02	3.94	3.86	3.78	3.69	3.60
12	9.33	6.93	5.95	5.41	5.06	4.82	4.64	4.50	4.39	4.30	4.16	4.01	3.86	3.78	3.70	3.62	3.54	3.45	3.36
13	9.07	6.70	5.74	5.21	4.86	4.62	4.44	4.30	4.19	4.10	3.96	3.82	3.66	3.59	3.51	3.43	3.34	3.25	3.17
14	8.86	6.51	5.56	5.04	4.69	4.46	4.28	4.14	4.03	3.94	3.80	3.66	3.51	3.43	3.35	3.27	3.18	3.09	3.00
15	8.68	6.36	5.42	4.89	4.56	4.32	4.14	4.00	3.89	3.80	3.67	3.52	3.37	3.29	3.21	3.13	3.05	2.96	2.87
16	8.53	6.23	5.29	4.77	4.44	4.20	4.03	3.89	3.78	3.69	3.55	3.41	3.26	3.18	3.10	3.02	2.93	2.84	2.75
17	8.40	6.11	5.18	4.67	4.34	4.10	3.93	3.79	3.68	3.59	3.46	3.31	3.16	3.08	3.00	2.92	2.83	2.75	2.65
18	8.29	6.01	5.09	4.58	4.25	4.01	3.94	3.71	3.60	3.51	3.37	3.23	3.08	3.00	2.92	2.84	2.75	2.66	2.57
19	8.18	5.93	5.01	4.50	4.17	3.94	3.77	3.63	3.52	3.43	3.30	3.15	3.00	2.92	2.84	2.76	2.67	2.58	2.49
20	8.10	5.85	4.94	4.43	4.10	3.87	3.70	3.56	3.46	3.37	3.23	3.09	2.94	2.86	2.78	2.69	2.61	2.52	2.42
21	8.02	5.78	4.87	4.37	4.04	3.81	3.64	3.51	3.40	3.31	3.17	3.03	2.88	2.80	2.72	2.64	2.55	2.46	2.36
22	7.95	5.72	4.82	4.31	3.99	3.76	3.59	3.45	3.35	3.26	3.12	2.98	2.83	2.75	2.67	2.58	2.50	2.40	2.31
23	7.88	5.66	4.76	4.26	3.94	3.71	3.54	3.41	3.30	3.21	3.07	2.93	2.78	2.70	2.62	2.54	2.45	2.35	2.26
24	7.82	5.61	4.72	4.22	3.90	3.67	3.50	3.36	3.26	3.17	3.03	2.89	2.74	2.66	2.58	2.49	2.40	2.31	2.21
25	7.77	5.57	4.68	4.18	3.85	3.63	3.46	3.32	3.22	3.13	2.99	2.85	2.70	2.62	2.54	2.45	2.36	2.27	2.17
26	7.72	5.53	4.64	4.14	3.82	3.59	3.42	3.29	3.18	3.09	2.96	2.81	2.66	2.58	2.50	2.42	2.33	2.23	2.13
27	7.68	5.49	4.60	4.11	3.78	3.56	3.39	3.26	3.15	3.06	2.93	2.78	2.63	2.55	2.47	2.38	2.29	2.20	2.10
28	7.64	5.45	4.57	4.07	3.75	3.53	3.36	3.23	3.12	3.03	2.90	2.75	2.60	2.52	2.44	2.35	2.26	2.17	2.06
29	7.60	5.42	4.54	4.04	3.73	3.50	3.33	3.20	3.09	3.00	2.87	2.73	2.57	2.49	2.41	2.33	2.23	2.14	2.03
30	7.56	5.39	4.51	4.02	3.70	3.47	3.30	3.17	3.07	2.98	2.84	2.70	2.55	2.47	2.39	2.30	2.21	2.11	2.01
40	7.31	5.18	4.31	3.83	3.51	3.29	3.12	2.99	2.89	2.80	2.66	2.52	2.37	2.29	2.20	2.11	2.02	1.92	1.80
60	7.08	4.98	4.13	3.65	3.34	3.12	2.95	2.82	2.72	2.63	2.50	2.35	2.20	2.12	2.03	1.94	1.84	1.73	1.60
120	6.85	4.79	3.95	3.48	3.17	2.96	2.79	2.66	2.56	2.47	2.34	2.19	2.03	1.95	1.86	1.76	1.66	1.53	1.38
∞	6.63	4.61	3.78	3.32	3.02	2.80	2.64	2.51	2.41	2.32	2.18	2.04	1.88	1.79	1.70	1.59	1.47	1.32	1.00

$\alpha = 0.005$

n_2 \ n_1	1	2	3	4	5	6	7	8	9	10	12	15	20	24	30	40	60	120	∞
1	16211	20000	21615	22500	23056	23437	23715	23925	24091	24224	24426	24630	24836	24940	25044	25148	35253	25359	25465
2	198.5	199.0	199.2	199.2	199.3	199.3	199.4	199.4	199.4	199.4	199.4	199.4	199.4	199.5	199.5	199.5	199.5	199.5	199.5
3	55.55	49.80	47.47	46.19	45.39	44.84	44.43	44.13	43.88	43.69	43.39	43.08	42.78	42.62	42.47	42.31	42.15	41.99	41.83
4	31.33	26.28	24.26	23.15	22.46	21.97	21.62	21.35	21.14	20.97	20.70	20.44	20.17	20.03	19.89	19.75	19.61	19.47	19.32
5	22.78	18.31	16.53	15.56	14.94	14.51	14.20	13.96	13.77	13.62	13.38	13.15	12.90	12.78	12.66	12.53	12.40	12.27	12.14
6	18.63	14.54	12.92	12.03	11.46	11.07	10.79	10.57	10.39	10.25	10.03	9.81	9.59	9.47	9.36	9.24	9.12	9.00	8.88
7	16.24	12.40	10.88	10.05	9.52	9.16	8.89	8.68	8.51	8.38	8.18	7.97	7.75	7.65	7.53	7.42	7.31	7.19	7.08
8	14.69	11.04	9.60	8.81	8.30	7.95	7.69	7.50	7.34	7.21	7.01	6.81	6.61	6.50	6.40	6.29	6.18	6.06	5.95
9	13.61	10.11	8.72	7.96	7.47	7.13	6.88	6.69	6.54	6.42	6.23	6.03	5.83	5.73	5.62	5.52	5.41	5.30	5.19
10	12.83	9.43	8.08	7.34	6.87	6.54	6.30	6.12	5.97	5.85	5.66	5.47	5.27	5.17	5.07	4.97	4.86	4.75	4.64
11	12.23	8.91	7.60	6.88	6.42	6.10	5.86	5.68	5.54	5.42	5.24	5.05	4.86	4.76	4.65	4.55	4.44	4.34	4.23
12	11.75	8.51	7.23	6.52	6.07	5.76	5.52	5.35	5.20	5.09	4.91	4.72	4.53	4.43	4.33	4.23	4.12	4.01	3.90
13	11.37	8.19	6.93	6.23	5.79	5.48	5.25	5.08	4.94	4.82	4.64	4.46	4.27	4.17	4.07	3.97	3.87	3.76	3.65
14	11.06	7.92	6.68	6.00	5.56	5.26	5.03	4.86	4.72	4.60	4.43	4.25	4.06	3.96	3.86	3.76	3.66	3.55	3.44
15	10.80	7.70	6.48	5.80	5.37	5.07	4.85	4.67	4.54	4.42	4.25	4.07	3.88	3.79	3.69	3.58	3.48	3.37	3.26
16	10.58	7.51	6.30	5.64	5.21	4.91	4.69	4.52	4.38	4.27	4.10	3.92	3.73	3.64	3.54	3.44	3.33	3.22	3.11
17	10.38	7.35	6.16	5.50	5.07	4.78	4.56	4.39	4.25	4.14	3.97	3.79	3.61	3.51	3.41	3.31	3.21	3.10	2.98
18	10.22	7.21	6.03	5.37	4.96	4.66	4.44	4.28	4.14	4.03	3.86	3.68	3.50	3.40	3.30	3.20	3.10	2.99	2.87
19	10.07	7.09	5.92	5.27	4.85	4.56	4.34	4.18	4.04	3.93	3.76	3.59	3.40	3.31	3.21	3.11	3.00	2.89	2.78
20	9.94	6.99	5.82	5.17	4.76	4.47	4.26	4.09	3.96	3.85	3.68	3.50	3.32	3.22	3.12	3.02	2.92	2.81	2.69
21	9.83	6.89	5.73	5.09	4.68	4.39	4.18	4.01	3.88	3.77	3.60	3.43	3.24	3.15	3.05	2.95	2.84	2.73	2.61
22	9.73	6.81	5.65	5.02	4.61	4.32	4.11	3.94	3.81	3.70	3.54	3.36	3.18	3.08	2.98	2.88	2.77	2.66	2.55
23	9.63	6.73	5.58	4.95	4.54	4.26	4.05	3.88	3.75	3.64	3.47	3.30	3.12	3.02	2.92	2.82	2.71	2.60	2.48
24	9.55	6.66	5.52	4.89	4.49	4.20	3.99	3.83	3.69	3.59	3.42	3.25	3.06	2.97	2.87	2.77	2.66	2.55	2.43
25	9.48	6.60	5.46	4.84	4.43	4.15	3.94	3.78	3.64	3.54	3.37	3.20	3.01	2.92	2.82	2.72	2.61	2.50	2.38
26	9.41	6.54	5.41	4.79	4.38	4.10	3.89	3.73	3.60	3.49	3.33	3.15	2.97	2.87	2.77	2.67	2.56	2.45	2.33
27	9.34	6.49	5.36	4.74	4.34	4.06	3.85	3.69	3.56	3.45	3.28	3.11	2.93	2.83	2.73	2.63	2.52	2.41	2.29
28	9.28	6.44	5.32	4.70	4.30	4.02	3.81	3.65	3.52	3.41	3.25	3.07	2.89	2.79	2.69	2.59	2.48	2.37	2.25
29	9.23	6.40	5.28	4.66	4.26	3.98	3.77	3.61	3.48	3.38	3.21	3.04	2.86	2.76	2.66	2.56	2.45	2.33	2.21
30	9.18	6.35	5.24	4.62	4.23	3.95	3.74	3.58	3.45	3.34	3.18	3.01	2.82	2.73	2.63	2.52	2.42	2.30	2.18
40	8.83	6.07	4.98	4.37	3.99	3.71	3.51	3.35	3.22	3.12	2.95	2.78	2.60	2.50	2.40	2.30	2.18	2.06	1.93
60	8.49	5.79	4.73	4.14	3.76	3.49	3.29	3.13	3.01	2.90	2.74	2.57	2.39	2.29	2.19	2.08	1.96	1.83	1.69
120	8.18	5.54	4.50	3.92	3.55	3.28	3.09	2.93	2.81	2.71	2.54	2.37	2.19	2.09	1.98	1.87	1.75	1.61	1.43
∞	7.88	5.30	4.28	3.72	3.35	3.09	2.90	2.74	2.62	2.52	2.36	2.19	2.00	1.90	1.79	1.67	1.53	1.36	1.00

$\alpha=0.001$

n_2＼n_1	1	2	3	4	5	6	7	8	9	10	12	15	20	24	30	40	60	120	∞
1	4053+	5000+	5404+	5625+	5764+	5859+	5929+	5981+	6023+	6056+	6107+	6158+	6209+	6235+	6261+	6287+	6313+	6340+	6366+
2	998.5	999.0	999.2	999.2	999.3	999.3	999.4	999.4	999.4	999.4	999.4	999.4	999.5	999.5	999.5	999.5	999.5	999.5	999.5
3	167.0	148.5	141.1	137.1	134.6	132.8	131.6	130.6	129.9	129.2	128.3	127.4	126.4	125.9	125.4	125.0	124.5	124.0	123.5
4	74.14	61.25	56.18	53.44	51.71	50.53	49.66	49.00	48.47	48.05	47.41	46.76	46.10	45.77	45.43	45.09	44.75	44.40	44.05
5	47.18	37.12	33.20	31.09	29.75	28.84	28.16	27.64	27.24	26.92	26.42	25.91	25.39	25.14	24.87	24.60	24.33	24.06	23.79
6	35.51	27.00	23.70	21.92	20.81	20.03	19.46	19.03	18.69	18.41	17.99	17.56	17.12	16.89	16.67	16.44	16.21	15.99	15.75
7	29.25	21.69	18.77	17.19	16.21	15.52	15.02	14.63	14.33	14.08	13.71	13.32	12.93	12.73	12.53	12.33	12.12	11.91	11.70
8	25.42	18.49	15.83	14.39	13.49	12.86	12.40	12.04	11.77	11.54	11.19	10.84	10.48	10.30	10.11	9.92	9.73	9.53	9.33
9	22.86	16.39	13.90	12.56	11.71	11.13	10.70	10.37	10.11	9.89	9.57	9.24	8.90	8.72	8.55	8.37	8.19	8.00	7.80
10	21.04	14.91	12.55	11.28	10.48	9.92	9.52	9.20	8.96	8.75	8.45	8.13	7.80	7.64	7.47	7.30	7.12	6.94	6.76
11	19.69	13.81	11.56	10.35	9.58	9.05	8.66	8.35	8.12	7.92	7.63	7.32	7.01	6.85	6.68	6.52	6.35	6.17	6.00
12	18.64	12.97	10.80	9.63	8.89	8.38	8.00	7.71	7.48	7.29	7.00	6.71	6.40	6.25	6.09	5.93	5.76	5.59	5.42
13	17.81	12.31	10.21	9.07	8.35	7.86	7.49	7.21	6.98	6.80	6.52	6.23	5.93	5.78	5.63	5.47	5.30	5.14	4.97
14	17.14	11.78	9.73	8.62	7.92	7.43	7.08	6.80	6.58	6.40	6.13	5.85	5.56	5.41	5.25	5.10	4.94	4.77	4.60
15	16.59	11.34	9.34	8.25	7.57	7.09	6.74	6.47	6.26	6.08	5.81	5.54	5.25	5.10	4.95	4.80	4.64	4.47	4.31
16	16.12	10.97	9.00	7.94	7.27	6.81	6.46	6.19	5.98	5.81	5.55	5.27	4.99	4.85	4.70	4.54	4.39	4.23	4.06
17	15.72	10.66	8.73	7.68	7.02	6.56	6.22	5.96	5.75	5.58	5.32	5.05	4.78	4.63	4.48	4.33	4.18	4.02	3.85
18	15.38	10.39	8.49	7.46	6.81	6.35	6.02	5.76	5.56	5.39	5.13	4.87	4.59	4.45	4.30	4.15	4.00	3.84	3.67
19	15.08	10.16	8.28	7.26	6.62	6.18	5.85	5.59	5.39	5.22	4.97	4.70	4.43	4.29	4.14	3.99	3.84	3.68	3.51
20	14.82	9.95	8.10	7.10	6.46	6.02	5.69	5.44	5.24	5.08	4.82	4.56	4.29	4.15	4.00	3.86	3.70	3.54	3.38
21	14.59	9.77	7.94	6.95	6.32	5.88	5.56	5.31	5.11	4.95	4.70	4.44	4.17	4.03	3.88	3.74	3.58	3.42	3.26
22	14.38	9.61	7.80	6.81	6.19	5.76	5.44	5.19	4.98	4.83	4.58	4.33	4.06	3.92	3.78	3.63	3.48	3.32	3.15
23	14.19	9.47	7.67	6.69	6.08	5.65	5.33	5.09	4.89	4.73	4.48	4.23	3.96	3.82	3.68	3.53	3.38	3.22	3.05
24	14.03	9.34	7.55	6.59	5.98	5.55	5.23	4.99	4.80	4.64	4.39	4.14	3.87	3.74	3.59	3.45	3.29	3.14	2.97
25	13.88	9.22	7.45	6.49	5.88	5.46	5.15	4.91	4.71	4.56	4.31	4.06	3.79	3.66	3.52	3.37	3.22	3.06	2.89
26	13.74	9.12	7.36	6.41	5.80	5.38	5.07	4.83	4.64	4.48	4.24	3.99	3.72	3.59	3.44	3.30	3.15	2.99	2.82
27	13.61	9.02	7.27	6.33	5.73	5.31	5.00	4.76	4.57	4.41	4.17	3.92	3.66	3.52	3.38	3.23	3.08	2.92	2.75
28	13.50	8.93	7.19	6.25	5.66	5.24	4.93	4.69	4.50	4.35	4.11	3.86	3.60	3.46	3.32	3.18	3.02	2.86	2.69
29	13.39	8.85	7.12	6.19	5.59	5.18	4.87	4.64	4.45	4.29	4.05	3.80	3.54	3.41	3.27	3.12	2.97	2.81	2.64
30	13.29	8.77	7.05	6.12	5.53	5.12	4.82	4.58	4.39	14.24	4.00	3.75	3.49	3.36	3.22	3.07	2.92	2.76	2.59
40	12.61	8.25	6.60	5.70	5.13	4.73	4.44	4.21	4.02	3.87	3.64	3.40	3.15	3.01	2.87	2.73	2.57	2.41	2.23
60	11.97	7.76	6.17	5.31	4.76	4.37	4.09	3.87	3.69	3.54	3.31	3.08	2.83	2.69	2.55	2.41	2.25	2.08	1.89
120	11.38	7.32	5.79	4.95	4.42	4.04	3.77	3.55	3.38	3.24	3.02	2.78	2.53	2.40	2.26	2.11	1.95	1.76	1.54
∞	10.83	6.91	5.42	4.62	4.10	3.74	3.47	3.27	3.10	2.96	2.74	2.51	2.27	2.13	1.99	1.84	1.66	1.45	1.00

注：＋表示要将所列数乘以 100。